ライブラリ新・基礎物理学＝別巻2

新・基礎
電磁気学演習

永田 一清・佐野 元昭・轟木 義一　共著

サイエンス社

編者のことば

本ライブラリの前身にあたる「ライブラリ工学基礎物理学：基礎力学，基礎電磁気学，基礎波動・光・熱学」が発刊されて，すでに十数年を経た．当時（1980 年代後半）は，丁度戦後日本の高等教育の大拡張期が一段落を見た時期でもあった．1950 年代には 8 %程度であった 4 年制大学の就学率は，1980 年代には 28 %にまで達していた．その頃の大学教育は，この大学生の量的な拡大があまりにも急激に進んだために，その学生の質の変化に対応することができず，その方策を模索していた．理工系の大学初年次教育でもっとも重要な部分を占める物理学の基礎教育についても，それは例外ではなかった．

前ライブラリは，そのような当時の基礎物理教育に寄与するために，物理学のテキストとして新しいスタイルを提案した．すなわち，それまでの物理学のテキストのように，美しい理論体系をテキストの中で精緻に説明するのではなく，学生諸君自らが実際に手を動かして，例題などを解き，証明を導くことによって，より効果的に物理法則などの理解を深めさせることをねらったものであった．幸い私たちの試みは広く受け入れて頂けたようで，大変嬉しく思っている．

しかし，近年，少子化が進んで大学は入学し易くなり，さらに，“初等・中等教育の学習指導要領”の改変によって高等学校までの学習の習熟度が低下し，大学生のユニバーサル化が一挙に進むことになってしまった．そうなると，もはや前ライブラリで対応することは難しいように思われる．

この新しい「ライブラリ新・基礎物理学」シリーズでは，高等学校で物理を十分に学習してこなかった学生諸君でも十分に理解できるように，また，物理の得意な学生諸君には，物理学の面白さが理解できるように，各巻がそれぞれに工夫をこらして執筆されている．たとえば，学生諸君の負担をなるべく軽減するために内容は重要な項目だけに精選し，その代わり重要な概念や法則については，初心者にも十分に理解できるように，また物理の好きな学生にはより深く理解できるように，一つ一つをできるだけ平易に，丁寧に説明するように心がけられている．したがって，学生諸君はこのライブラリを繰り返し読むことによって，物理を学ぶ楽しさを味わうことができるであろう．

永田一清

はしがき

本書は，ライブラリ 新・基礎 物理学 別巻1「新・基礎 力学演習」に続く別巻2であり，同ライブラリ第2巻「新・基礎 電磁気学」の対になる演習書として執筆した．

本ライブラリは，別巻1の「はしがき」にも述べられているように，高等学校において必ずしも物理学を十分に学ぶことができなかった学生と物理学をある程度学習した学生が混在する中で，初心者にも理解しやすく，かつ，物理学を必要としている学生にとっても十分な内容を盛り込むことを目標としており，そのため，単に要項を載せるのではなく，別巻1と同様に基礎的な項目について十分な解説を行うことにした．また問題についても，基礎的な問題からやや発展的な問題まで，「新・基礎 電磁気学」では扱わなかった問題を追加しつつ，大学低学年の電磁気学で理解すべき項目について，典型的な問題を厳選した．さらに，解答についても正答に至る道筋が分かるように解説を加え，自習用としても利用できるように配慮した．

電磁気学は，電界や磁界などのベクトル界を取り扱う学問であり，ベクトル解析と呼ばれる数学を基礎としている．ベクトル解析は初心者にとって必ずしも理解しやすいものではないが，本書は演習書であるので，「新・基礎 電磁気学」では割愛していた極座標や円筒座標における表記についても追加し，球対称や軸対称な系における問題も扱えるように配慮した．さらに，初等の電磁気学の書物ではあまり取り扱われないベクトルポテンシャルや4元ポテンシャルについてもやや踏み込んでおり，さらに電磁気学を詳しく学ぼうとする学生へも配慮した．本書を通して電磁気学の基礎を理解し，本書がさらに深く電磁気学を学ぶきっかけとなることを願っている．

なお，ライブラリ 新・基礎 物理学は，「編者のことば」にもあるように，故永田一清先生により，新しい基礎物理教育の標準的な教科書・問題集として編まれたものであり，本書を執筆する際にも，永田先生の思いを常に念頭においた．そして，それを示すために，本書においても，著者として永田先生のお名前を残し，その名に恥じぬよう心掛けた．しかしながら，至らない点や，誤りもあろうかと思われる．お気づきの点はご指摘頂ければ幸いである．

最後に，本書の執筆にあたり，サイエンス社編集部の田島伸彦氏，足立豊氏には大変お世話になった．特に，別巻1から別巻2の刊行まで，約4年の長きにわたり励ましの言葉を賜り，ここに厚くお礼申し上げる．

2016年5月　　　　著者一同

目　　次

第8章 静 磁 界 100

第9章 アンペールの法則 115

ギリシャ文字

A	α	alpha	アルファ	N	ν	nu	ニュー
B	β	beta	ベータ	Ξ	ξ	xi	グザイ，クサイ，クシー
Γ	γ	gamma	ガンマ	O	o	omicron	オミクロン
Δ	δ	delta	デルタ	Π	π	pi	パイ
E	ε	epsilon	イプシロン	P	ρ	rho	ロー
Z	ζ	zeta	ジータ，ツェータ	Σ	σ	sigma	シグマ
H	η	eta	イータ	T	τ	tau	タウ
Θ	θ	theta	シータ，テータ	Υ	υ	upsilon	ウプシロン
I	ι	iota	イオタ	Φ	ϕ, φ	phi	ファイ
K	κ	kappa	カッパ	X	χ	chi	カイ
Λ	λ	lambda	ラムダ	Ψ	ψ	psi	プサイ，サイ，プシー
M	μ	mu	ミュー	Ω	ω	omega	オメガ

SI 単位系における接頭辞

10^{-1}	デシ	deci-	d	10^{1}	デカ	deca-	da
10^{-2}	センチ	centi-	c	10^{2}	ヘクト	hecto-	h
10^{-3}	ミリ	milli-	m	10^{3}	キロ	kilo-	k
10^{-6}	マイクロ	micro-	μ	10^{6}	メガ	mega-	M
10^{-9}	ナノ	nano-	n	10^{9}	ギガ	giga-	G
10^{-12}	ピコ	pico-	p	10^{12}	テラ	tera-	T
10^{-15}	フェムト	femto-	f	10^{15}	ペタ	peta-	P
10^{-18}	アト	atto-	a	10^{18}	エクサ	exa-	E

基礎定数表

真空中の光速度	$c = 2.99792458 \times 10^{8}$	$\mathrm{m \cdot s^{-1}}$
プランク定数	$h = 6.62606957 \times 10^{-34}$	$\mathrm{J \cdot s}$
電気素量	$e = 1.602176565 \times 10^{-19}$	C
真空の誘電率	$\varepsilon_0 = 8.854187817 \times 10^{-12}$	$\mathrm{F \cdot m^{-1}}$
真空の透磁率	$\mu_0 = 4\pi \times 10^{-7}$	$\mathrm{H \cdot m^{-1}}$
電子の質量	$m_{\mathrm{e}} = 9.10938291 \times 10^{-31}$	kg
陽子の質量	$m_{\mathrm{p}} = 1.672621777 \times 10^{-27}$	kg
万有引力定数	$G = 6.67384 \times 10^{-11}$	$\mathrm{N \cdot m^2 \cdot kg^{-2}}$

電磁気学における主な物理量の SI 単位

物理量	記号	SI 単位	関係	関係式
長さ	a, r, l, x 等	m（メートル）	SI 基本単位	
質量	m, M	kg（キログラム）	SI 基本単位	
時間	t, T	s（秒）	SI 基本単位	
電流	i, I	A（アンペア）	SI 基本単位	
力	$\boldsymbol{F}, \boldsymbol{f}$	N（ニュートン）	$\mathrm{kg \cdot m \cdot s^{-2}}$	$m\frac{d^2x}{dt^2} = F$
仕事 エネルギー，熱	W U, E, Q	J（ジュール）	$\mathrm{N \cdot m}$ $\mathrm{W \cdot s}$	$\Delta W = \boldsymbol{F} \cdot \Delta \boldsymbol{x}$ $\Delta W = P\Delta t$
電荷	q, Q	C（クーロン）	$\mathrm{A \cdot s}$	$\Delta Q = I\Delta t$
電界	$\boldsymbol{E}$	$\mathrm{V \cdot m^{-1}}$ $\mathrm{N \cdot C^{-1}}$		$V = -Ed$ $\boldsymbol{F} = q\boldsymbol{E}$
電位 電位差、電圧	ϕ V, E	V（ボルト）	$\mathrm{J \cdot C^{-1}}$ $\mathrm{W \cdot A^{-1}}$	$W = qV$ $P = IV$
誘電率	ε	$\mathrm{F \cdot m^{-1}}$	$\mathrm{C^2 \cdot N^{-1} m^{-2}}$	$C = \varepsilon\frac{S}{d}, F = \frac{1}{4\pi\varepsilon}\frac{Qq}{r^2}$
静電容量	C	F（ファラッド）	$\mathrm{C \cdot V^{-1}}$	$Q = CV$
電束密度 分極	$\boldsymbol{D}$ $\boldsymbol{P}$	$\mathrm{C \cdot m^{-2}}$		$\boldsymbol{D} = \varepsilon_0\boldsymbol{E} + \boldsymbol{P}$
電束	Φ_{e}	C		$\Phi_{\mathrm{e}} = \int_{\mathrm{S}} \boldsymbol{D} \cdot d\boldsymbol{S}$
電気抵抗	R, r	Ω（オーム）	$\mathrm{V \cdot A^{-1}}$	$V = RI$
抵抗率	ρ	$\Omega \cdot \mathrm{m}$		$R = \rho\frac{l}{S}$
コンダクタンス	G	S（ジーメンス）	Ω^{-1}	
電気伝導度	σ	$\mathrm{S \cdot m^{-1}}$		$\sigma = \frac{1}{\rho}$
電力	P	W（ワット）	$\mathrm{V \cdot A}$ $\mathrm{J \cdot s^{-1}}$	$P = IV$ $W = Pt$
磁束密度	$\boldsymbol{B}$	T（テスラ）	$\mathrm{N \cdot A^{-1} m^{-1}}$ $\mathrm{Wb \cdot m^{-2}}$	$F = IlB$ $\Phi = \int_{\mathrm{S}} \boldsymbol{B} \cdot d\boldsymbol{S}$
磁界の強さ 磁化	$\boldsymbol{H}$ $\boldsymbol{M}$	$\mathrm{A \cdot m^{-1}}$		$\boldsymbol{H} = \frac{1}{\mu_0}\boldsymbol{B} - \boldsymbol{M}$
透磁率	μ	$\mathrm{H \cdot m^{-1}}$	$\mathrm{N \cdot A^{-2}}$	$\mu = \frac{B}{H}$ $F = \frac{\mu}{2\pi}\frac{I_1 I_2}{r}l$
磁束	Φ	Wb（ウェーバー）	$\mathrm{V \cdot s}$, $\mathrm{T \cdot m^2}$	$V = -\frac{d\Phi}{dt}$
自己インダクタンス 相互インダクタンス	L M	H（ヘンリー）	$\mathrm{Wb \cdot A^{-1}}$ $\Omega \cdot \mathrm{s}$	$\Phi = LI$ $\Phi = MI$
周波数	f	Hz（ヘルツ）	$\mathrm{s^{-1}}$	$f = \frac{1}{T}$
ポインティングベクトル	$\boldsymbol{S}$	$\mathrm{W \cdot m^{-2}}$		$\boldsymbol{S} = \boldsymbol{E} \times \boldsymbol{H}$

第1章
静　電　界

電荷のまわりには電界が生じる．この章では，時間的に変化しない電界を扱う．それを静電界という．

1.1 電　荷

いわゆる「静電気」が発生すると，衣服がまとわりついたり，ほこりなどが引き寄せられたりする．このような力を**静電気力**という．静電気力は，質量に起因する重力とは別ものであり，その力の原因は**電荷**（charge）と呼ばれている．質量と同様，電荷は素粒子の属性の1つであり，電荷をもった素粒子の代表は**電子**（electron）である．一般に電荷をもった粒子を**荷電粒子**という．また，電子のように点と見なせる電荷を**点電荷**という．

1.1.1 電気量

質量と同様に，電荷にも量を定義することができる．それを**電気量**という．ただし，「電荷」という言葉で電気量を表すことも多い．電荷のSI単位はC（クーロン）である．

電気量が定義できるということは，電荷同士の和が一意に決まることでもある．すなわち電気量 Q_1 [C] と電気量 Q_2 [C] を合わせると，その電気量は (Q_1+Q_2) [C] になる．これは，後述の重ね合わせの原理の根本になる．

1.1.2 電気素量

電子1個の電気量は，おおよそ

$$e = 1.60 \times 10^{-19}\ \mathrm{C} \tag{1.1}$$

であり変化することはない．この電気量を**電子の電荷**という．通常の電気的な現象は電子に起因するので，その電気量は e の整数倍になる．したがって，電子の電荷は，電気量の最小単位と考えられる．これを**電気素量**あるいは**素電荷**という．ミリカンは，油滴の実験（演習問題 [7] 参照）により，油滴の電気量が e の整数倍になることを発見した．なお，このように最小単位が存在し，飛び飛びの値をとることを，一般に「量子化されている」という．

1.1.3　電荷の種類

重力とは異なり，静電気力には引力と斥力（反発力）が存在する．それを説明するには，電荷には２種類必要であり，同種間には斥力，異種間には引力が働くと解釈する必要がある．

ところで，図 1.1 のように，２種類の電荷が等量集まったかたまりを考えると，その外部に置かれた電荷 q には，引力と斥力がほぼ等しく作用し，実質的に静電気力が働かない．このように，２種類の電荷が均等に混ざり合って外部に静電気力を及ぼさない状態を，「電気的に中性」であるといい，これを電荷の**中和**という．

この中和は，２種類の電荷を正（+）と負（−）で表すと都合がよい．すなわち，一方の電荷を $+Q$ [C]，他方の電荷を $-Q$ [C] とおくと，中和は $(+Q)+(-Q)=0$ のように代数的に表すことができる．

どちらを正とするかは任意であるが，歴史的な経緯から，電子の電荷は負と定められている．正の電荷を**正電荷**，負の電荷を**負電荷**という．

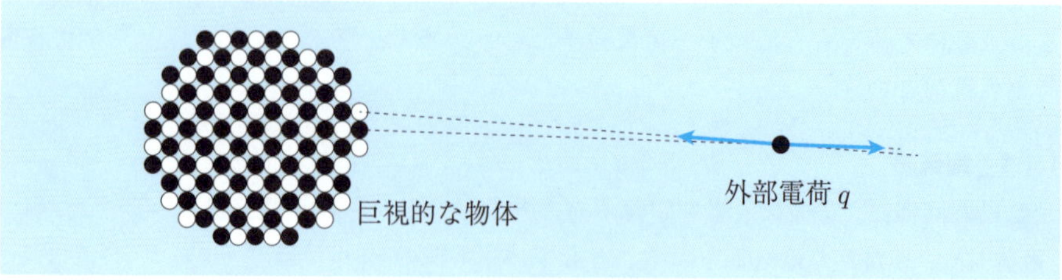

図 1.1　電荷の中和

1.1.4　帯電

物質は一般に正と負の電荷でできているが，通常，それらの量は互いに等しく電気的に中性の状態にある．しかし，外部との電荷のやり取りにより，正負のバランスが崩れると，巨視的に電荷の効果が現れる．このような状態を**帯電**という．

1.1.5　電荷保存の法則

帯電などの電気的な現象は，基本的には電子の移動によるものであるので，移動元や移動先を含めた系全体で考えれば，電子の総数は変わらない．したがって，その系全体の電気量は保存される．これを**電荷保存の法則**という．もちろんこれは，「電子の電荷そのものは，どんなときでも変化しない」ということを前提としているが，この電荷保存の法則は，普遍的に成り立つ真理と考えられている．

例題 1.1　電荷の移動

帯電していない 2 つの物体 A, B を擦り合わせて引き離したところ，物体 A は正に帯電し，その電気量は 8×10^{-6} C であった．

(1) 電子が移動したと考えた場合，移動した電子は何個か．

(2) 電子は，どちらからどちらの物体に移動したか．

解答 (1) 電子 1 個の電気量は，$e = 1.6 \times 10^{-19}$ C であるから，電気量 $Q = 8 \times 10^{-6}$ C になるためには，

$$n = \frac{Q}{e} = \frac{8 \times 10^{-6}}{1.6 \times 10^{-19}} = 5 \times 10^{13} \text{ 個} \tag{1.2}$$

の電子が必要である．よって，これが移動した電子の個数である．

(2) 電子の電荷は負なので，物体 A が正に帯電したということは，物体 A は電子を失ったことになる．したがって，電子は物体 A から物体 B に移動したと考えられる．

練習問題

問題 1.1 電子 1 mol の電気量は何 C か．ただし，1 mol は 6.02×10^{23} 個とする．

問題 1.2 1 C は電子何個分の電荷に相当するか．

問題 1.3 電気量 $Q_1 = 8 \times 10^{-6}$ C で正に帯電した金属球と，電気量 $Q_2 = 5 \times 10^{-6}$ C で負に帯電した金属球を接触させると，合計の電気量は何 C になるか．

1.2 クーロン力

1.2.1 クーロンの法則

静電気力は，電荷同士に働く相互作用であるが，力学で学んだように，相互作用には「作用反作用の法則」が成り立つ．すなわち2つの点電荷には，図1.2のように，互いに大きさが等しく，同一作用線上逆向きの力がそれぞれ働く．そしてその力の大きさは，それぞれの点電荷の電気量に比例し，点電荷間の距離の2乗に反比例する．すなわち，電気量をそれぞれ Q [C], q [C]，距離を r [m] とすると，この2つの点電荷間に働く静電気力の大きさは，比例定数を k として

$$F = k\frac{Qq}{r^2}\,[\mathrm{N}] \tag{1.3}$$

で与えられる．これを**クーロンの法則**（Coulomb's law）という．また，これにちなんで，静電気力を**クーロン力**（Coulomb force）という．

正電荷同士あるいは負電荷同士には斥力，正電荷と負電荷の間には引力が働くので，(1.3) の F は，斥力のとき正，引力のとき負の値になる（万有引力とは逆向き）．

比例定数の k は，右辺の次元を力の次元に直すためのもので，SI単位系では

$$k = \frac{1}{4\pi\varepsilon_0} = 9.0\times10^9\,\mathrm{N\cdot m^2\cdot C^{-2}} \tag{1.4}$$

で与えられる．ε_0 は**真空の誘電率**と呼ばれるが，これは第4章4.2.3項で述べる．

以上をまとめると，図1.2の点電荷 q に働くクーロン力 $\boldsymbol{F}$ は，

$$\boldsymbol{F} = \frac{1}{4\pi\varepsilon_0}\frac{Qq}{r^2}\hat{\boldsymbol{r}} \tag{1.5}$$

のようなベクトルで表される．ただし，$\hat{\boldsymbol{r}}$ は点電荷 Q から点電荷 q に向かう単位ベクトルである．

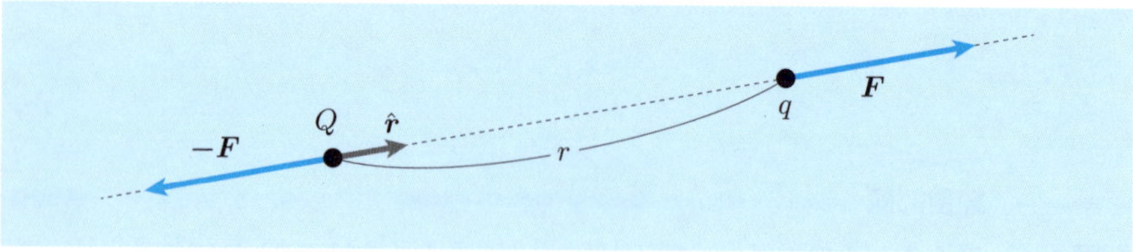

図1.2 クーロン力

1.2.2 重ね合わせの原理

図 1.3 のように 3 つの点電荷が存在する場合，たとえば点電荷 q は点電荷 Q_1 と点電荷 Q_2 の両方から (1.5) で与えられるクーロン力を受けるが，力はベクトルであるから，その合成はベクトルの和で考えることができる．別の言い方をすれば，Q_1 から受けるクーロン力と，Q_2 から受けるクーロン力を別々に計算し，それらを単純に重ね合わせればよい．これを**重ね合わせの原理**という．

同様に，点電荷 q のまわりに N 個の点電荷 $Q_1, Q_2, \ldots, Q_N$ があるとき，これらから点電荷 q が受けるクーロン力は，

$$\boldsymbol{F} = \frac{q}{4\pi\varepsilon_0}\sum_{i=1}^{N}\frac{Q_i}{r_i^2}\hat{\boldsymbol{r}}_i \tag{1.6}$$

のように与えられる．ただし，r_i は点電荷 Q_i から点電荷 q までの距離，$\hat{\boldsymbol{r}}_i$ は点電荷 Q_i から点電荷 q に向かう単位ベクトルである．これはベクトルの和であるので，計算の際は，もちろんベクトルの合成則に従う必要がある．

このように重ね合わせの原理が成り立つのは，電荷が加算的であることに本質があるが，電磁気学は，全てこの重ね合わせの原理の上に立っている．

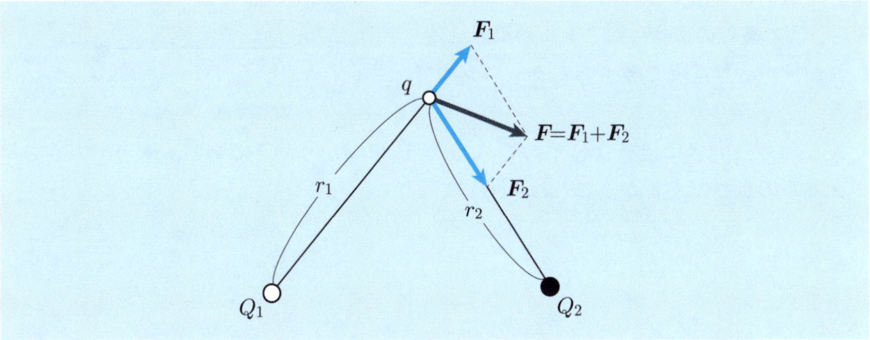

図 1.3　重ね合わせの原理

例題 1.2 クーロンの法則

右図のように，1辺 a の正三角形の頂点 A, B, C にそれぞれ電気量 $+q$, $-q$, $+q$ の点電荷が置かれている．このとき，点電荷 C が点電荷 A, B から受けるクーロン力の向きと大きさを求めよ．ただし，クーロンの法則の比例定数を k とする．

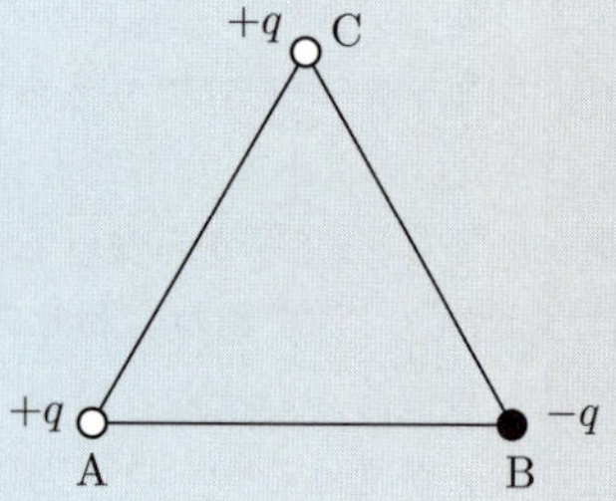

解答 点電荷 A から受けるクーロン力は斥力，点電荷 B から受けるクーロン力は引力であり，大きさは共に (1.3) より

$$F = k\frac{q^2}{a^2} \tag{1.7}$$

で等しい．したがって，それらをベクトルの矢印で表すと，右図のようになる．これらを平行四辺形の方法で1つのベクトルに合成すると，図の破線のようなベクトルが得られる．これが求める点電荷 C が受けるクーロン力である．

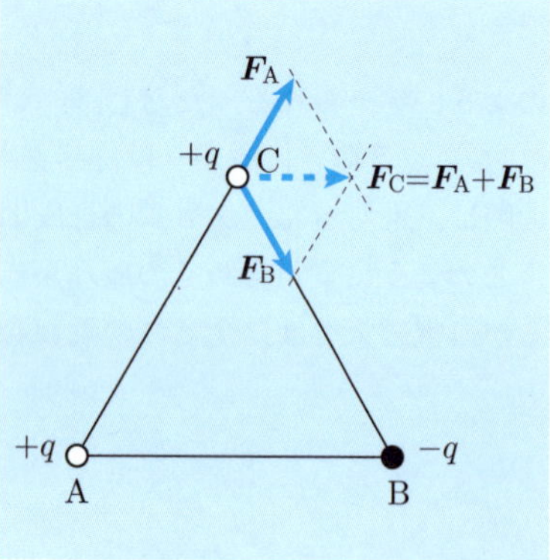

すなわち，向きは辺 AB に平行で A から B に向かう向きである．一方，大きさはベクトルの長さであるが，これは (1.7) に等しい．

練習問題

問題 1.4 2つの 1 C の正電荷を 1 m 隔てて置いたとき，この電荷間に働くクーロン力の大きさは何 N か．また，この力は引力と斥力のどちらか．

問題 1.5 上問において，電荷間の距離を 2 m に離すと，クーロン力の大きさはもとの何倍になるか．

問題 1.6 問題 1.4 において，一方の電荷のみ 2 C にした．電荷に働く力はそれぞれ問題 1.4 の何倍になるか．

問題 1.7 例題 1.2 において，点 A の電荷のみ 2 倍にした．このとき，電荷 C が電荷 A, B から受けるクーロン力の向きと大きさを求めよ．

1.3 電　　界

1.3.1 電界の導入

クーロンの法則 (1.5) は，形式的に

$$\boldsymbol{F} = q\boldsymbol{E} \tag{1.8}$$

$$\boldsymbol{E} = \frac{1}{4\pi\varepsilon_0}\frac{Q}{r^2}\hat{\boldsymbol{r}} \tag{1.9}$$

のように分けて書くことができる．このとき，$\boldsymbol{E}$ は単位電荷あたりに働くクーロン力と考えることができるが，この $\boldsymbol{E}$ を**電界**という．また，特に時間によらずに一定の電界を**静電界**という．

ところで (1.9) を見ると，電界 $\boldsymbol{E}$ は，点電荷 Q が与えられれば，まわりの全ての点で値を計算することができる．すなわち，電界 $\boldsymbol{E}$ は，点電荷 Q の位置を基準とした位置ベクトル $\boldsymbol{r}$ の関数として空間全体に定義される．このように，ある量が各点の関数として定義された空間を，一般に**界**または**場**（field）と呼ぶ．また，ベクトル量で与えられる空間を**ベクトル界**，スカラー量で与えられる空間を**スカラー界**という．したがって，電界はベクトル界である．それに対し，後述の電位はスカラー界である．

電界の単位は，(1.8) より，$\mathrm{N \cdot C^{-1}}$ であることが分かる．

1.3.2 直達説と媒達説

(1.5) から (1.8), (1.9) への書き換えは，数学的には形式的なものであるが，物理的には大きな意味がある．すなわち (1.5) では，点電荷 q は点電荷 Q から直接的にクーロン力を受け，空間は単なる幾何学的な存在であるが，(1.9) では，空間は点電荷 Q によって作られる電界という物理的な性質をもった存在と見なされる．そして，そこに置かれた点電荷 q は，電界 $\boldsymbol{E}$ という空間から，(1.8) で与えられる力 $\boldsymbol{F}$ を受けると解釈される．

このように，クーロン力を，電界という空間（媒体）から受ける近接相互作用とみる立場を**媒達説**という．それに対し，電荷同士に直接働く遠隔相互作用とみる立場を**直達説**という．静電界においては，どちらの立場でも大差はないが，後述のように，時間変化を伴う場合，媒達説でないと時間の遅れが説明できない．

1.3.3 電気力線

電界は目に見えないので，可視化できれば便利である．そこで，電気量が無限に小さな点電荷（**試験電荷**）を置き，その電荷が受ける力の向きを連ねた線を考える．これを**電気力線**という．定義より明らかなように，電気力線には次のような性質がある．

1. 正電荷から始まり，負電荷で終わる．
2. 電荷以外の点で始まったり終わったりしない．
3. 途中で交差したり分岐したりしない．

たとえば，点電荷 $+Q$ が作る電界の電気力線を描くと図 1.4 のようになる．この図を見ると，電荷の近くなど電界の強い場所ほど電気力線が密なことが分かる．

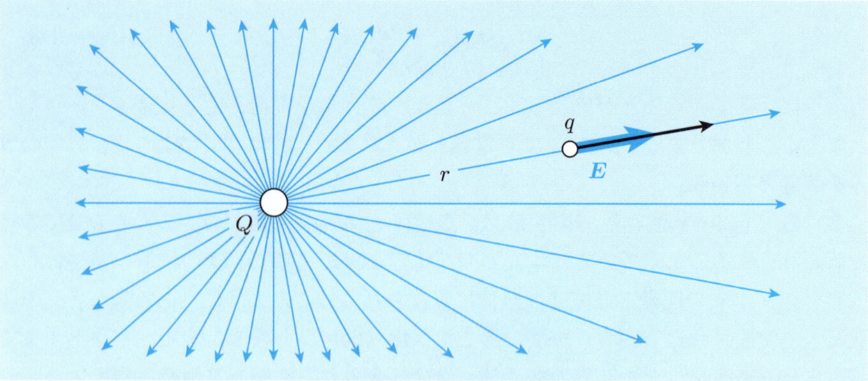

図 1.4 電界と電気力線

1.3.4 電界における重ね合わせの原理

クーロン力において重ね合わせの原理が成り立つので，電界においても重ね合わせの原理が成り立つ．すなわち，N 個の点電荷 $Q_1, Q_2, \ldots, Q_N$ が，ある点 P に作る電界は，(1.6) より，

$$\boldsymbol{E} = \frac{1}{4\pi\varepsilon_0}\sum_{i=1}^{N}\frac{Q_i}{r_i^2}\hat{\boldsymbol{r}}_i \tag{1.10}$$

のように与えられる．ただし，r_i は点電荷 Q_i から点 P までの距離，$\hat{\boldsymbol{r}}_i$ は点電荷 Q_i から点 P に向かう単位ベクトルである．

したがって，点電荷 Q_i $(i = 1, 2, \ldots, N)$ の配置，すなわち**電荷分布**が定まれば，点 P の電界は確定する．ここで，点 P は任意であるから，結局，

『電荷分布が決まれば，そのまわりの電界は全て確定する』

ということが分かる．

1.3.5 電荷分布と電荷密度

点電荷の個数が非常に大きな場合，電荷分布を「電荷密度」で表すと便利である．たとえば，単位体積あたりにどのくらい電荷があるかを表す量を**体積電荷密度**といい，$\rho\,[\mathrm{C\cdot m^{-3}}]$ のように書く．また，単位面積あたりの電荷を**面電荷密度**，単位長さあたりの電荷を**線電荷密度**といい，それぞれ $\sigma\,[\mathrm{C\cdot m^{-2}}]$, $\lambda\,[\mathrm{C\cdot m^{-1}}]$ のように表す．

電荷密度は一般に場所によって異なるので，位置 (x, y, z) の関数であるが，電荷 Q が体積 V の中に一様に分布している場合，その体積電荷密度は，

$$\rho = \frac{Q}{V} \tag{1.11}$$

である．

電荷密度が作る電界は，微小体積 dV 中の電荷 dQ が作り出す電界の重ね合わせで与えられ，(1.10) の和は，積分になる．このとき，各 dV 中の電荷密度 ρ はそれぞれ一様と考えられるので，その電気量は $dQ = \rho dV$ と考えることができる．

1.3.6 電気双極子

同量で符号の異なる電荷を非常に接近させたものを，**電気双極子**という．電気双極子は電気的には中性であるが，図 1.5(a) のように，まわりに特有の電界（**双極子界**）を作る．さて，図 1.5(b) のように，負電荷 $-q$ から正電荷 $+q$ に向かうベクトルを $\boldsymbol{l}$ とおくと，

$$\boldsymbol{p} = q\boldsymbol{l} \tag{1.12}$$

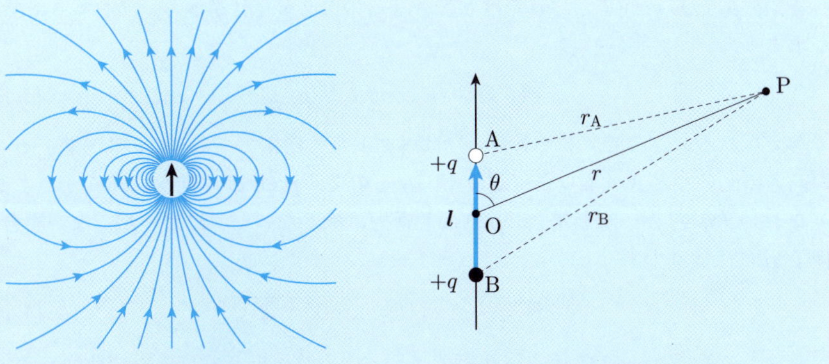

(a) 電気双極子が作る電界　　(b) 電気双極子モーメント

図 1.5　電気双極子

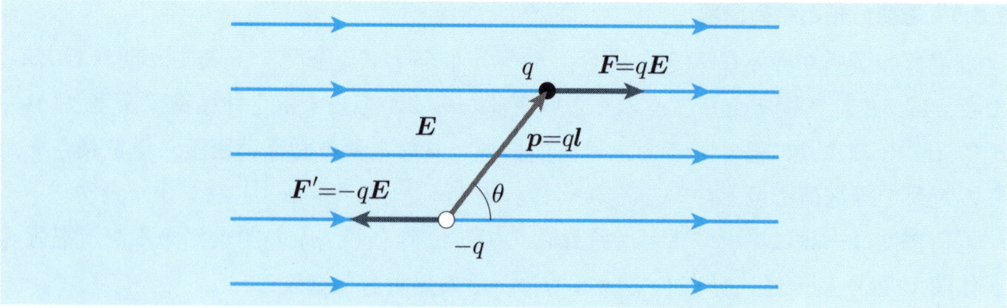

図 1.6 電気双極子モーメントに働く力

という量を考えることができる．このベクトル $\boldsymbol{p}$ を**電気双極子モーメント**という．

ところで，図 1.6 のように電気双極子モーメント $\boldsymbol{p}$ を静電界 $\boldsymbol{E}$ の中に置くと，正電荷 q は電界の向きに，負電荷 $-q$ は電界とは逆向きにクーロン力 $F = qE$ を受けるので，電気双極子 $\boldsymbol{p}$ は，電界 $\boldsymbol{E}$ の向きに向こうとする．すなわち，双極子モーメントと電界とのなす角を θ とすると，双極子には，力のモーメント

$$N = lqE\sin\theta \tag{1.13}$$

が働く．なお，一般に力のモーメント $\boldsymbol{N}$ は，その回転によって右ねじが進む向きを向いたベクトルで表されるので，(1.13) は，ベクトルの外積（$\times$）を用いて

$$\boldsymbol{N} = \boldsymbol{p} \times \boldsymbol{E} \tag{1.14}$$

と表すことができる．

また，$\boldsymbol{p}$ を $\boldsymbol{E}$ の向きから θ だけ回転させるのに必要な仕事から，位置エネルギー U が求まり，

$$U = -pE\cos\theta = -\boldsymbol{p}\cdot\boldsymbol{E} \tag{1.15}$$

で与えられる．ここで，ドット（$\cdot$）はベクトルの内積である．このように，$\boldsymbol{p}$ が $\boldsymbol{E}$ の向きに向いたときエネルギーが最小になるので，$\boldsymbol{p}$ は $\boldsymbol{E}$ の向きに向こうとする．

なお，電界 $\boldsymbol{E}$ が一様な場合，$\boldsymbol{p}$ には並進力は働かないが，$\boldsymbol{E}$ が一様でない場合，双極子 $\boldsymbol{p}$ には並進力

$$\boldsymbol{F} = -\,\mathrm{grad}\,U = \mathrm{grad}(\boldsymbol{p}\cdot\boldsymbol{E}) \tag{1.16}$$

が働く．ここで，$\mathrm{grad}\,U$ は，第 2 章で述べるように，U の空間的な変化率を表す．

いわゆる「静電気」でほこりが吸い付くのは，電界によってほこりが電気双極子になり，(1.16) に従い，電界の強い方に引力が働くからである．

例題 1.3　球面上に一様に分布した電荷による電界

半径 a の球面上に，電荷 Q が一様に分布している．このとき，この電荷分布が球の中心 O から距離 r の点 P に作る電界を求めよ．ただし，$r \geq a$ の場合と $r \leq a$ の両方の場合について考えること．

解答

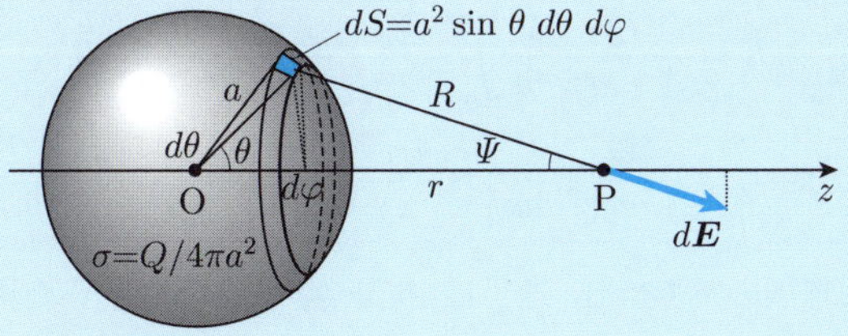

電荷密度は $\sigma = Q/4\pi a^2$ なので，点 O を中心として z 軸から角 θ，z 軸のまわりに角 φ の位置にある微小球面 $dS = a^2 \sin\theta d\theta d\varphi$ にある電荷は $dQ = \sigma dS = (Q/4\pi)\sin\theta d\theta d\varphi$ である．よってこれが点 P に作る電界の z 成分は，

$$dE_z = \frac{1}{4\pi\varepsilon_0}\frac{dQ}{R^2}\cos\Psi = \frac{Q}{(4\pi)^2\varepsilon_0}\frac{\sin\theta d\theta d\varphi}{R^2}\cos\Psi \tag{1.17}$$

である．これをまず z 軸のまわり，すなわち角 φ について積分すると，

$$dE_z = \frac{Q}{(4\pi)^2\varepsilon_0}\int_0^{2\pi}\frac{\sin\theta d\theta d\varphi}{R^2}\cos\Psi = \frac{Q}{8\pi\varepsilon_0}\frac{\sin\theta d\theta}{R^2}\cos\Psi \tag{1.18}$$

になる．一方，電界の z 軸に垂直な成分は，対称性により積分の結果は 0 になる．よって求める電界は，z 軸方向を向き，その大きさは，上式を角 θ で積分すれば求まる．

$$E = \frac{Q}{8\pi\varepsilon_0}\int_0^{\pi}\frac{\sin\theta\cos\Psi d\theta}{R^2} \tag{1.19}$$

ここで，第 2 余弦定理 $R^2 = a^2 + r^2 - 2ar\cos\theta$ を θ で微分すると，a, r は定数だから，

$$RdR = ar\sin\theta d\theta \tag{1.20}$$

であり，また $a^2 = R^2 + r^2 - 2Rr\cos\Psi$ より，$\cos\Psi$ を R で書き換えると，

1) 点 P が球の外側（$r \geq a$）のとき

$$E = \frac{Q}{4\pi\varepsilon_0 r^2}\frac{1}{4a}\int_{r-a}^{r+a}\left(1+\frac{r^2-a^2}{R^2}\right)dR$$
$$= \frac{Q}{4\pi\varepsilon_0 r^2}\frac{1}{4a}\left[R-\frac{r^2-a^2}{R}\right]_{r-a}^{r+a} = \frac{Q}{4\pi\varepsilon_0 r^2} \tag{1.21}$$

2) 点 P が球の内側（$r \leq a$）のとき

$$E = \frac{Q}{4\pi\varepsilon_0 r^2}\frac{1}{4a}\int_{a-r}^{r+a}\left(1+\frac{r^2-a^2}{R^2}\right)dR$$
$$= \frac{Q}{4\pi\varepsilon_0 r^2}\frac{1}{4a}\left[R-\frac{r^2-a^2}{R}\right]_{a-r}^{r+a} = 0 \tag{1.22}$$

になる．すなわち球内の電界は 0，球外は中心に点電荷 Q を置いた場合の Q の作る電界に等しい．

練習問題

問題 1.8 左図のように，無限に長い直線に，線電荷密度 $\lambda\,[\mathrm{C\cdot m^{-1}}]$ で電荷が一様に分布している．この電荷分布がこの直線から距離 $r\,[\mathrm{m}]$ の点に作る電界を求めよ．

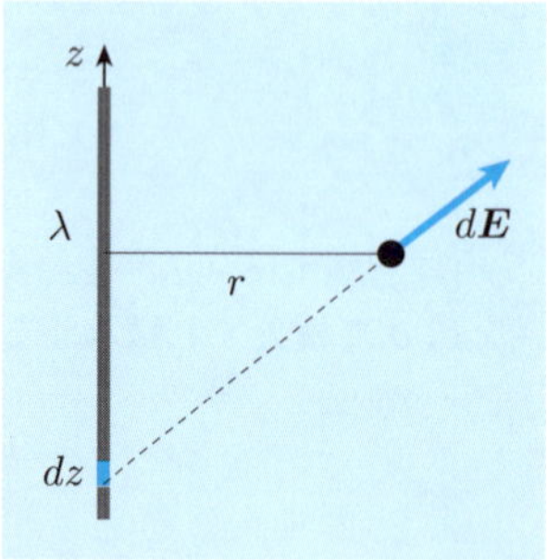

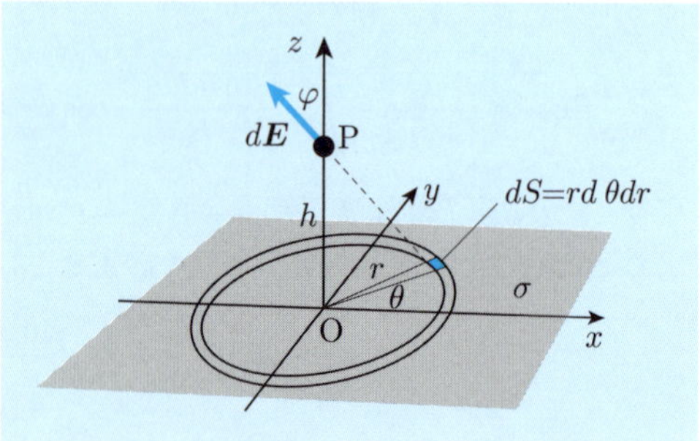

問題 1.9 右図のように，無限に広がる平面に，面電荷密度 $\sigma\,[\mathrm{C\cdot m^{-2}}]$ で電荷が一様に分布している．この電荷分布がこの平面から距離 $h\,[\mathrm{m}]$ の点に作る電界を求めよ．

問題 1.10 半径 a の球内部に，電荷 Q が一様に分布している．このとき，この電荷分布が球の中心 O から距離 r の点 P に作る電界を求めよ．ただし，$r \geq a$ の場合と $r \leq a$ の両方の場合について考えること．

1.4 電界中の荷電粒子の運動

1.4.1 運動方程式

電界 $\boldsymbol{E}$ 中では，質量 m，電荷 q の荷電粒子には，重力の他にクーロン力 $\boldsymbol{F} = q\boldsymbol{E}$ が働くので，次の運動方程式が成り立つ．

$$m\boldsymbol{a} = m\boldsymbol{g} + q\boldsymbol{E} \tag{1.23}$$

ここで，$\boldsymbol{a}$ は荷電粒子の加速度，$\boldsymbol{g}$ は重力加速度である．なお，荷電粒子に働く重力は，一般にクーロン力に対して非常に小さいので，重力 $m\boldsymbol{g}$ は無視することが多い．

1.4.2 比電荷

(1.23) の両辺を m で割ると，運動は q/m に特徴付けられることが分かる．この荷電粒子の電荷 q と質量 m との比を**比電荷**という．

1.4.3 一様な静電界中の運動

(1.23) より，重力や空気抵抗等が無視できれば，電界 $\boldsymbol{E}$ 中の荷電粒子の加速度は

$$\boldsymbol{a} = \frac{q}{m}\boldsymbol{E} \tag{1.24}$$

で与えられる．すなわち，電界が一様ならば加速度は一定になるので，この電荷の運動は等加速度運動であることが分かる．したがって，図 1.7(a) のように運動が電界に沿っていれば等加速度直線運動，図 1.7(b) のように電界を横切る場合は電界の方向を軸とする放物運動になる．

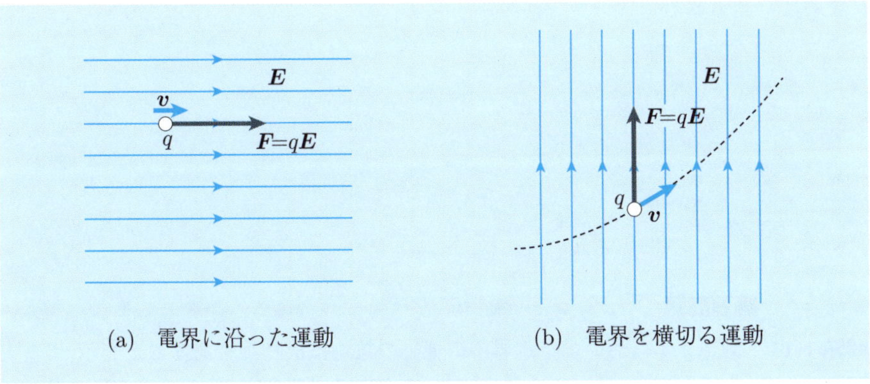

図 1.7 一様な電荷中の荷電粒子の運動

例題 1.4　静電界中の荷電粒子の運動

図のように，幅 l の間だけ一様な電界 $\boldsymbol{E}$ がかかった空間がある．いまその電界 $\boldsymbol{E}$ に対して直角に，質量 m，電荷 q の荷電粒子を初速度 $\boldsymbol{v}_0$ で入射させた．電界を抜けた後の荷電粒子の進む角度 θ を求めよ．ただし，重力は無視する．

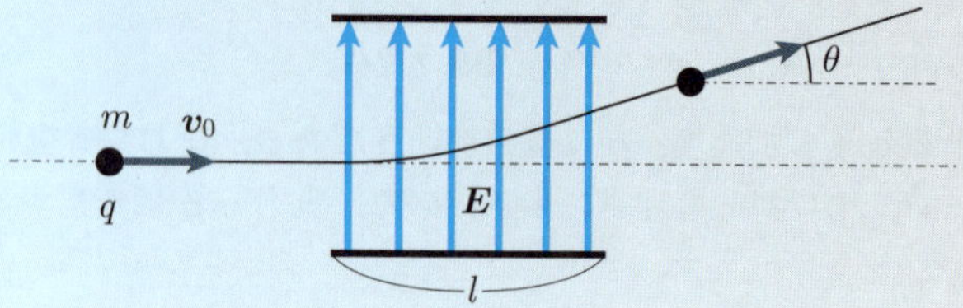

解答　荷電粒子の速度の向きに x 軸，磁界の向きに y 軸をとると，運動は xy 平面内で起こり，運動方程式の x 成分，y 成分はそれぞれ

$$ma_x = 0, \qquad ma_y = qE \tag{1.25}$$

となる．ここで，荷電粒子が電界に入る瞬間を $t = 0, x = 0, y = 0$ として，初速 v_0 という初期条件で (1.25) を解くと，時刻 t における速度の x, y 成分はそれぞれ

$$v_x = v_0, \qquad v_y = \frac{qE}{m}t \tag{1.26}$$

である．したがって，幅 l を抜けたときの時刻は $t = l/v_0$ であり，そのときの速度の y 成分は $v_y = qEl/(mv_0)$ である．よって，求める角度 θ は

$$\tan\theta = \frac{v_y}{v_x} = \frac{qEl}{mv_0^2} \tag{1.27}$$

によって与えられる．

練習問題

問題 1.11　例題 1.4 において，電界中の運動の軌跡は放物線であることを示せ．

問題 1.12　一様な電界 $\boldsymbol{E}$ によって，質量 m の電子（電荷 $-e$）を初速度 0 の状態から加速させた．距離 d だけ進んだ時の速度を求めよ．

第 1 章演習問題

[1] 以下の問いに答えよ．

(1) **（陽子と電子）** 0.05 nm 離れた陽子と電子の間に働くクーロン力を求めよ．

(2) **（原子核）** ^{4}He の原子核には，2 個の陽子が存在する．これを原子核に閉じ込めておくための力を求めよ．ただし，陽子間の距離を 3.8×10^{-15} m とする．

[2] **（クーロンの法則）** 電気量が 2 倍異なる 2 つの電荷を 30 cm 離して置いたところ，0.8 N の力が働いた．この電荷の電気量をそれぞれ求めよ．

[3] **（電荷配置の安定性）** x 軸上の原点に電荷 $4q$，$x = 1$ の点に電荷 $-q$ がある．以下の問いに答えよ．

(1) 電界が 0 になる点の座標を求めよ．

(2) 上問で求めた点に電荷 q' を置いたとき，全ての電荷に働くクーロン力が 0 になるような電気量 q' があれば，それを求めよ．

(3) 上問の電荷配置の安定性について考察せよ．

[4] **（直線電荷間に働く力）** 一様な線密度 λ_1, λ_2 の 2 本の無限に長い直線電荷が，間隔 d で平行に置かれている．この電荷間に単位長さあたりに働く力を求めよ．

[5] **（原子の古典モデル）** 1 個の陽子のまわりを 1 個の電子が半径 $r = 0.05$ nm で等速円運動していると仮定すると，この電子の速さはおおよそいくらか．ただし，電子にはクーロン力以外の力は働かないものとする．

[6] **（電気量の計測）** 図のように，電気を通さない 1.0 m の 2 本の糸に，10 g の金属球 A, B をそれぞれつるし，金属球に全体として電荷 Q を与えたところ，金属球 A, B は反発し，最終的に鉛直下方から 30° の角度で静止した．金属球に与えた電気量 Q は，およそ何 C か．ただし，重力加速度を $9.8\,\mathrm{m \cdot s^{-2}}$ とし，また，与えた電荷は等しく両球に分配されるものとする．

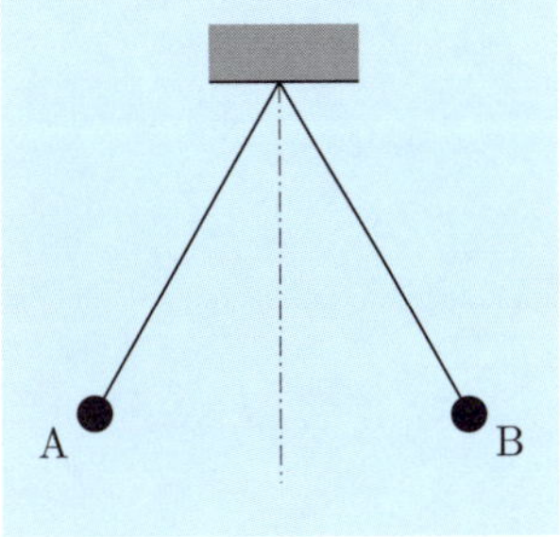

[7] (ミリカンの油滴の実験) 図のように，間隔 d の平行極板間に帯電した油滴を静かに入れたところ，油滴は，空気抵抗を受けて終端速度 v_0 でゆっくり沈降した．次に，この平行平板間に電位差 V（上が正）を与えて，第2章 (2.35) で与えられる一様な電界 V/d の中で油滴の終端速度を計測したところ，v_+ になった．この油滴の電気量 q を求めよ．なお，油滴は半径 a の球形と仮定するが，半径 a は未知である．そのかわり，この油の密度 ρ，空気の密度 ρ_0 は既知とする．また，半径 a の球体が空気中を速度 v で進むとき，$f = 6\pi\eta a v$ のように速度に比例した空気抵抗を受けるものとする（ストークスの法則）．ここで η は空気の粘性係数であり既知とする．

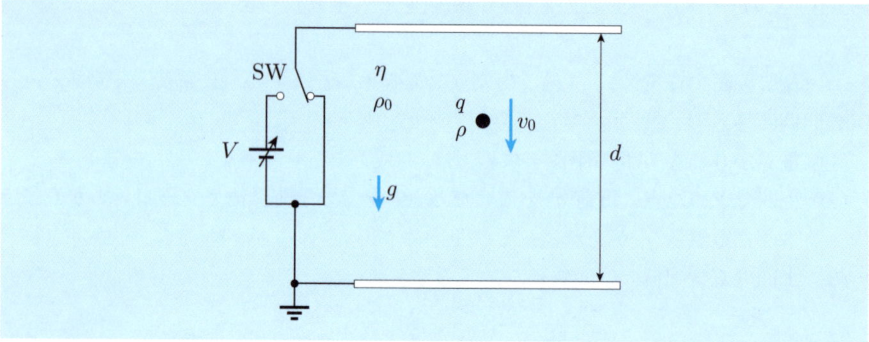

第2章
電　　　位

電位は，電気的な位置エネルギーをもとに定義されるスカラー量である．また，それは電荷のまわりに一意に定義できるので，電位はスカラー界である．電界は，電位の勾配によって与えられる．

2.1　位置エネルギーと電位

2.1.1　電荷を運ぶ仕事

電界 $\boldsymbol{E}$ の中に置かれた電荷 q にはクーロン力 $\boldsymbol{F} = q\boldsymbol{E}$ が働くので，それに逆らって電荷 q を移動させるには，逆向きの力 $-\boldsymbol{F}$ を加え続ける必要があり，力学で学んだように，微小距離 $\Delta\boldsymbol{l}$ だけ移動させるには，次の仕事を要する．

$$\Delta W = -\boldsymbol{F}\cdot\Delta\boldsymbol{l} = -q\boldsymbol{E}\cdot\Delta\boldsymbol{l} = -qE\Delta l\cos\theta \tag{2.1}$$

ただし，θ は $\boldsymbol{E}$ と $\Delta\boldsymbol{l}$ のなす角であり，$\cdot$ は，ベクトルの内積を意味する．

2.1.2　任意の経路に沿って運ぶ仕事（線積分）

図 2.1 のような一般の経路 C に沿って電荷 q を点 A から点 B まで移動させるのに必要な仕事は，経路を N 個の微小区間にすき間なく分割すれば，微小区間での仕事はそれぞれ (2.1) で与えられるので，それらを全て加え，$N\to\infty$（$\Delta l\to 0$）の極限をとることにより求めることができる．すなわち，

$$W = -q\lim_{N\to\infty}\sum_{i=1}^{N}\boldsymbol{E}_i\cdot\Delta\boldsymbol{l}_i \equiv -q\int_{\mathrm{A(C)}}^{\mathrm{B}}\boldsymbol{E}\cdot d\boldsymbol{l} \tag{2.2}$$

で与えられる．(2.2) の右辺の積分は，中辺の極限を表したもので，これを**線積分**とい

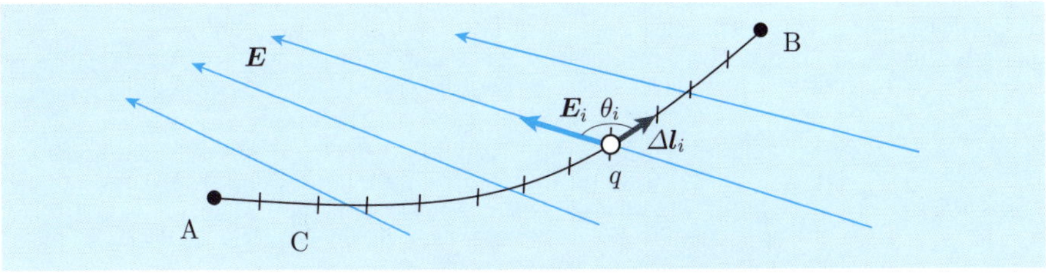

図 2.1　電荷の移動に必要な仕事と線積分

う．線積分は，始点 A から終点 B まで，経路 C に沿ってベクトル $\boldsymbol{E}$ の接線成分を積分したものであり，その値は一般に経路 C の選び方によって異なる．すなわち，仕事は一般に経路に依存する．ただし，電界の場合，次に説明するように仕事は経路に依存しないので，力学で学んだように，位置エネルギーが存在する．

2.1.3 位置エネルギー

点電荷 Q が作る電界は，(1.9) すなわち

$$\boldsymbol{E} = \frac{1}{4\pi\varepsilon_0}\frac{Q}{r^2}\hat{\boldsymbol{r}} \tag{2.3}$$

のように与えられるが，この電界中で，図 2.2 のように点電荷 q を微小に $d\boldsymbol{l}$ だけ移動するのに必要な仕事を考えてみると，それは，(2.1) より

$$dW = -q\boldsymbol{E}\cdot d\boldsymbol{l} = -\frac{qQ}{4\pi\varepsilon_0}\frac{1}{r^2}\hat{\boldsymbol{r}}\cdot d\boldsymbol{l} \tag{2.4}$$

で与えられる．したがって，電荷 q を点 A から点 B まで経路 C に沿って移動する仕事は，(2.4) を A から B まで積分すれば求まるが，図 2.2 のように $\hat{\boldsymbol{r}}\cdot d\boldsymbol{l} = dr$ なので，積分は半径 r 方向だけ行えばよいことが分かる．すなわち，

$$W = -\frac{qQ}{4\pi\varepsilon_0}\int_{r_A}^{r_B}\frac{1}{r^2}dr = \frac{qQ}{4\pi\varepsilon_0}\left(\frac{1}{r_B} - \frac{1}{r_A}\right) \tag{2.5}$$

のようになり，この仕事は経路 C に依らない．ただし r_A, r_B はそれぞれ，点電荷 Q から点 A，点 B までの距離である．

ところで，点 A を無限遠（$r_A \to \infty$）とすれば，点 A（無限遠）から点 B（$r_B = r$ とする）まで点電荷 q を運ぶ仕事は，(2.5) より

$$W = \frac{1}{4\pi\varepsilon_0}\frac{qQ}{r} \tag{2.6}$$

になる．このように，仕事は途中経路 C によらず点 B の位置（電荷 Q からの距離 r）のみで決まる．したがって，それを位置エネルギー $U(r)$ と考えることができる．す

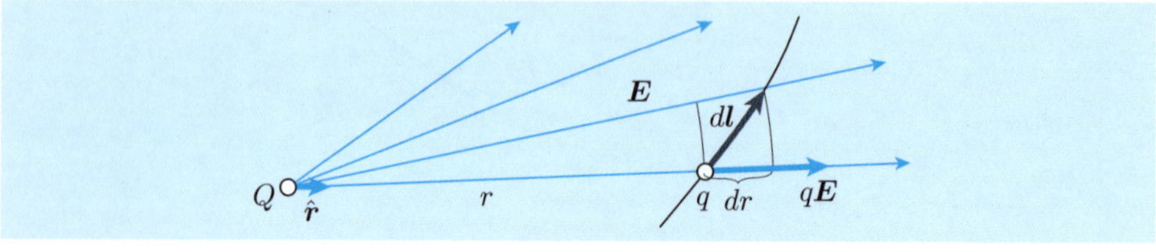

図 2.2 中心力界における仕事

なわち，静電気力は**ポテンシャル**をもち，点電荷 Q が作る電界において，そこから距離 r に置かれた点電荷 q の位置エネルギー（ポテンシャルエネルギー）は

$$U(r) = \frac{1}{4\pi\varepsilon_0}\frac{qQ}{r} \tag{2.7}$$

で与えられる．

2.1.4 電位

クーロン力から電荷 q を除いて電界 $\boldsymbol{E}$ を定義したように，位置エネルギー $U(r)$ を

$$U(r) = q\phi(r) \tag{2.8}$$

$$\phi(r) = \frac{1}{4\pi\varepsilon_0}\frac{Q}{r} \tag{2.9}$$

のように書くことができる．このとき $\phi(r)$ は単位電荷あたりの位置エネルギーと考えることができる．この $\phi(r)$ を**電位**という．(2.9) から分かるように，電位は，電荷のまわりの各点で定義できるので，電界と同じく「界」である．ただし，電界がベクトル量であったのに対し，電位はスカラー量なので，電位はスカラー界である．

電位を用いると，電荷 q を点 A から点 B まで移動するのに必要な仕事 (2.5) は

$$W = qV \tag{2.10}$$

と表すことができる．ただし，V は点 A の電位と点 B の電位との差

$$V = \phi(r_\mathrm{B}) - \phi(r_\mathrm{A}) \tag{2.11}$$

であり，これを点 A と点 B の**電位差**という．すなわち，

『電界中で電荷 q を運ぶ仕事は，その電位差 V のみに依存し，始点と終点の電位が分かっていれば即座に求めることができる』

なお，上記では点電荷 Q が作る電界について考えたが，重ね合わせの原理により，電荷が複数あっても事情は同じである．すなわち，N 個の点電荷 Q_i $(i = 1, 2, \ldots, N)$ による点 P の電位は，Q_i から点 P までの距離を r_i とすれば

$$\phi_\mathrm{P} = \frac{1}{4\pi\varepsilon_0}\sum_{i=1}^{N}\frac{Q_i}{r_i} \tag{2.12}$$

で与えられる．あるいは，それが体積電荷密度 ρ で与えられていれば，

$$\phi_{\rm P} = \frac{1}{4\pi\varepsilon_0}\int \frac{\rho}{r}dV \tag{2.13}$$

のように書くことができる．ただし r は，点 P と微小体積 dV の電荷 ρdV との距離である．

また一般に，基準点 $\rm P_0$ に対する点 P の電位は，(2.4) より，

$$\phi = -\int_{\rm P_0(C)}^{\rm P} \boldsymbol{E}\cdot d\boldsymbol{l} \tag{2.14}$$

のように電界 $\boldsymbol{E}$ を用いて与えられるが，この積分は経路 C には依存しない．

なお，電位や電位差の SI 単位は，V（ボルト）である．また，(2.8) より

$$[\rm V] = [J\cdot C^{-1}] \tag{2.15}$$

であることが分かる．

2.1.5 エネルギー保存の法則

クーロン力はポテンシャルをもち保存力であるから，エネルギーが保存する．すなわち，荷電粒子のポテンシャルエネルギーを U，運動エネルギーを K とすると，全エネルギー

$$E = K + U \tag{2.16}$$

は常に一定である．

例題 2.1　電荷を移動する仕事

一様な電界 $\boldsymbol{E}$ が x 軸の向きにかかった空間において，図のように，点電荷 q を点 $\mathrm{A}(a,0)$ から点 $\mathrm{B}(0,a)$ まで 3 通りの経路 C_1, C_2, C_3 で移動する場合を考える．これに要する仕事を，それぞれの経路について求めよ．

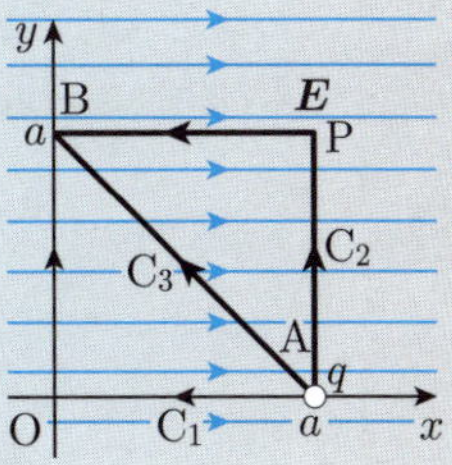

解答　経路 $\mathbf{C_1}$：A→O の仕事は $W_{\mathrm{A\to O}} = qEa$，O→B の仕事は $W_{\mathrm{O\to B}} = 0$ であるから，全体の仕事は $W_{\mathrm{C_1}} = qEa$.

経路 $\mathbf{C_2}$：A→P の仕事は $W_{\mathrm{A\to P}} = 0$，P→B の仕事は $W_{\mathrm{P\to B}} = qEa$ であるから，全体の仕事は $W_{\mathrm{C_2}} = qEa$.

経路 $\mathbf{C_3}$：電界 $\boldsymbol{E} = (E,0)$ であり，変位ベクトルは $d\boldsymbol{l} = (dx,dy)$ であるから，A→B の仕事は

$$W_{\mathrm{A\to B}} = -\int_{\mathrm{A}}^{\mathrm{B}} q\boldsymbol{E}\cdot d\boldsymbol{l} = -\int_{a}^{0} qEdx = qEa \tag{2.17}$$

である．

要するに，経路によらず，A→B の仕事は $W_{\mathrm{A\to B}} = qEa$ である．

練習問題

問題 2.1　例題 2.1 において，電界 $\boldsymbol{E}$ の向きが y 軸の向きである場合について，それぞれの経路における仕事を求めよ．

問題 2.2　例題 2.1 において，点 A から点 B に向かう円弧を C_4 とし，それに沿って移動した場合の仕事を求めよ．

例題 2.2　球面上に一様に分布する電荷による電位

半径 a の球面上に，電荷 Q が一様に分布している．このとき，球内外について，中心 O から距離 r の点 P の電位 ϕ を求めよ．

解答

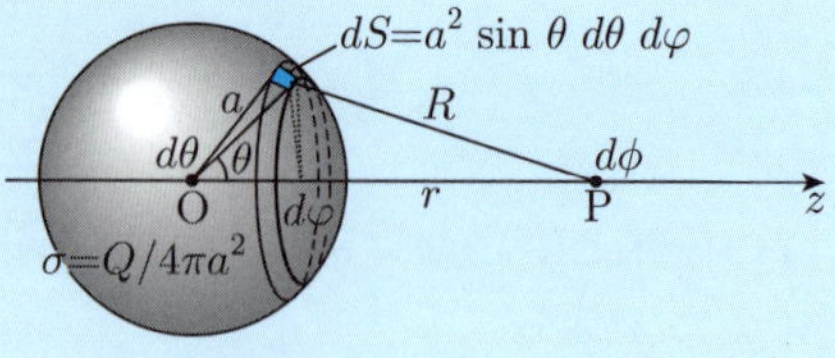

電荷密度は $\sigma = Q/4\pi a^2$ なので，点 O を中心として z 軸から角 θ の位置の微小球面 $dS = a^2 \sin\theta d\theta d\varphi$ にある電荷は $dQ = \sigma dS = (Q/4\pi)\sin\theta d\theta d\varphi$ である．これを φ についての積分すると円環部分の電荷が求まるが，φ についての積分は 2π なので，円環部分の電荷は $dQ = (Q/2)\sin\theta d\theta$ である．よってこれが点 P に作る電位は，

$$d\phi = \frac{1}{4\pi\varepsilon_0}\frac{dQ}{R} = \frac{Q}{8\pi\varepsilon_0}\frac{\sin\theta d\theta}{R} \tag{2.18}$$

である．球全体の電荷による点 P の電位は，これを角 θ で積分すれば求まる．ここで，第 2 余弦定理 $R^2 = a^2 + r^2 - 2ar\cos\theta$ を θ で微分すると，a, r は定数だから，

$$RdR = ar\sin\theta d\theta \tag{2.19}$$

なので，(2.19) を用いて (2.18) を R の積分に置換すると，点 P が球外部のときは，

$$\phi = \frac{Q}{8\pi\varepsilon_0 ar}\int_{r-a}^{r+a} dR = \frac{1}{4\pi\varepsilon_0}\frac{Q}{r} \tag{2.20}$$

であり，電荷 Q が球の中心にある場合に一致する．一方，点 P が球内部のときは，

$$\phi = \frac{Q}{8\pi\varepsilon_0 ar}\int_{a-r}^{r+a} dR = \frac{1}{4\pi\varepsilon_0}\frac{Q}{a} = (\text{一定}) \tag{2.21}$$

になる．

練習問題

問題 2.3　例題 2.2 における電界は，例題 1.3 で求められている．この電界を (2.14) を用いて $r = \infty$ から積分することにより，例題 2.2 を解け．

問題 2.4　半径 a の円板に，面電荷密度 $\sigma\,[\mathrm{C\cdot m^{-2}}]$ で電荷が一様に分布している．この円板の中心から，この円板に垂直に距離 $h\,[\mathrm{m}]$ だけ離れた点 P の電位を求めよ．

2.2 等電位面

点電荷 Q による電位は，(2.9) すなわち

$$\phi(r) = \frac{1}{4\pi\varepsilon_0}\frac{Q}{r} \tag{2.22}$$

で与えられるが，これより，電位 ϕ が等しい点の集合は，点電荷 Q を中心とする球面を成すことが分かる．このように電位が等しい点の集合は，3 次元空間上では一般に面を構成する．これを**等電位面**という．等電位面は，電位ごとに考えられるので，無数に存在するが，別の電位の等電位面同士が互いに交わることはない．

なお，ある断面上では，等電位の点の集合は 1 つの曲線になる．これを**等電位線**という．等電位線は，地図の等高線のようなものであり，等高線に沿って物体を移動すれば，仕事は要らないのと同様に，等電位面や等電位線に沿って電荷を移動しても，仕事は必要ない．

図 2.3(a) に 2 つの点電荷 Q, $-Q$ のまわりの電界と等電位線を示す．また，図 2.3(b) は電位を立体的に表したもので，等電位線は等高線に相当する．

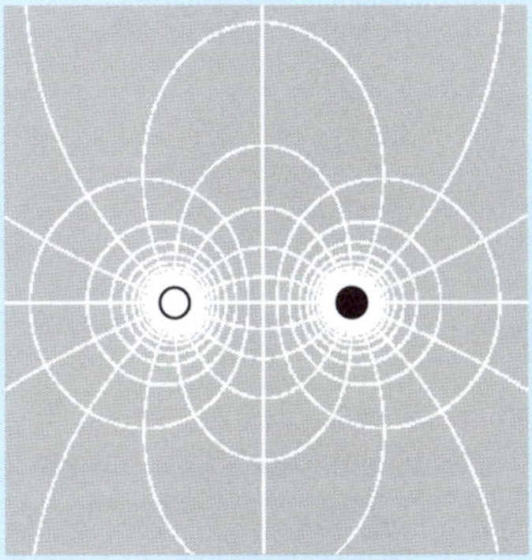

(a) 点電荷 $\pm Q$ のまわりの電界と等電位線

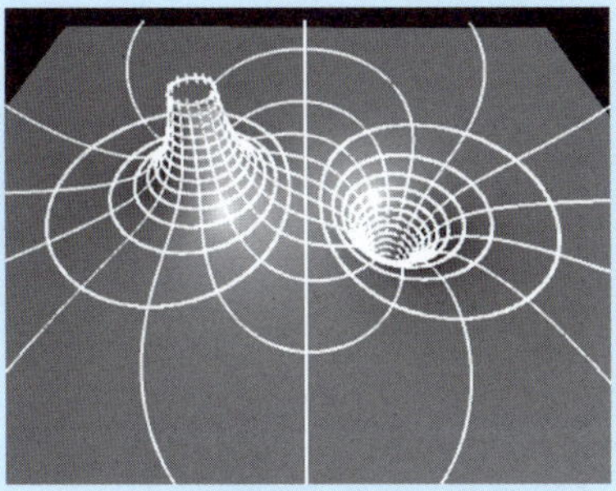

(b) 電位の山と等電位線

図 2.3 等電位線

例題 2.3 等電位面

図のように，0.5 V おきに等電位面が描かれている．このとき，電気量 $q = 2\,\mathrm{mC}$ の点電荷を以下のように移動するのに必要な仕事を求めよ．

(1) 点 A から点 B

(2) 点 B から点 C

(3) 点 C から点 A

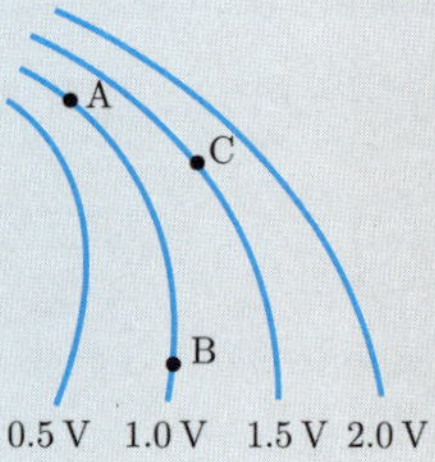

解答 (1) 点 A と点 B は等電位であるから，仕事は 0 である．

(2) 点 B から点 C は電位が $V = +0.5\,\mathrm{V}$ なので，仕事は，$W = qV = 1\,\mathrm{mJ}$ である．

(3) 点 C から点 A は電位が $V = -0.5\,\mathrm{V}$ なので，仕事は，$W = qV = -1\,\mathrm{mJ}$ である．

練習問題

問題 2.5 例題 2.3 において，点 A から，点 B，点 C を経由して再び点 A に戻るのに必要な仕事を求めよ．

問題 2.6 例題 2.3 において，点 C に電荷を移動し，そこで電荷を静かに解放した．この電荷が 1.0 V の等電位面を通過する際の速さは何 m/s か．ただし，この粒子の質量を $m = 5\,\mu\mathrm{g}$ とする．

2.3 電位の勾配（grad ϕ）

2.3.1 勾配 grad

坂道における勾配とは，進んだ距離に対する登った高さであるが，同様に，電界についても勾配を考えることができる．たとえば，ある電界中を 1 cm 移動して電位が 1 V 上昇した場合，その勾配は $1\,\mathrm{V}/0.01\,\mathrm{m}=100\,\mathrm{V\cdot m^{-1}}$ になる．すなわち，一般に距離 $\varDelta l$ だけ移動した際に電位が $\varDelta\phi$ だけ上昇すれば，その間の電位の勾配は $\varDelta\phi/\varDelta l$ で与えられる．したがって，等電位面の間隔 $\varDelta l$ が狭い場所ほど，電位の勾配は急であることが分かる．これは地図の等高線は間隔が狭いほど急斜面を表し，天気図の等圧線も間隔が狭いほど気圧の変化が大きく強風が吹くのと同じである．

さて，電界中のある点において，その点を空間的に $d\boldsymbol{r} = (dx)\boldsymbol{i} + (dy)\boldsymbol{j} + (dz)\boldsymbol{k} = (dx, dy, dz)$ だけ移動したときの電位の差 $d\phi$ を考えると，それは一般に

$$d\phi = \frac{\partial\phi}{\partial x}dx + \frac{\partial\phi}{\partial y}dy + \frac{\partial\phi}{\partial z}dz \tag{2.23}$$

のように書くことができる．(2.23) を $\phi(x, y, z)$ の**全微分**という．また，$\partial\phi/\partial x$ は ϕ の x についての**偏微分**という．偏微分とは，x, y, z の関数である $\phi(x, y, z)$ を，x 以外の変数は固定して，x だけについて微分することである．すなわち，$\partial\phi/\partial x$ は，x 軸に沿った勾配を表す．ここで，x, y, z の各方向の電位の勾配を成分にもつベクトル

$$\mathrm{grad}\,\phi = \frac{\partial\phi}{\partial x}\boldsymbol{i} + \frac{\partial\phi}{\partial y}\boldsymbol{j} + \frac{\partial\phi}{\partial z}\boldsymbol{k} = \left(\frac{\partial\phi}{\partial x}, \frac{\partial\phi}{\partial y}, \frac{\partial\phi}{\partial z}\right) \tag{2.24}$$

を導入すると，(2.23) は，ベクトルの内積を用いて

$$d\phi = \mathrm{grad}\,\phi\cdot d\boldsymbol{r} \tag{2.25}$$

と書くことができる．このベクトル grad ϕ を，電位 ϕ の**勾配**という．

ところで，変位 $d\boldsymbol{r}$ を等電位面内にとれば，電位の変化 $d\phi$ は 0 のはずであるから，(2.25) より，このとき，勾配ベクトル grad ϕ と変位 $d\boldsymbol{r}$ は互いに直交しているはずである．したがって，「grad ϕ は等電位面に垂直」であることが分かる．また，変位 $d\boldsymbol{r}$ と等電位面の法線ベクトルとのなす角を θ とすると，それは grad ϕ とのなす角でもあるので，(2.25) より，

$$\frac{d\phi}{dr} = |\,\mathrm{grad}\,\phi|\cos\theta \tag{2.26}$$

である．よって，電位 ϕ の傾き $d\phi/dr$ が最も急なのは，$\theta = 0$ のとき，すなわち変位 $d\boldsymbol{r}$ が等電位面に垂直なときであり，その勾配は

$$\frac{d\phi}{dr} = |\operatorname{grad}\phi| \tag{2.27}$$

で与えられる．すなわち勾配ベクトル grad ϕ は，電位 ϕ の傾き $d\phi/dr$ が最大になる向きを向き，その傾き $d\phi/dr$ を大きさにもつベクトルである．

なお，

$$\nabla = \boldsymbol{i}\frac{\partial}{\partial x} + \boldsymbol{j}\frac{\partial}{\partial y} + \boldsymbol{k}\frac{\partial}{\partial z} = \left(\frac{\partial}{\partial x}, \frac{\partial}{\partial y}, \frac{\partial}{\partial z}\right) \tag{2.28}$$

で定義されるベクトル微分演算子を用いると，gradϕ は

$$\operatorname{grad}\phi = \left(\frac{\partial}{\partial x}, \frac{\partial}{\partial y}, \frac{\partial}{\partial z}\right)\phi = \nabla\phi \tag{2.29}$$

のように書くことができる．記号 ∇ は**ナブラ**（nabla）と読む．

円筒座標での表式

軸対称な系では，図 2.4 に示す**円筒座標**が便利である．円筒座標の基本ベクトルを $\boldsymbol{e}_r$, $\boldsymbol{e}_\theta$, $\boldsymbol{e}_z$ とすると，勾配は次のように与えられる．

$$\operatorname{grad}\phi = \frac{\partial\phi}{\partial r}\boldsymbol{e}_r + \frac{1}{r}\frac{\partial\phi}{\partial\theta}\boldsymbol{e}_\theta + \frac{\partial\phi}{\partial z}\boldsymbol{e}_z = \left(\frac{\partial\phi}{\partial r}, \frac{1}{r}\frac{\partial\phi}{\partial\theta}, \frac{\partial\phi}{\partial z}\right) \tag{2.30}$$

球座標での表式

点対称（球対称）な系では，図 2.5 に示す**球座標**（3 次元極座標）が便利である．球座標の基本ベクトルを $\boldsymbol{e}_r$, $\boldsymbol{e}_\theta$, $\boldsymbol{e}_\varphi$ とすると，勾配は次のように与えられる．

$$\operatorname{grad}\phi = \frac{\partial\phi}{\partial r}\boldsymbol{e}_r + \frac{1}{r}\frac{\partial\phi}{\partial\theta}\boldsymbol{e}_\theta + \frac{1}{r\sin\theta}\frac{\partial\phi}{\partial\varphi}\boldsymbol{e}_\varphi = \left(\frac{\partial\phi}{\partial r}, \frac{1}{r}\frac{\partial\phi}{\partial\theta}, \frac{1}{r\sin\theta}\frac{\partial\phi}{\partial\varphi}\right) \tag{2.31}$$

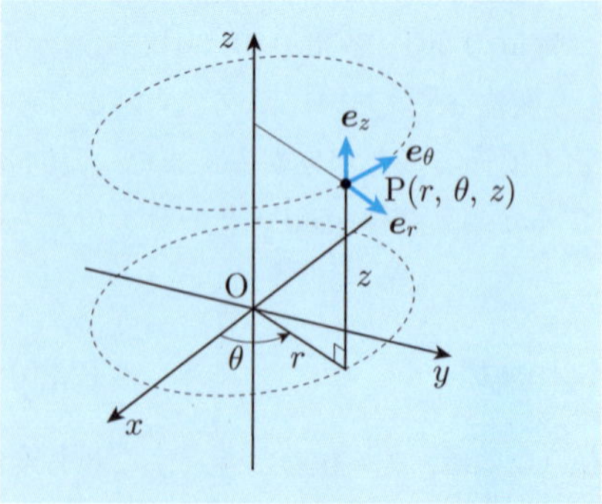

図 2.4 円筒座標

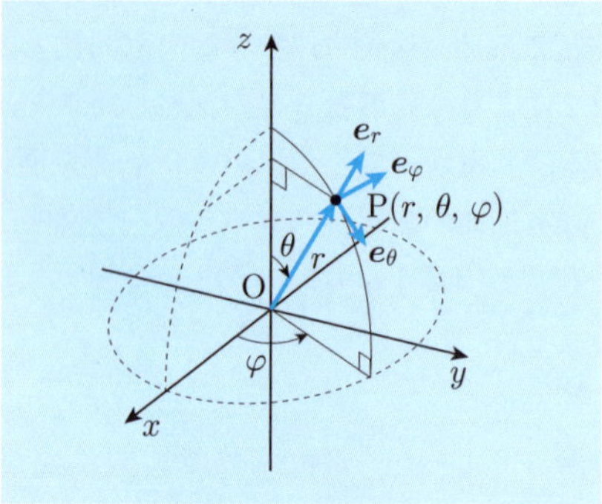

図 2.5 球座標

2.3.2　電位と電界の関係

いま，電界 $\boldsymbol{E}$ のもとで電荷 q を x 軸に沿って Δx だけ移動することを考えると，加えている力は $\boldsymbol{F} = -q\boldsymbol{E}$ であるから，必要な仕事は，$\Delta W = -qE_x\Delta x$ である．ここで，E_x は電界 $\boldsymbol{E}$ の x 成分である．ところで，この仕事によって与えられたエネルギーは，位置エネルギー ΔU として蓄えられるので，この移動に伴う電位差は，$\Delta\phi = \Delta U/q = -E_x\Delta x$ である．よって，

$$E_x = -\frac{\Delta\phi}{\Delta x} \tag{2.32}$$

である．すなわち，電界 $\boldsymbol{E}$ の x 成分は，電位 ϕ の x 方向の勾配に負号をつけたもので与えられる．他の成分も同様であるから，$\boldsymbol{E} = (E_x, E_y, E_z)$ とし，さらに，$\Delta x \to 0$ 等の極限をとれば，

$$E_x = -\frac{\partial\phi}{\partial x}, \quad E_y = -\frac{\partial\phi}{\partial y}, \quad E_z = -\frac{\partial\phi}{\partial z} \tag{2.33}$$

と書くことができる．これらの右辺は，(2.24) より，それぞれ勾配ベクトル gradϕ の x, y, z 成分に他ならないので，直ちに

$$\boldsymbol{E} = -\operatorname{grad}\phi = -\nabla\phi \tag{2.34}$$

を得る．すなわち，電界 $\boldsymbol{E}$ は，電位 ϕ の勾配 gradϕ の逆ベクトルで与えられる．

ところで，ベクトル grad ϕ は等電位面に垂直であったので，これより，電界 $\boldsymbol{E}$ と等電位面は常に直交することが分かる．

電界の単位は (1.8) より $\mathrm{N \cdot C^{-1}}$ であるが，(2.32) より $\mathrm{V \cdot m^{-1}}$ と表すこともできる．

2.3.3　平行な電極間の電界

間隔 d で配置された平行な電極間に電位差 V を与えると，極板間に一様な電界 $\boldsymbol{E}$ が生じる．ここで電界は一様なので，極板間の電位の勾配は一定であり，等電位面は極板に平行に等間隔になる．すなわち，極板間の電位の勾配は V/d であり，電界の大きさは

$$E = \frac{V}{d} \tag{2.35}$$

である．

例題 2.4 電位の勾配

点電荷 Q による電位 $\phi(r)$ は，(2.9) で与えられる．これより，点電荷 Q のまわりの電界 $\boldsymbol{E}$ を計算せよ．

解答 $\boldsymbol{E} = -\operatorname{grad}\phi(r)$ である．ここで $r = \sqrt{x^2+y^2+z^2}$ であるから

$$E_x = -\frac{\partial\phi}{\partial x} = -\frac{Q}{4\pi\varepsilon_0}\frac{\partial}{\partial x}\frac{1}{\sqrt{x^2+y^2+z^2}} \tag{2.36}$$

$$= \frac{Q}{4\pi\varepsilon_0}\frac{x}{(x^2+y^2+z^2)^{3/2}} = \frac{Q}{4\pi\varepsilon_0}\frac{x}{r^3} \tag{2.37}$$

である．同様に，y, z 成分は

$$E_y = \frac{Q}{4\pi\varepsilon_0}\frac{y}{r^3}, \qquad E_z = \frac{Q}{4\pi\varepsilon_0}\frac{z}{r^3} \tag{2.38}$$

である．よって，

$$\boldsymbol{E} = \frac{Q}{4\pi\varepsilon_0}\frac{1}{r^3}(x,y,z) = \frac{Q}{4\pi\varepsilon_0}\frac{1}{r^3}\boldsymbol{r} = \frac{1}{4\pi\varepsilon_0}\frac{Q}{r^2}\hat{\boldsymbol{r}} \tag{2.39}$$

を得る．これは (1.9) に他ならない．

別解 球座標の式 (2.31) を用いれば，

$$\boldsymbol{E} = -\operatorname{grad}\phi = -\left(\frac{\partial\phi}{\partial r}\boldsymbol{e}_r + \frac{1}{r}\frac{\partial\phi}{\partial\theta}\boldsymbol{e}_\theta + \frac{1}{r\sin\theta}\frac{\partial\phi}{\partial\varphi}\boldsymbol{e}_\varphi\right)$$

$$= -\frac{1}{4\pi\varepsilon_0}\frac{\partial}{\partial r}\frac{Q}{r}\boldsymbol{e}_r = \frac{1}{4\pi\varepsilon_0}\frac{Q}{r^2}\boldsymbol{e}_r \tag{2.40}$$

を得る（$\boldsymbol{e}_r$ と $\hat{\boldsymbol{r}}$ はどちらも半径方向の単位ベクトルであり，同じものである）．

練習問題

問題 2.7 例題 2.4 において，電界 $\boldsymbol{E}$ は常に等電位面と直交することを説明せよ．

問題 2.8 z 軸から距離 r における電位が $\phi(r) = -E_0 r$ である空間の電界を求めよ．

問題 2.9 間隔 $d = 1\,\mathrm{cm}$ で平行に置かれた 2 枚の平板に 10V の電圧をかけた．平板間の電界の大きさを求めよ．

問題 2.10 例題 1.3 の結果を，例題 2.2 で求めた電位 ϕ の勾配（$-\operatorname{grad}\phi$）を計算することにより示せ．

2.4　電荷分布の静電エネルギー

2.4.1　2 個の電荷の静電エネルギー

2 個の電荷 q_1, q_2 を配置するのに要する仕事を考える．まず，q_1 を配置する仕事は 0 である．次に q_2 を配置する仕事は $W_{21} = q_2\phi_{21}$ である．ここで ϕ_{21} は，q_1 の電界による，q_2 の位置の電位である．これが静電エネルギー $U_{21} = q_2\phi_{21}$ として蓄えられる．ところで，逆に q_2 を先に配置して，その後で q_1 を配置する仕事 W_{12} も同じなので，$U_{12} = U_{21}$ である．すなわち，静電エネルギーは

$$U = \frac{1}{2}(U_{12} + U_{21}) = \frac{1}{2}(q_1\phi_{12} + q_2\phi_{21}) \tag{2.41}$$

と書くこともできる．

2.4.2　N 個の電荷の静電エネルギー

N 個の電荷 q_i（$i = 1, 2, \ldots, N$）を配置する場合，N 個のうち 2 つの電荷 q_i, q_j（$i \neq j$）の静電エネルギー U_{ij} を，全ての組み合わせで考えればよい．すなわち

$$U = \frac{1}{2}\sum_{i=1}^{N}\left(\sum_{j=1}^{N}{}' U_{ij}\right) = \frac{1}{2}\sum_{i=1}^{N}\left(q_i \sum_{j=1}^{N}{}' \phi_{ij}\right) = \frac{1}{2}\sum_{i=1}^{N} q_i\phi_i \tag{2.42}$$

である．ここで $\sum'$ は，$j = i$ を除いた和を表す．また，

$$\phi_i = \sum_{j=1}^{N}{}' \phi_{ij} \tag{2.43}$$

である．ϕ_i は q_i 以外の電荷による q_i の位置の電位であるが，q_i 自身によるその位置の電位を $\phi_{ii} = 0$ とすれば，(2.43) に現れた和は，普通に $j = 1, \ldots, N$ で考えてもよい．これは，電荷自体のエネルギーを考慮しないことに他ならない．

もし，電荷が連続的に分布しているときは，

$$U = \frac{1}{2}\int \phi dQ = \frac{1}{2}\int_{\mathrm{V}} \phi\rho dV \tag{2.44}$$

である．ここで，ρ は体積電荷密度である．

例題 2.5 静電エネルギー

1辺 a の正方形の頂点に，$\pm q$ の電荷が交互に配置してある．この静電エネルギーを求めよ．

解答 隣り合う頂点 A, B にそれぞれ電荷 q, $-q$ があるとすると，この電荷の静電エネルギーは，

$$U_{\mathrm{AB}} = -\frac{1}{4\pi\varepsilon_0}\frac{q^2}{a} \tag{2.45}$$

である．また，対角線で結ばれた頂点 A, C の電荷は共に q であるから，この電荷の静電エネルギーは，

$$U_{\mathrm{AC}} = \frac{1}{4\pi\varepsilon_0}\frac{q^2}{\sqrt{2}a} = -\frac{1}{\sqrt{2}}U_{\mathrm{AB}} \tag{2.46}$$

である．全体の静電エネルギーは，U_{AB} が 4 個分と，U_{AC} が 2 個分であるから，

$$U = 4U_{\mathrm{AB}} + 2U_{\mathrm{AC}} = -\frac{1}{4\pi\varepsilon_0}\frac{q^2}{a}(4-\sqrt{2}) \tag{2.47}$$

である．

練習問題

問題 2.11 （原子核） ^{4}He の原子核には，2 個の陽子が存在する．この陽子間の静電エネルギーを求めよ．ただし，陽子間の距離を 3.8×10^{-15} m とする．

問題 2.12 半径 a の球面上に，電荷 Q が一様に分布している．この静電エネルギーは

$$U = \frac{1}{8\pi\varepsilon_0}\frac{Q^2}{a} \tag{2.48}$$

で与えられることを示せ.（**ヒント**：例題 2.2 でも示したように，球表面の電位は，球の中心に電荷 Q があるとした場合の電位に等しい.）

第 2 章演習問題

[1]（電子の加速） 右図のように，電気量 $-e$ の静止した電子を，電位差 V によって加速したとき，電子が得る運動エネルギーは eV と表されることを示せ．なお，1 V の電位差で加速したとき電子が得るエネルギーを 1 eV（電子ボルト）のように表すことがある．$1\,\mathrm{eV} \simeq 1.6 \times 10^{-19}\,\mathrm{J}$ である．

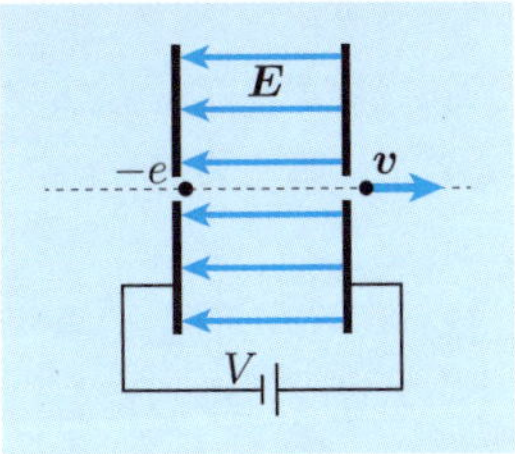

[2]（直線電荷による電位） 長さ $2l$ の直線に，線電荷密度 $\lambda\,[\mathrm{C \cdot m^{-1}}]$ で電荷が一様に分布している．この直線の中点から，この直線に垂直に距離 $r\,[\mathrm{m}]$ だけ離れた点 P の電位を求めよ．

[3]（一様な電荷球による電位） 半径 a の球内に，電荷 Q が一様に分布している．この電荷による電位を，球の外部および内部についてそれぞれ求めよ．

[4]（等電位面） 右図は，ある等電位面を表しており，等電位面は 5 V 間隔で描かれている．各点 A, B, C におけるにおける電界の向きと大きさを矢印で示せ．なお，大きさは大小関係が分かれよい．

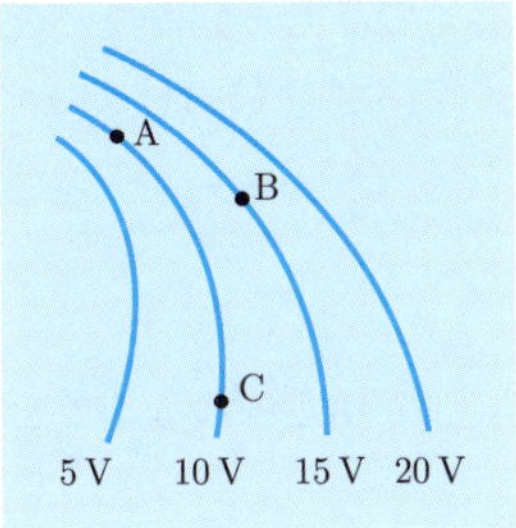

[5]（電位の勾配と電界） 電位 ϕ が以下のように与えられる空間の電界 $\boldsymbol{E}$ を求めよ．ただし E_0 は定数，r は原点からの距離である．

(1) $\phi(x, y, z) = kxy$　　(2) $\phi(r) = \dfrac{k}{r}$

[6]（ベクトル解析の公式） 次のベクトル解析の公式を証明せよ．ただし，ϕ, ψ はスカラー関数，$\boldsymbol{A}$ はベクトル関数，$\boldsymbol{p}$ は定ベクトル，$\boldsymbol{r}$ は位置ベクトル，$\hat{\boldsymbol{r}}$ はその単位ベクトル，n は整数である．

(1) $\mathrm{grad}(\phi\psi) = (\mathrm{grad}\,\phi)\psi + \phi\,\mathrm{grad}\,\psi$

(2) $\mathrm{grad}(\boldsymbol{p} \cdot \boldsymbol{r}) = \boldsymbol{p}$

(3) $\mathrm{grad}\,r^n = nr^{n-1}\hat{\boldsymbol{r}}$

(4) $(\boldsymbol{A} \cdot \nabla \boldsymbol{r}) = \boldsymbol{A}$

[7] （静電エネルギー） 立方体の8つの頂点に，$\pm q$ の電荷が交互に配置されている．この電荷分布の静電エネルギーを求めよ．

[8] （電荷球の静電エネルギー） 半径 a の球内に，電荷 Q が一様に分布している．この系に蓄えられている静電エネルギーを求めよ．

[9] （円環の軸上の電界） 半径 a の円環状コイルに線密度 λ で電荷が一様に分布している場合，中心軸上，円の中心より z だけ離れたの位置の電界を求めよ．

[10] （電気双極子の電界） 電気双極子モーメント $\boldsymbol{p}$ をもつ電気双極子がある．以下の設問に答えよ．ただし，$\hat{\boldsymbol{r}}$ は双極子の中心から点Pに向かう単位ベクトルである（図1.5(b)参照）．

(1) 双極子の位置から距離 r だけ離れた点Pの電位 ϕ は，

$$\phi = \frac{1}{4\pi\varepsilon_0}\frac{\boldsymbol{p}\cdot\hat{\boldsymbol{r}}}{r^2} \tag{2.49}$$

で与えられることを示せ．

(2) 点Pにおける電界は

$$\boldsymbol{E} = \frac{1}{4\pi\varepsilon_0}\frac{3(\boldsymbol{p}\cdot\hat{\boldsymbol{r}})\hat{\boldsymbol{r}} - \boldsymbol{p}}{r^3} \tag{2.50}$$

で与えられることを示せ．

第3章
ガウスの法則

電界を表す電気力線は，正電荷で発生し負電荷で消滅する．ガウスの法則はこれを定式化したものである．ガウスの法則は，電荷間の力を記述するクーロンの法則（直達説）を，電界に関するの方程式（媒達説）に書き直したものであり，クーロンの法則と等価な，電磁界の基礎方程式の 1 つである．

3.1 電気力束

3.1.1 点電荷から出る電気力線の本数

1 個の点電荷 Q からなる系を考えると，この系は点電荷 Q のまわりに等方的なので，点電荷 Q から放射状に広がる電気力線も等方的になる．したがって，点電荷 Q から出る電気力線の本数を N [本] とすれば，点電荷 Q から距離 r の点 P における電気力線の本数の密度 n [本 $\cdot\,\mathrm{m}^{-2}$] は，

$$n = \frac{N}{4\pi r^2} \tag{3.1}$$

である．一方，この点 P における電界は (1.9) で与えられるので，これらを比較すると，どちらも，$1/r^2$ に比例しており，電気力線の本数密度 n と電界の大きさ E は比例することが分かる．そこで，両者を等しいと考え $n = E$ とおいてしまうと，

$$N = \frac{Q}{\varepsilon_0} \tag{3.2}$$

を得る．すなわち，電荷 Q から出る電気力線の本数を (3.2) のように定義すれば，電界の大きさ E と電気力線の本数密度 n は等価になることが分かる．

3.1.2 電気力束

図 3.1 のように，ある領域の中を通過する電気力線の束（あるいはその本数）を，**電気力束**という．ところで，上記のように電気力線の本数密度 n が電界 $\boldsymbol{E}$ の大きさ E に等しいとすれば，図 3.1 のような微小面積 ΔS を通過する電気力束 $\Delta\Phi$ は，

$$\Delta\Phi = E\Delta S\cos\theta = \boldsymbol{E}\cdot\Delta\boldsymbol{S} \tag{3.3}$$

で与えられる．ここで，$\Delta\boldsymbol{S}$ は**面積ベクトル**と呼ばれ，面の法線方向で表（おもて）を

向き，その面積 ΔS に等しい大きさをもつベクトルである．ここで表（おもて）は適宜決めればよい．$\boldsymbol{E}\cdot\Delta\boldsymbol{S}$ は電界 $\boldsymbol{E}$ と面積ベクトル $\Delta\boldsymbol{S}$ との内積であり，θ は電界 $\boldsymbol{E}$ と面の表向きの法線ベクトルとのなす角である．

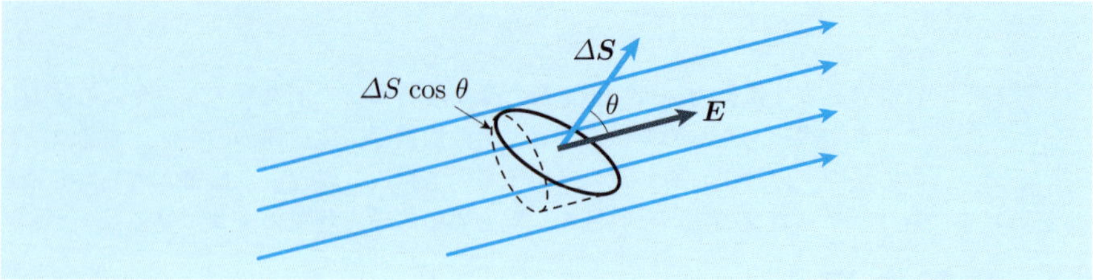

図 3.1 電気力束

3.2 ガウスの法則

3.2.1 面積分

図 3.2 のように，点電荷 Q を囲む閉曲面 S を考え，その面を通過して，中から外に出る電気力線の総数 Φ を考える．これを計算するために，まず，閉曲面 S を N 個の微小面積 ΔS_i（$i = 1, 2, \ldots, N$）に隙間なく分割し，各微小面積における電界を $\boldsymbol{E}_i$ とすれば，各々を通過する電気力線の本数（電気力束 $\Delta\Phi_i$）はそれぞれ (3.3) で計算されるので，閉曲面 S 全体で中から外に出る電気力線の総数 Φ は，閉曲面 S の外側を表（おもて）面としてそれらを全て加え合わせ，$N \to \infty$ の極限をとれば求まる．すなわち

$$\Phi = \lim_{N\to\infty} \sum_{i=1}^{N} \boldsymbol{E}_i \cdot \Delta S_i \equiv \oint_{\mathrm{S}} \boldsymbol{E} \cdot d\boldsymbol{S} \tag{3.4}$$

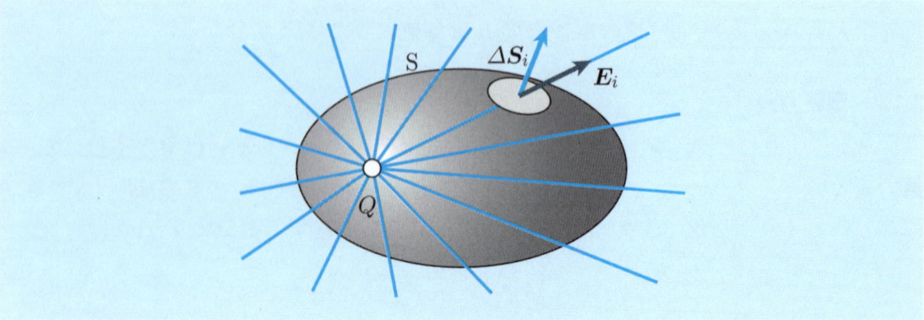

図 3.2 ガウスの法則

と書くことができる．右辺の積分は，中辺の極限を表したもので，これを**面積分**という．積分記号の○は，閉曲面 S 全体での積分を意味する．

一方，電荷 Q から出る電気力線の本数は Q/ε_0 であり，上で求めた本数 Φ は，これに等しいはずである．すなわち，

$$\oint_{\mathrm{S}} \boldsymbol{E} \cdot d\boldsymbol{S} = \frac{Q}{\varepsilon_0} \tag{3.5}$$

が成り立つ．

3.2.2 ガウスの法則

電荷には重ね合わせの原理が成り立つので，閉曲面 S の中に複数の電荷があっても，それぞれ独立に考え，最後に重ね合わせればよい．一方，閉曲面 S の外部にある点電荷を考えてみると，その電気力線は，閉曲面 S とは必ず偶数回交わり，入った電気力線は必ず出るので，積分 (3.4) には寄与しない．よって一般に，

$$\oint_{\mathrm{S}} \boldsymbol{E} \cdot d\boldsymbol{S} = \frac{1}{\varepsilon_0}(\text{閉曲面 S の内部の全電荷}) \tag{3.6}$$

が成り立つ．これを**ガウスの法則**という．すなわち，

『ある閉曲面 S についての電界の面積分の値は，
閉曲面内部の電荷の総量だけで決まり，
その電荷分布や，閉曲面の外部の電荷には一切関係しない』

ということができる．

なお，電荷が電荷密度 ρ で与えられている場合，(3.6) は

$$\oint_{\mathrm{S}} \boldsymbol{E} \cdot d\boldsymbol{S} = \frac{1}{\varepsilon_0}\int_{\mathrm{V}} \rho dV \tag{3.7}$$

のように与えられる．ここで V は，閉曲面 S が囲む体積を表し，$\int_{\mathrm{V}} dV$ は体積積分を意味する．

ガウスの法則は，静電界に関する新しい法則に思えるが，実は，電荷間の相互作用を与えるクーロンの法則（直達説）を，電界に関する法則（媒達説）に言い換えただけで，クーロンの法則と等価である．すなわち，静電界の問題は，ガウスの法則を用いても解くことができる．なお，時間的に変化する電界を扱うには，ガウスの法則のような考え方が必須になる．

例題 3.1 ガウスの法則

半径 a の球面上に，電荷 Q が一様に分布している．このとき，この電荷分布が球の中心 O から距離 r の点 P に作る電界をガウスの法則を用いて求めよ．ただし，$r \geq a$ の場合と $r \leq a$ の両方の場合について考えること．

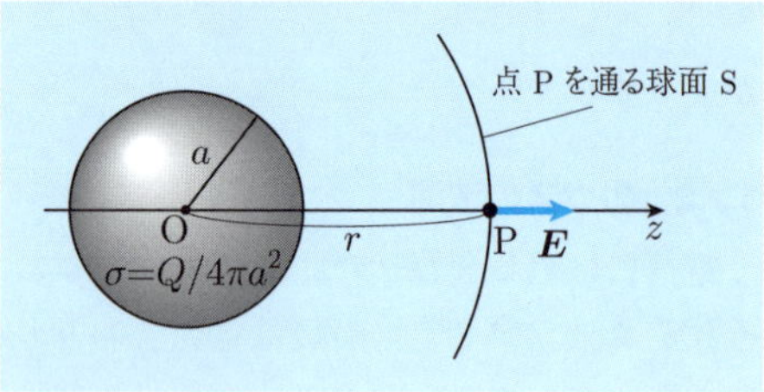

解答 対称性より，電界の向きは r の向きである．また，図のように点 O を中心に半径 r の球面 S を仮定すると，球面上の電界は常に球面に直交し，その大きさ E は一定である．そこでこの球面についてガウスの法則を適用し，まず (3.7) の左辺を考えると，

$$\oint_S \boldsymbol{E} \cdot d\boldsymbol{S} = E \oint_S dS = 4\pi r^2 E \tag{3.8}$$

になる．一方，(3.7) の右辺は，(球面 S の内部に含まれる電荷)$/\varepsilon_0$ であるので，(1) $r \geq a$ の場合，それは Q/ε_0 である．これらをガウスの法則 (3.7) に代入して，

$$4\pi r^2 E = \frac{Q}{\varepsilon_0} \tag{3.9}$$

の関係を得る．よって電界の大きさは，

$$E = \frac{1}{4\pi\varepsilon_0}\frac{Q}{r^2} \tag{3.10}$$

である．一方，(2) $r \leq a$ の場合，半径 r の球内部に電荷はないので，(3.7) の右辺は 0 になる．したがって，求める電界の大きさは $E = 0$ である．

これらの結果は，例題 1.3 の結果と一致する．すなわち，電荷球外の電界は，電荷がその中心に集まった点電荷 Q の作る電界に等しく，電荷球内部の電界は 0 である．

練習問題

問題 3.1 平面上に一様な面電荷密度 σ で分布する電荷が，面から距離 h の点に作る電界を求めよ．

問題 3.2 直線上に一様な線電荷密度 λ で分布する電荷が，線から距離 r の点に作る電界を求めよ．

3.3　電界の発散（div E）

3.3.1　発散 div

微小体積 ΔV の表面 ΔS から外に出る電気力線の本数（電気力束）を $\Delta\Phi$ としたとき，その体積を無限小にすれば，それは，その「点」から出る電気力線の本数と考えられる．しかし，$\Delta V \to 0$ に対して，$\Delta\Phi \to 0$ になってしまうと考えられるので，体積あたりの本数について $\Delta V \to 0$ の極限を定義する．

$$\mathrm{div}\,\boldsymbol{E} = \lim_{\Delta V \to 0} \frac{\Delta\Phi}{\Delta V} \tag{3.11}$$

このように定義される div $\boldsymbol{E}$ を，電界 $\boldsymbol{E}$ の**発散**という．

3.3.2　ガウスの法則の微分形

微小閉曲面 ΔS についてガウスの法則 (3.7) を適用すると，その微小体積 ΔV 中では，電荷密度 ρ は一定と見なせるので，(3.7) の右辺の体積積分において，ρ は積分の外に出すことができる．すなわち，積分は単なる体積 ΔV になり，

$$\begin{aligned}\Delta\Phi &= \oint_{\Delta \mathrm{S}} \boldsymbol{E}\cdot d\boldsymbol{S} \\ &= \frac{1}{\varepsilon_0}\int_{\Delta V} \rho dV \\ &= \frac{\rho}{\varepsilon_0}\Delta V\end{aligned} \tag{3.12}$$

となる．これを (3.11) に代入すると，

$$\mathrm{div}\,\boldsymbol{E} = \frac{\rho}{\varepsilon_0} \tag{3.13}$$

を得る．この式は，ガウスの法則 (3.7) を微視的に表したものであって，**ガウスの法則の微分形**と呼ばれる．

(3.13) の左辺の div $\boldsymbol{E}$ は，電気力線の**湧き出し**を表しているので，この式は，

『電界は電荷によって生じ，電気力線は正電荷から始まり負電荷で終わる』

ということを数式的に表したものといえる．

3.3.3 発散の表式

デカルト座標

x, y, z 軸の基本ベクトルをそれぞれ $\boldsymbol{i}$，$\boldsymbol{j}$，$\boldsymbol{k}$ として，電界 $\boldsymbol{E}$ の x, y, z 成分を $\boldsymbol{E} = E_x\boldsymbol{i} + E_y\boldsymbol{j} + E_z\boldsymbol{k} = (E_x, E_y, E_z)$ のようにおくと，$\mathrm{div}\,\boldsymbol{E}$ は，

$$\mathrm{div}\,\boldsymbol{E} = \frac{\partial E_x}{dx} + \frac{\partial E_y}{dy} + \frac{\partial E_z}{dz} \tag{3.14}$$

のような空間微分演算を表す．さらに第1章で導入したベクトル微分演算子 ∇ を用いると，

$$\mathrm{div}\,\boldsymbol{E} = \nabla \cdot \boldsymbol{E} \tag{3.15}$$

と書くことができる．ここで，$\cdot$ はベクトルの内積を表す．

円筒座標

円筒座標（図 2.4）の基本ベクトルを $\boldsymbol{e}_r$，$\boldsymbol{e}_\theta$，$\boldsymbol{e}_z$，電界 $\boldsymbol{E}$ の r, θ, z 成分を $\boldsymbol{E} = E_r\boldsymbol{e}_r + E_\theta\boldsymbol{e}_\theta + E_z\boldsymbol{e}_z$ とすると，$\mathrm{div}\,\boldsymbol{E}$ は，

$$\mathrm{div}\,\boldsymbol{E} = \frac{1}{r}\frac{\partial}{\partial r}(rE_r) + \frac{1}{r}\frac{\partial E_\theta}{\partial \theta} + \frac{\partial E_z}{\partial z} \tag{3.16}$$

のように与えられる．

球座標

球座標（図 2.5）の基本ベクトルを $\boldsymbol{e}_r$，$\boldsymbol{e}_\theta$，$\boldsymbol{e}_\varphi$，電界 $\boldsymbol{E}$ の r, θ, φ 成分を $\boldsymbol{E} = E_r\boldsymbol{e}_r + E_\theta\boldsymbol{e}_\theta + E_\varphi\boldsymbol{e}_\varphi$ とすると，$\mathrm{div}\,\boldsymbol{E}$ は，

$$\mathrm{div}\,\boldsymbol{E} = \frac{1}{r^2}\frac{\partial}{\partial r}(r^2 E_r) + \frac{1}{r\sin\theta}\frac{\partial}{\partial \theta}(\sin\theta E_\theta) + \frac{1}{r\sin\theta}\frac{\partial E_\varphi}{\partial \varphi} \tag{3.17}$$

のように与えられる．

3.3.4 ガウスの発散定理

(3.11) の極限をとる前に，両辺に ΔV をかけ，(3.12) を用いると，微小閉曲面 ΔS について

$$\oint_{\Delta \mathrm{S}} \boldsymbol{E} \cdot d\boldsymbol{S} = \mathrm{div}\,\boldsymbol{E}\Delta V \tag{3.18}$$

が成り立つ．ところで，図 3.3 のように，ある閉曲面 S で囲まれた体積 V を考え，それを細かい細胞 ΔV_i（$i = 1, 2, \ldots, N$）に隙間なく分割すると，各細胞について (3.18)

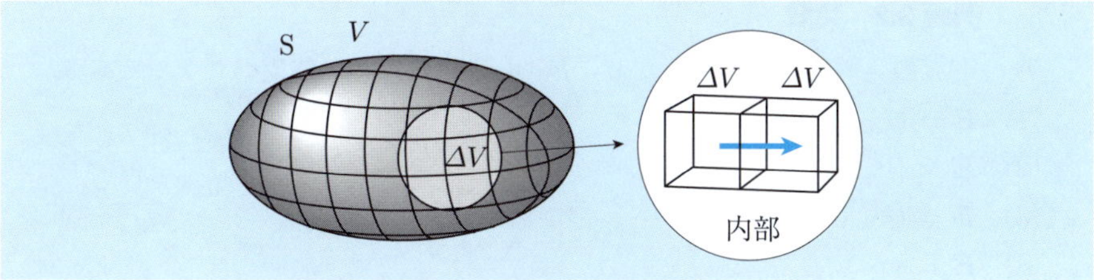

図 3.3 ガウスの発散定理

が成り立つので，体積 V 全体は，それらを全て加え，$N \to \infty$ の極限をとったもので与えられる．すなわち

$$\lim_{N\to\infty}\sum_{i=1}^{N}\oint_{\Delta \mathrm{S_i}}\boldsymbol{E}\cdot d\boldsymbol{S} = \lim_{N\to\infty}\sum_{i=1}^{N}\mathrm{div}\,\boldsymbol{E}_i\Delta V_i \tag{3.19}$$

が成り立つ．ここで，(3.19) の左辺を考えると，各細胞は，一番外側のもの以外，必ず面を共有しているが，一方の細胞から出たものは必ず他方の細胞に入るので，共有面では，それらの面積分は互いに大きさは等しく逆負号になる．したがって，全ての細胞について和をとると，共有面同士は互いに打ち消し合って 0 になり，結局，表面 S についての面積分だけが残る．また，(3.19) の右辺は体積積分に他ならないので

$$\oint_{\mathrm{S}}\boldsymbol{E}\cdot d\boldsymbol{S} = \int_{\mathrm{V}}\mathrm{div}\,\boldsymbol{E}dV \tag{3.20}$$

を得る．これを**ガウスの発散定理**という．ガウスの発散定理を用いれば，ガウスの法則の微分形 (3.13) は，積分形 (3.7) から簡単に導くことができる．

例題 3.2 発散

次の電界の発散を求めよ．ただし，E_0, k は定数，$\boldsymbol{r}$ は位置ベクトルである．

(1) $\boldsymbol{E} = (E_0, 0, 0)$

(2) $\boldsymbol{E} = (kx, 0, 0)$

(3) $\boldsymbol{E} = (ky, 0, 0)$

(4) $\boldsymbol{E} = k\boldsymbol{r}$

解答

(1) $$\mathrm{div}\,\boldsymbol{E} = \frac{\partial E_x}{\partial x} + \frac{\partial E_y}{\partial y} + \frac{\partial E_z}{\partial z} = \frac{\partial E_0}{\partial x} = 0 \tag{3.21}$$

(2) $$\mathrm{div}\,\boldsymbol{E} = \frac{\partial E_x}{\partial x} + \frac{\partial E_y}{\partial y} + \frac{\partial E_z}{\partial z} = \frac{\partial (kx)}{\partial x} = k \tag{3.22}$$

(3) $$\mathrm{div}\,\boldsymbol{E} = \frac{\partial E_x}{\partial x} + \frac{\partial E_y}{\partial y} + \frac{\partial E_z}{\partial z} = \frac{\partial (ky)}{\partial x} = 0 \tag{3.23}$$

(4) $\boldsymbol{E} = kr\hat{\boldsymbol{r}}$ なので，球座標を用いると，

$$\begin{aligned}\mathrm{div}\,\boldsymbol{E} &= \frac{1}{r^2}\frac{\partial}{\partial r}(r^2 E_r) + \frac{1}{r\sin\theta}\frac{\partial}{\partial\theta}(\sin\theta E_\theta) + \frac{1}{r\sin\theta}\frac{\partial E_\varphi}{\partial\varphi} \\ &= \frac{1}{r^2}\frac{\partial}{\partial r}(r^2(kr)) = 3k \end{aligned}\tag{3.24}$$

練習問題

問題 3.3 次の電界の発散を求めよ．ただし，k は定数である．

(1) $\boldsymbol{E} = (kx, ky, kz)$

(2) $\boldsymbol{E} = (ky, kx, 0)$

(3) $\boldsymbol{E} = \dfrac{k}{r}\boldsymbol{e}_\theta$

(r, $\boldsymbol{e}_\theta$ はそれぞれ円筒座標の半径方向成分，θ 方向の基本ベクトル)

問題 3.4 原点に置かれた点電荷 Q のまわりの電界について，原点以外の点における発散を求めよ．

3.4　ラプラス方程式

電荷分布 ρ が作る電界 $\boldsymbol{E}$ について，ガウスの法則 (3.13) が成り立つので，ここに (2.33) を代入すると，

$$-\operatorname{div}\operatorname{grad}\phi = \frac{\rho}{\varepsilon_0} \tag{3.25}$$

を得る．ここで，(2.24)，(3.14) あるいは (2.28)，(2.29)，(3.15) を用いると，

$$-\operatorname{div}\operatorname{grad}\phi = \nabla\cdot\nabla\phi = \nabla^2\phi = \frac{\partial^2\phi}{\partial x^2}+\frac{\partial^2\phi}{\partial y^2}+\frac{\partial^2\phi}{\partial z^2} \tag{3.26}$$

であるから，(3.25) は

$$\frac{\partial^2\phi}{\partial x^2}+\frac{\partial^2\phi}{\partial y^2}+\frac{\partial^2\phi}{\partial z^2} = -\frac{\rho}{\varepsilon_0} \tag{3.27}$$

と書くことができる．これを**ポアソン方程式**という．また特に，電荷がない場所では

$$\frac{\partial^2\phi}{\partial x^2}+\frac{\partial^2\phi}{\partial y^2}+\frac{\partial^2\phi}{\partial z^2} = 0 \tag{3.28}$$

が成り立つ．これを**ラプラス方程式**という．なお，

$$\triangle \equiv \nabla^2 = \frac{\partial^2}{\partial x^2}+\frac{\partial^2}{\partial y^2}+\frac{\partial^2}{\partial z^2} \tag{3.29}$$

を**ラプラス演算子**（**ラプラシアン**）といい，これを用いれば，ポアソン方程式（ラプラス方程式）は，

$$\triangle\phi = -\frac{\rho}{\varepsilon_0} \quad (\triangle\phi = 0) \tag{3.30}$$

のように書くことができる．$\triangle$ は，微小量を表す $\mathit{\Delta}$ ではない．

円筒座標系では

$$\nabla^2 = \frac{1}{r}\frac{\partial}{\partial r}\left(r\frac{\partial}{\partial r}\right)+\frac{1}{r^2}\frac{\partial^2}{\partial\theta^2}+\frac{\partial^2}{\partial z^2} \tag{3.31}$$

球座標系では

$$\nabla^2 = \frac{1}{r^2}\frac{\partial}{\partial r}\left(r^2\frac{\partial}{\partial r}\right)+\frac{1}{r^2\sin\theta}\frac{\partial}{\partial\theta}\left(\sin\theta\frac{\partial}{\partial\theta}\right)+\frac{1}{r^2\sin^2\theta}\frac{\partial^2}{\partial\varphi^2} \tag{3.32}$$

のようになる．

空間の電位 ϕ は，微分方程式 (3.30) を，指定された条件（電荷分布 ρ や境界条件）のもとで解けば得られる．そして，その勾配（$\operatorname{grad}\phi$）を計算することにより，静電界 $\boldsymbol{E}$ を求めることができる．電界がベクトル界であるのに比べ，電位はスカラー界なので扱いが楽である．また第 4 章で示されるように，ラプラス方程式は，**解の一意性**が証明されており，1 つの解を見つければ，それが求める解になる．

例題 3.3 ポアソン方程式

電位が

$$\phi(r) = \frac{1}{4\pi\varepsilon_0}\frac{q}{a}e^{-2r/a} \tag{3.33}$$

で与えられる系の電荷密度分布 $\rho(r)$ を求めよ．

解答 ポアソン方程式 (3.30) より，

$$\rho(r) = -\varepsilon_0 \triangle \phi \tag{3.34}$$

と求めることができる．また，与えられた電位 $\phi(r)$ は球対称なので，ラプラシアンとしては球座標の表式 (3.32) を利用すると便利である．さらに，電位 $\phi(r)$ は r のみの関数であるから，$\partial\phi/\partial\theta$ や $\partial\phi/\partial\varphi$ は 0 になるので，

$$\begin{aligned}
\rho(r) &= -\varepsilon_0 \frac{1}{r^2}\frac{\partial}{\partial r}\left(r^2 \frac{\partial}{\partial r}\phi(r)\right) \\
&= -\frac{q}{4\pi a r^2}\frac{\partial}{\partial r}\left(r^2 \frac{\partial}{\partial r}e^{-2r/a}\right) \\
&= \frac{q}{2\pi a^2 r^2}\frac{\partial}{\partial r}(r^2 e^{-2r/a}) \\
&= \frac{q}{2\pi a^2 r^2}\left(2r - \frac{2r^2}{a}\right)e^{-2r/a} \\
&= \frac{q}{\pi a^2}\left(\frac{1}{r} - \frac{1}{a}\right)e^{-2r/a}
\end{aligned} \tag{3.35}$$

となる．これが求める電荷分布である．

練習問題

問題 3.5 電位が次のガウス型ポテンシャル

$$\phi(x, y, z) = \frac{q}{2\varepsilon_0 a}e^{-x^2/a^2} \tag{3.36}$$

で与えられる系の電荷密度分布 $\rho(x, y, z)$ を求めよ．

問題 3.6 電位が

$$\phi(r) = \frac{1}{4\pi\varepsilon_0}\frac{q}{r}e^{-r/\lambda} \tag{3.37}$$

で与えられる系の電荷密度分布 $\rho(r)$ を求めよ．

なお，これを**遮蔽クーロンポテンシャル**，λ を**遮蔽距離**（あるいは到達距離）という．また，この距離依存性のポテンシャルを一般に**湯川ポテンシャル**という．

第 3 章演習問題

[1] (一様な電荷球による電界) 半径 a の球内部に，電荷 Q が一様に分布している．このとき，この電荷分布が球の中心 O から距離 r の点 P に作る電界をガウスの法則を用いて求めよ．ただし，$r \geq a$ の場合と $r \leq a$ の両方の場合について考えること．

[2] (一様な円筒電荷による電界) 半径 a の無限に長い円筒に，単位長さあたり λ の電荷が一様に分布している．このとき，円筒の軸から距離 r の点 P に作る電界をガウスの法則を用いて求めよ．ただし，$r \geq a$ の場合と $r \leq a$ の両方の場合について考えること．

[3] (ガウスの法則の微分形の導出) ガウスの定理を利用して，ガウスの法則の積分形から微分形を導け．

[4] (ベクトル解析の公式) 次の計算をせよ．ただし，$\boldsymbol{r}$ は位置ベクトル，r はその大きさである．

(1) $\mathrm{div}\,\boldsymbol{r}$

(2) $\mathrm{div}\,\dfrac{\boldsymbol{r}}{r^3}$ （ただし $r \neq 0$）

[5] (ベクトル解析の公式) ϕ, ψ をスカラー関数，$\boldsymbol{A}$ をベクトル関数，$\boldsymbol{r}$ を位置ベクトル，$\boldsymbol{J}$ を定ベクトルとするとき，次の公式を直交座標について証明せよ．

(1) $\mathrm{div}(\phi \boldsymbol{A}) = \mathrm{grad}\,\phi \cdot \boldsymbol{A} + \phi\,\mathrm{div}\,\boldsymbol{A}$

(2) $\mathrm{div}(\boldsymbol{J} \times \boldsymbol{r}) = 0$

(3) $\triangle(\phi\psi) = \psi \triangle \phi + \phi \triangle \psi + 2(\nabla\phi)\cdot(\nabla\psi)$

[6] (電界と電荷密度) ある領域内の電界が円筒座標で，

$$\boldsymbol{E} = \frac{1}{r}\boldsymbol{e}_r + \frac{\cos\varphi}{r}\boldsymbol{e}_\varphi \tag{3.38}$$

と与えられている．ガウスの法則の微分形を用いて，この電界を与える電荷密度 ρ を求めよ．

[7] (電界と電荷密度) ある領域内の電界が球座標で，

$$\boldsymbol{E} = \frac{1}{r^2}(1 - e^{-ar})\boldsymbol{e}_r \tag{3.39}$$

と与えられている．ガウスの法則の微分形を用いて，この電界を与える電荷密度を求めよ．

第4章
導　　体

物質には，電気がよく流れるものと，ほとんど流れないものがある．前者を**導体**，後者を**絶縁体**あるいは**不導体**という．導体には，その中を自由に移動できる荷電粒子が多数存在し，電荷はその移動によって運ばれる．このように電荷を運ぶ粒子を一般に**キャリア**（**担体**）という．金属などでは，キャリアは自由電子である．この章では，この導体の静電的な性質を考える．

4.1　静電誘導

たとえば孤立した金属に図 4.1(a) のように外部から静電界 $\boldsymbol{E}$ をかけると，キャリアである自由電子にクーロン力が働き，自由電子は移動する．しかし，自由電子は金属の外には出られないので，図 4.1(b) のように，表面付近に集まる．一方，導体はもともと電気的に中性なので，電子が少なくなった場所には正電荷が現れる．このように，外部電界によって導体に正負の電荷が現れる．この現象を**静電誘導**という．また，このとき現れた電荷を**誘導電荷**という．

4.1.1　導体内部の静電界

このような自由電子の移動は，導体内部に電界がある限り続くが，誘導電荷が現れると，図 4.1(b) のように，表面に現れた正負の電荷により外部電界とは逆向きの電界 $\boldsymbol{E}'$ が作られる．これを**反電界**という．この反電界は，静電誘導が進むにつれ大きくなるので，外部からの静電界 $\boldsymbol{E}$ はやがて反電界 $\boldsymbol{E}'$ によって完全に打ち消され，図 4.1(c)

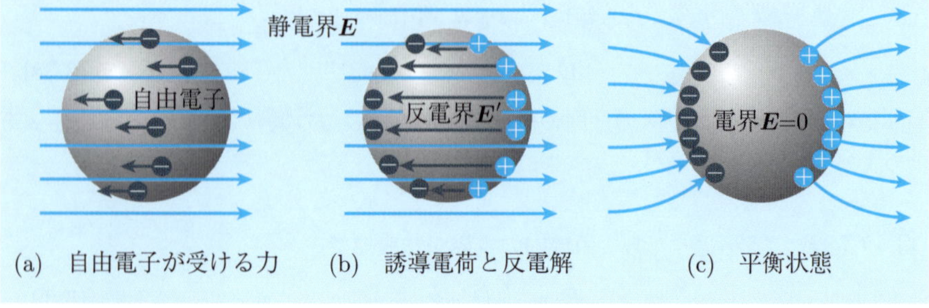

図 4.1　静電誘導

のように導体内部の電界は0になる．その結果，自由電子の移動がなくなり，静電誘導は完了する（**平衡状態**）．このとき，少しでも電界が残っていれば，自由電子が移動して静電誘導が進むので，導体内部の電界は，導体の形状や部分に関係なく，くまなく打ち消される．すなわち，

『静電誘導が完了した平衡状態においては，導体内部には電界は存在しない』

と言える．また，静電界がないということは，それを生み出す電荷がないことを意味する．すなわち，導体内部には電荷は存在しない．よって，

『誘導電荷は全て導体表面にのみ存在する』

ということになる．なお，ここで言っている電荷や電界は，巨視的な（平均的な）ものであって，もちろん自由電子などの電荷や微視的な電界は存在する．

4.1.2 導体の電位

導体内部に電界がないということは，導体内部に電位の勾配がないことを意味する．すなわち，導体内部は全体が等電位である．したがって，**導体の電位**というものを定義することができる．また，導体表面は等電位面になる．

4.1.3 接地

地球（地面）は導体には思えないが，静電的，すなわち時間を十分にかけた平衡状態では等電位であって，地面は1つの等電位面と考えてよい．また，地面は無限に広いと考えてよいので，無限遠の電位と等しく，その電位は0Vと考えてよい．そこで導体を地球（アース）に接続しその電位を0Vとすることを**接地**という．

4.1.4 導体の帯電

導体に，外部から電荷を与えると，導体は電気的に中性でなくなり電荷が現れる．すなわち帯電する．このときでも，導体内部の電界は0であり，したがって，導体内部に電荷は存在しない．よって，帯電によって現れた電荷は，必ず導体表面に分布する．

4.1.5 導体表面の静電界

導体表面は等電位面であるから，導体表面付近の電界は，導体表面に垂直である．また，導体内部の電界は0である．ここで，導体表面の電界を $\boldsymbol{E}$，導体表面の電荷密度を σ として，図4.2のような底面積 S，高さ h の円柱形の閉曲面Sについて，ガウスの法則を適用すると，電気力線が通過するのは導体外部の上底面 S のみで，導体内部の底面や側面は電気力線が通過しないので，左辺は，

$$\oint_S \boldsymbol{E}\cdot dS = ES \tag{4.1}$$

になる．一方，閉曲面内の電荷は $Q = \sigma S$ である．よって，ガウスの法則により

$$ES = \frac{\sigma S}{\varepsilon_0} \tag{4.2}$$

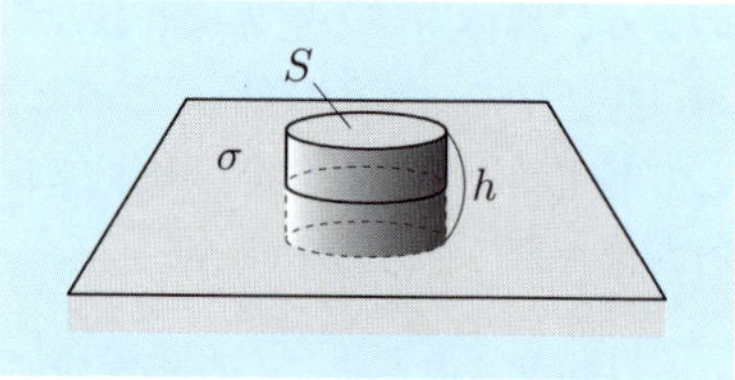

図 4.2

であるので，直ちに

$$E = \frac{\sigma}{\varepsilon_0} \tag{4.3}$$

という関係が導かれる．(4.3) を**クーロンの定理**という．このように，導体表面の静電界の大きさは，表面の電荷密度 σ のみで決まる．

4.1.6 静電シールド

導体外部に静電界があっても，導体内部の電界は常に 0 なので，図 4.3(a) のような空洞内部の電界も常に 0 であり，外部電界の影響を受けない．このように，外部の静電界を遮蔽(しゃへい)することを，**静電遮蔽**あるいは**静電シールド**という．

ただし，これは空洞内の電界が常に 0 であることを言っているのではない．空洞内部に電荷が存在する場合，空洞内には電界が存在し，図 4.3(b) のように，空洞表面に誘導電荷が現れる（この場合でも，導体内の電界および電荷密度は 0 である）．

なお，静電シールドだけでは，電波や磁界を遮蔽することはできない．特に，静磁界に対しては磁気シールドが必要になる．

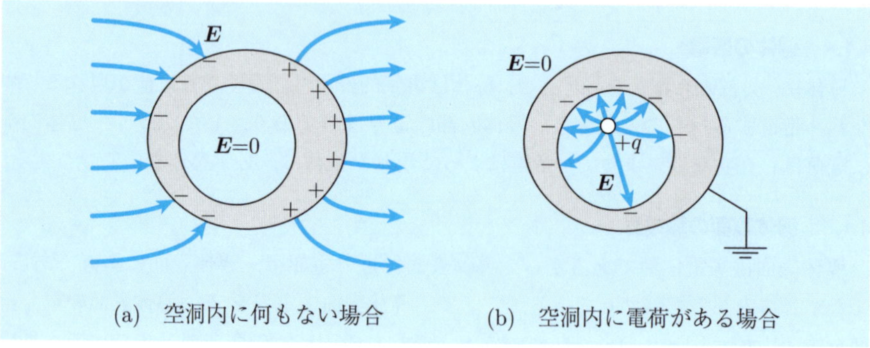

図 4.3 静電シールド

例題 4.1　静電誘導

図のように，半径 a の導体球の内部に半径 b の空洞があり，その中心に半径 c の導体球ある．外側の導体に電荷 Q を与えて空洞内の導体球を接地した．内部導体に誘導される電荷を求めよ．ただし，接地線の影響はないものとする．

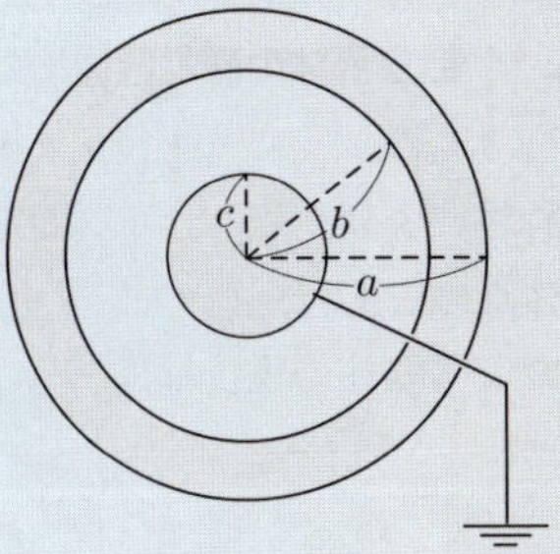

解答　内部導体を接地したときの内部導体の電荷を q とおくと，外部導体内面に電荷 $-q$ が誘導され，電荷保存則により外側の電荷は $Q+q$ になる．したがって，内部導体から見た外部導体の電位は，

$$\phi = -\frac{q}{4\pi\varepsilon_0}\int_c^b \frac{dr}{r^2} = \frac{q}{4\pi\varepsilon_0}\left(\frac{1}{b}-\frac{1}{c}\right) \tag{4.4}$$

であり，無限遠から見た外部導体の電位は

$$\phi = -\frac{Q+q}{4\pi\varepsilon_0}\int_\infty^a \frac{dr}{r^2} = \frac{Q+q}{4\pi\varepsilon_0}\frac{1}{a} \tag{4.5}$$

である．内部導体と無限遠の電位は共に 0 であるから，この両電位は等しい．よって

$$q = -\frac{1/a}{1/a-1/b+1/c}Q \tag{4.6}$$

を得る．この電荷は常に負である．

練習問題

問題 4.1　例題 4.1 において，外部導体の外側の表面上の静電界を求めよ．

問題 4.2　内部導体を接地から切り離し，外部導体と接続した．このとき，外部導体の全電荷を求めよ．また，それはどのように分布するか答えよ．

4.2 静電容量

4.2.1 孤立導体の静電容量

図 4.4 のように，半径 a の導体球に電荷 Q を与えると，電荷は導体表面に分布し，対称性により，その分布（面電荷密度）は一様である．よって，導体球外部の電界は，導体球の中心に電荷 Q を置いたときの静電界に等しい．したがって，無限遠を基準としたこの導体の電位は，

$$V = \frac{1}{4\pi\varepsilon_0}\frac{Q}{a} \tag{4.7}$$

である．このように，導体に電荷 Q が与えられると電位 V をもつが，このときの電位 V は電荷 Q に比例する．また逆に，導体に電位を与えると，導体には，与えた電位 V に比例した電荷 Q がたまる．すなわち，

$$Q = CV \tag{4.8}$$

と表すことができる．この比例定数 C を**静電容量**あるいは**電気容量**という．よって，この導体球の静電容量は，(4.7) より

$$C = 4\pi\varepsilon_0 a \tag{4.9}$$

のようになる．

静電容量 C の単位は，(4.8) より，$\mathrm{C\cdot V^{-1}}$ であるが，それを F（ファラッド）と表す．すなわち，

$$[\mathrm{F}] = [\mathrm{C\cdot V^{-1}}] \tag{4.10}$$

である．

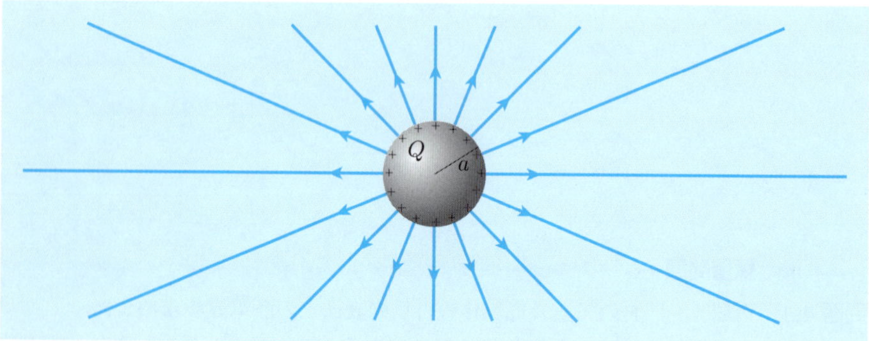

図 4.4　孤立導体の静電容量

4.2.2 コンデンサの静電容量

単一の導体では，あまり電荷を蓄えることはできないが，一対の導体に電位差を与えると，より多くの電荷を蓄えることができる．このように，電荷を蓄えることを目的に作られた素子を**コンデンサ**あるいは**キャパシタ**という．最も典型的なコンデンサは，図 4.5 のような，平板電極を平行に配した**平行板コンデンサ**である．

さて，この平行板コンデンサの極板間に電圧 V を加えると，両極板には，同じ大きさで互いに逆符号の $\pm Q$ の電荷がたまる．この Q を「コンデンサに蓄えられた電荷」という．

単一の導体と同様に，コンデンサに蓄えられる電荷 Q は，コンデンサの極板間に与えた電圧 V に比例する．すなわち，(4.8) が成り立つ．このとき比例定数 C が大きい方が，同じ電圧 V に対してコンデンサに蓄えられる電荷 Q は大きいので，静電容量 C は，文字通りコンデンサの電気的な容量を表している．

ここで，極板（1 枚の）面積を S，極板間距離を d とすると，極板間の電界 E は，電位の勾配より

$$E = \frac{V}{d} \tag{4.11}$$

である．一方，極板にたまった電荷 Q の面電荷密度は $\sigma = Q/S$ になる．よって，片方の極板が作る電界は，面に垂直で面の両側に向かって，大きさ $E = \sigma/2\varepsilon_0$ の一様な静電界になるが，コンデンサの電界は，両方の電極が作る電界の足し合わせであるから，コンデンサ外部は $E = 0$ になり，コンデンサの極板間の電界は

$$E = \frac{\sigma}{\varepsilon_0} = \frac{Q}{\varepsilon_0 S} \tag{4.12}$$

になる．これと (4.11) より，

$$V = \frac{d}{\varepsilon_0 S} Q \tag{4.13}$$

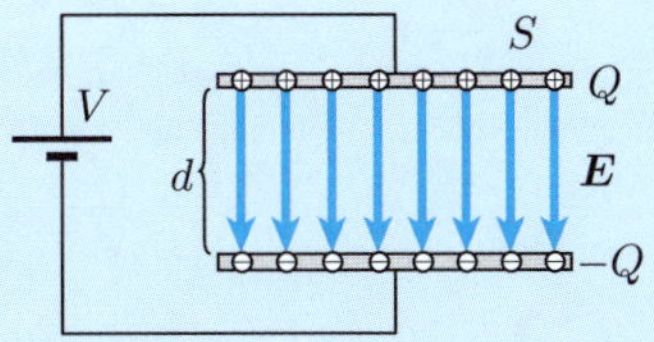

図 4.5　平行板コンデンサ

を得る．したがって，コンデンサに蓄えられる電荷 Q は極板間の電位差 V に比例し，そのときの比例定数，すなわち静電容量は

$$C = \varepsilon_0 \frac{S}{d} \tag{4.14}$$

で与えられることが分かる．このように，コンデンサの静電容量は，導体（電極）の幾何学的条件（たとえば S や d）と，極板間の性質（いまの場合 ε_0）の2つの要因によって決まることが分かる．

4.2.3 真空の誘電率

第1章において，クーロンの法則 (1.3) の比例定数 k を，(1.4) のように真空の誘電率 ε_0 を用いて表したが，それは以下のように説明することができる．

そのために，まず比例定数を k に戻して話を進めると，第3章で説明した，点電荷 Q から湧き出す電気力線の本数は $4\pi kQ$ 本になる．その結果，(4.14) は

$$C_0 = \frac{1}{4\pi k} \frac{S}{d} \tag{4.15}$$

となる．この係数（$1/(4\pi k)$）を真空の誘電率 ε_0 とおけば，

$$k = \frac{1}{4\pi\varepsilon_0} \tag{4.16}$$

になる．すなわち (1.4) を得ることができる．

真空は，実際には誘電体ではないが，SI 単位のつじつま合わせとして，真空の誘電率というものが導入されており，その値はおおよそ

$$\varepsilon_0 = 8.85 \times 10^{-12}\,\mathrm{F \cdot m^{-1}} \tag{4.17}$$

である．誘電体については第5章で扱う．

例題 4.2 同心球コンデンサ

半径 a の導体球のまわりに，内径 b，外径 c の同心球殻を配した同心球コンデンサの静電容量を求めよ．

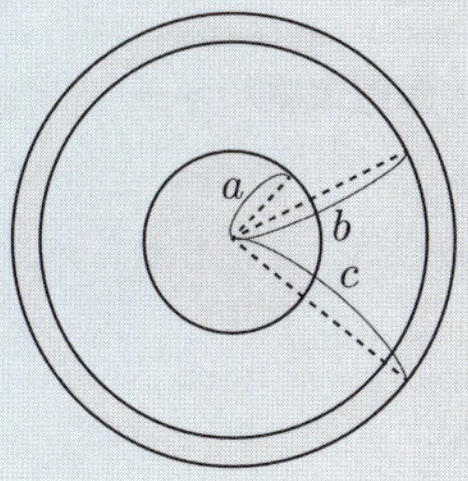

解答 電荷 Q を与えて，電極間の電位差 V を求めれば，その比によって静電容量 C を求めることができる．いま，中心の導体球に電荷 Q，まわりの球殻に電荷 $-Q$ を与えると，中心から，距離 r（$a < r < b$）における電界の強さは

$$E = \frac{1}{4\pi\varepsilon_0}\frac{Q}{r^2} \tag{4.18}$$

であるから，AB 間の電位差 V は，

$$V = \int_a^b E dr = \frac{Q}{4\pi\varepsilon_0}\left(\frac{1}{a} - \frac{1}{b}\right) \tag{4.19}$$

となる．よって，同心導体球の静電容量は，

$$C = \frac{Q}{V} = 4\pi\varepsilon_0 \frac{ab}{a-b} \tag{4.20}$$

となる．

練習問題

問題 4.3 右図のような，半径 a の円形断面をもつ心線と，同心で内径 b の円筒導体からなる中空の同軸ケーブルがある．この同軸ケーブルの単位長さあたりの静電容量を求めよ．

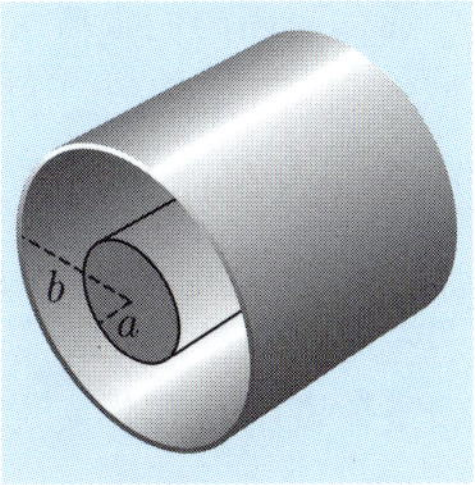

4.3 静電エネルギーと静電張力

4.3.1 静電エネルギー

容量 C [F] のコンデンサに蓄えられた電荷が q [C] のとき，電極間の電位差は $V=q/C$ [V] であるから，この電荷を Δq だけ増加させるのに必要な仕事 ΔW [J] は，

$$\Delta W = V\Delta q = \frac{q}{C}\Delta q \tag{4.21}$$

である．したがって，電荷を $q=0$ から Q まで蓄えるために必要な仕事は，

$$W = \int_0^Q V dq = \int_0^Q \frac{q}{C} dq = \frac{1}{2}\frac{Q^2}{C} \tag{4.22}$$

である．これがコンデンサに蓄えられるので，蓄えられるエネルギー U [J] は

$$U = \frac{1}{2}\frac{Q^2}{C} = \frac{1}{2}QV = \frac{1}{2}CV^2 \tag{4.23}$$

である．ここで，(4.8) の関係を用いている．ところで，極板面積 S [m^2]，極板間隔 d [m] の平行板コンデンサに電圧 V [V] をかけたとき，極板間の電界を E [V $\cdot$ m^{-1}] とすると，このコンデンサに蓄えられた静電エネルギー U [J] は，(4.11)，(4.14) より

$$U = \frac{1}{2}CV^2 = \frac{1}{2}\varepsilon_0\frac{S}{d}(Ed)^2 = \frac{1}{2}\varepsilon_0 E^2 Sd \tag{4.24}$$

である．ここで Sd [m^3] は極板間の体積なので，(4.24) はコンデンサの極板間に単位体積あたり蓄えられている静電エネルギー u [J $\cdot$ m^{-3}] は，

$$u = \frac{1}{2}\varepsilon_0 E^2 \tag{4.25}$$

であると解釈することができる．すなわち，電界 E の空間には，単位体積あたり (4.25) で与えられるエネルギー u が蓄えられていると考えることができる．

4.3.2 静電張力

導体表面の面電荷密度を σ [C $\cdot$ m^{-2}] とすると，図 4.6(a) のように，導体表面の微小領域 ΔS [m^2] における静電界は，ΔS に含まれる電荷密度 σ が導体内外に作る電界 $E_1=\sigma/(2\varepsilon_0)$ [V $\cdot$ m^{-1}] と，ΔS 以外の部分の電荷が ΔS に作る電界 E_2 [V $\cdot$ m^{-1}] との合成で与えられる．ここで，導体内部の静電界は $E_{\rm in}=E_2-E_1$ であるが，導体内部の静電界は 0 であることから，$E_2=E_1=\sigma/(2\varepsilon_0)$ [V $\cdot$ m^{-1}] である．よって，ΔS の電荷密度 σ に働くクーロン力は，単位面積あたり

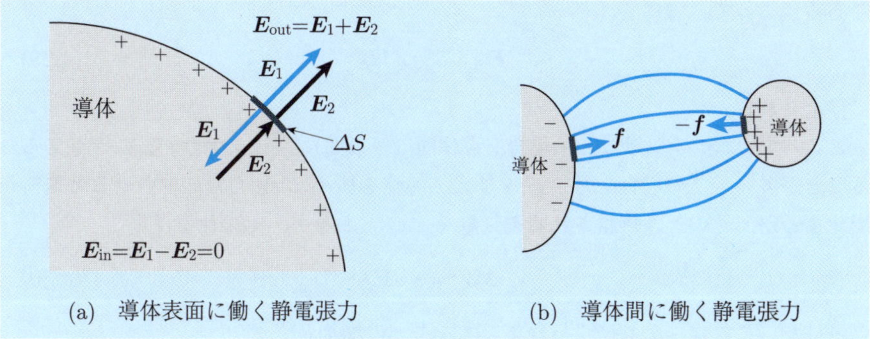

図 4.6 静電張力

$$f = \sigma E_2 = \frac{\sigma^2}{2\varepsilon_0}\,[\mathrm{N \cdot m^{-2}}] \tag{4.26}$$

である．

また，導体表面の静電界は $E = E_1 + E_2 = \sigma/\varepsilon_0\,[\mathrm{V \cdot m^{-1}}]$ なので，この σ を上式 (4.26) に代入すると，結局，表面電界 E の導体表面には，

$$f = \frac{1}{2}\varepsilon_0 E^2\,[\mathrm{N \cdot m^{-2}}] \tag{4.27}$$

で与えられる張力が単位面積あたり働くことが分かる．これを**静電張力**という．静電張力の式 (4.27) は，空間に蓄えられる静電エネルギーの式 (4.25) と同じ形になる．単位が異なるように見えるが，[J] = [N · m] であることを考えれば，同じ次元をもつことが分かる．導体間に働く力は，この静電張力によって考えることができる（図 4.6(b)）．

4.3.3 導体系の静電気力

導体系では，静電誘導によって電荷分布が変化するので，導体間に働く静電気力を，電荷間の力から直接的に求めるのは困難である．このような場合，静電エネルギー U から力を求めると便利である．

いま，$\boldsymbol{F}$ が働いている孤立導体を，その力に逆らって，力 $-\boldsymbol{F}$ を加えて微小に Δl だけ変位させる場合を考える．この場合，導体に蓄えられる電荷は一定であり，また，電荷分布は変化するが，それは導体表面上，すなわち等電位面上での移動であるから，エネルギーの変化はない．したがって，このときの仕事 $W = -\boldsymbol{F} \cdot \Delta \boldsymbol{l}$ は，全て，空間に蓄えられる静電エネルギー U の増加に寄与する．すなわち，

$$\Delta U = -\boldsymbol{F} \cdot \Delta \boldsymbol{l} \tag{4.28}$$

である．よって，力は

$$\boldsymbol{F} = -\operatorname{grad} U \tag{4.29}$$

で与えられる．

ところで，コンデンサなどの場合，導体間（極板間）に一定の電位差 V が与えられることが多い．この場合，力 $-\boldsymbol{F}$ を加えて導体を微小に Δl だけ変位させると電荷が変化するが，そのとき供給される電気量を ΔQ とおくと，その仕事は

$$\Delta W = V\Delta Q \tag{4.30}$$

と書ける．これは，それによる静電エネルギーの増加

$$\Delta U = \frac{1}{2}V\Delta Q \tag{4.31}$$

の 2 倍である．よって，エネルギー保存の法則により，静電エネルギーの増加は，

$$\Delta U = -\boldsymbol{F}\cdot\Delta\boldsymbol{l} + \Delta W = -\boldsymbol{F}\cdot\Delta\boldsymbol{l} + 2\Delta U \tag{4.32}$$

である．これを ΔU について解けば，$\Delta U = \boldsymbol{F}\cdot\Delta\boldsymbol{l}$ なので，力は

$$\boldsymbol{F} = \operatorname{grad} U \tag{4.33}$$

で与えられる．

例題 4.3　平行板コンデンサの極板間に働く力

極板面積 S，極板間の距離 x の平行板コンデンサに電圧 V が加えられている．このとき，コンデンサの極板間に働く力を，静電エネルギーから求めよ．

解答　極板間の電位差が，外部電源によって一定値 V に保たれているので，コンデンサに蓄えられているエネルギーは，極板間隔 x の関数として

$$U = \frac{1}{2}CV^2 = \frac{1}{2}\varepsilon_0 \frac{S}{x} V^2 \tag{4.34}$$

のように表すことができる．よって，極板間に働く力は，(4.33) より

$$F = \frac{dU}{dx} = -\frac{1}{2}\varepsilon_0 \frac{S}{x^2} V^2 \tag{4.35}$$

となる．F が負ということは，F の向きは，x の増加と逆向きである．すなわち，これは引力である．

なお，極板間の電界 $E = V/x$ を用いると，

$$F = -\frac{1}{2}\varepsilon_0 E^2 S \tag{4.36}$$

なので，極板間には単位面積あたり，(4.27) で与えられる張力が働くことが分かる．

練習問題

問題 4.4　例題 4.3 のコンデンサを電源から切り離した場合について，コンデンサの極板間に働く力を求めよ．(**ヒント**：この場合，蓄えられる電気量 Q が一定になる．)

問題 4.5　極板面積 $S = 100\,\mathrm{cm}^2$，極板間距離 $d = 1.00\,\mathrm{mm}$ の平行板コンデンサに 20.0 V の電圧をかけた．このとき，このコンデンサに蓄えられる静電エネルギーはいくらか．

4.4 導体を含む静電界の問題

4.4.1 境界値問題

導体に静電界をかけると，静電誘導によって電荷分布が変化してしまうので，導体を含む静電界の問題をクーロンの法則を用いてまともに解くのは困難である．しかし，その電位はラプラス方程式を満たし，さらに，導体表面は等電位面であり電位が一定であるので，これを境界条件にラプラス方程式を解くことができれば，電位を決定することができ，その勾配から静電界を求めることができる．すなわち，導体を含む静電界の問題は，ラプラス方程式の境界値問題に帰着する．

4.4.2 解の一意性

ラプラス方程式は，空間に関する2階偏微分方程式であるが，境界条件が与えられれば，それを満たす静電界は高々1通りであって，他の解はない．これを**解の一意性**という．したがって，その境界条件を満たす解を何らかの方法で見つけることができれば，それが求める解になる．

解の一意性は，以下のように示される．いま，同一の境界条件に対して，ラプラス方程式を満たす2つの解 ϕ_1, ϕ_2 があったとすると，

$$\triangle\phi_1 = 0, \qquad \triangle\phi_2 = 0 \tag{4.37}$$

が成り立つ．ここで，両者の境界条件は同一であるから，$\phi \equiv \phi_1 - \phi_2$ を考えると，境界では必ず $\phi = 0$ になる．また (4.37) の両式の辺々の差をとれば

$$\triangle\phi = 0 \tag{4.38}$$

である．すなわち，ϕ もまたラプラス方程式の解である．ここで，境界において常に $\phi = 0$ であるということは，実は，境界に限らず，いたるところで常に $\phi = 0$ でなければならない．なぜなら，もし $\phi \neq 0$ になる場所があれば，どこかで ϕ の極大・極小が存在するが，その場合，電位の勾配である静電界は，極大・極小点から放射状になるので，極大・極小点には，その源になる電荷がなければならないが，これは $\triangle\phi = 0$ の右辺に矛盾するからである．よって，$\phi \neq 0$ の場所があるという仮定は誤りであり，常に $\phi = 0$ になる．すなわち，いたるところで $\phi_1 = \phi_2$ であり，同一の境界条件に対しては，2つの異なる解は存在しない．

4.4.3 鏡像法

解の一意性により，その境界条件を満たす解を見つければ，それが求める解であるが，その1つの方法に**鏡像法**がある．鏡像法は，「導体表面で電位が一定」などの境界条件を，導体の代わりに点電荷を置くことにより実現する方法で，この電荷を**鏡像電荷**という．

たとえば，図 4.7(a) のように，無限に広い導体板から距離 a の点に電荷 q があるときの静電界を求める場合を考えると，この境界条件は，無限に広い導体板表面は等電位面であり，無限に広いことから電位 $\phi = 0$ である（$\because$ 無限遠では $\phi = 0$）．ところでこの境界条件は，図 4.7(b) のように，導体表面に対して面対称の位置（すなわち鏡像の位置）に点電荷 $-q$ を置いて，導体を取り去っても得られる．これが鏡像電荷であり，この鏡像電荷を考えれば，導体があったときと同じ境界条件が得られる．また，電荷が導体平面から受ける力は，鏡像電荷 $-q$ から受けるクーロン力に等しく，その大きさは

$$F = -\frac{1}{4\pi\varepsilon_0}\frac{q^2}{(2a)^2} \quad \text{（引力）} \tag{4.39}$$

であることが分かる．

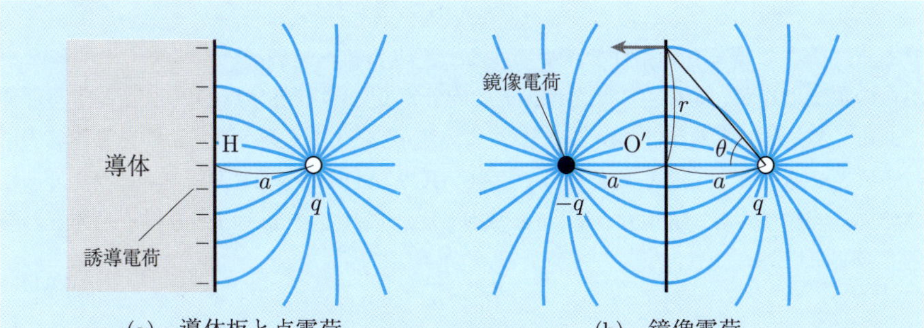

(a) 導体板と点電荷　　(b) 鏡像電荷

図 4.7 鏡像法

例題 4.4 鏡像法

接地された半径 a の導体球があり，その中心から距離 r の位置に点電荷 q を置いたとき，この点電荷に働くクーロン力を求めよ．

解答

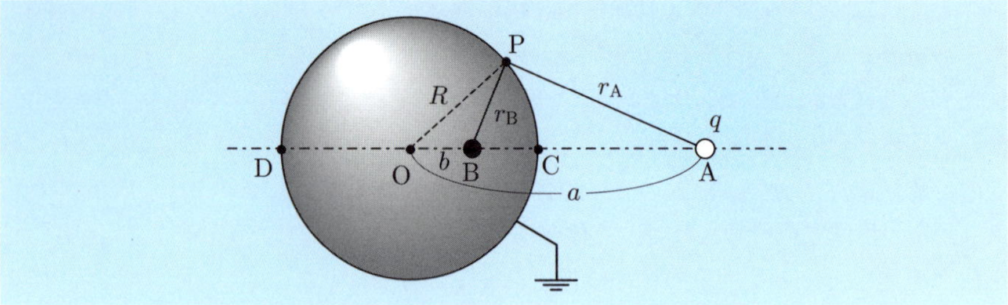

図のように線分 OA 上の点 O から距離 b の点 B に鏡像電荷を q' を仮定すると，点 A から距離 r_A，点 B からの距離 r_B の点 P の電位は，

$$\phi = \frac{1}{4\pi\varepsilon_0}\left(\frac{q}{r_A} + \frac{q'}{r_B}\right) \tag{4.40}$$

である．ここで $\phi = 0$ の条件を求めてみると，$r_A/r_B = -q/q'$ を得るが，一般に 2 点からの距離の比が一定の点の軌跡は，その内分点 C および外分点 D を直径とする球面である（2 次元ならアポロニウスの円）．よって q' をうまく選べば，これを導体球表面に一致させることができる．ところで，AC:BC =AD:BD =AP:BP = $r_A : r_B$ であるので，$a - R : R - b = a + R : R + b$ が成り立ち，これより $ab = R^2$ を得る．すなわち

$$b = \frac{R^2}{a} \tag{4.41}$$

と求まる．またこれを $a - R : R - b = r_A : r_B = -q : q'$ に代入すると，

$$q' = -\frac{R}{a}q \tag{4.42}$$

を得る．これが求める鏡像電荷である．よって電荷 q に働く力は，

$$F = \frac{1}{4\pi\varepsilon_0}\frac{qq'}{(a-b)^2} = -\frac{q^2}{4\pi\varepsilon_0 a^2}\frac{R/a}{(1-(R/a)^2)^2} \tag{4.43}$$

である（負号は引力を意味する）．

練習問題

問題 4.6 例題 4.4 において，孤立した導体球の場合，働く力はどうなるか．

4.5　コンデンサの接続

静電容量 C_1, C_2 のコンデンサを 2 つ接続する場合，図 4.8 のように並列接続と直列接続がある．まず，図 4.8(a) のような並列接続の場合，両コンデンサには同じ電圧 V がかかるので，それぞれのコンデンサに蓄えられる電荷は，$Q_1 = C_1V, Q_2 = C_2V$ である．よって，2 つのコンデンサを 1 つのコンデンサと見たときに蓄えられる電荷は，$Q = Q_1 + Q_2 = (C_1 + C_2)V$ である．よって，合成容量は

$$C = C_1 + C_2 \tag{4.44}$$

になる．

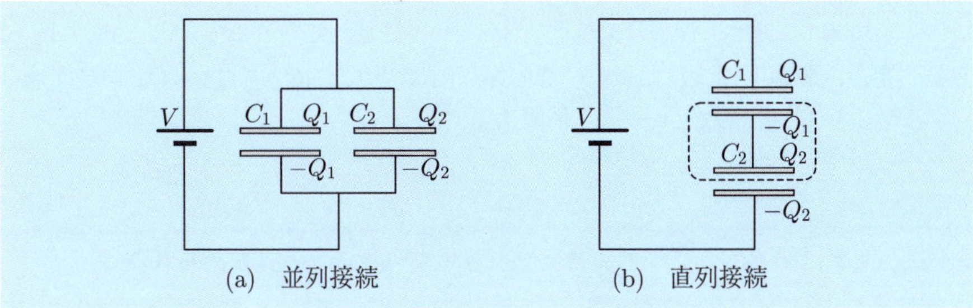

図 4.8　2 つのコンデンサの接続

一方，図 4.8(b) のような直列接続の場合，各コンデンサに蓄えられる電荷を Q_1, Q_2 とおくと，図の破線で囲まれた部分の電荷はもともと 0 であるので，$-Q_1 + Q_2 = 0$，すなわち $Q_1 = Q_2$ である．それを Q とおくと，それぞれのコンデンサの電極間の電位差は $V_1 = Q/C_1, V_2 = Q/C_2$ であるから，$V = V_1 + V_2 = (1/C_1 + 1/C_2)Q$ である．よって，合成容量 C は

$$\frac{1}{C} = \frac{1}{C_1} + \frac{1}{C_2} \tag{4.45}$$

で与えられる．これを C について解けば

$$C = \frac{C_1C_2}{C_1 + C_2} \tag{4.46}$$

が得られる．

例題 4.5　コンデンサ

右図に示すように接続されたコンデンサ C_1, C_2, C_3 に電圧 V をかけた．

(1) 各コンデンサに蓄えられる電気量 Q_1, Q_2, Q_3 を求めよ．

(2) 合成容量 C を求めよ．

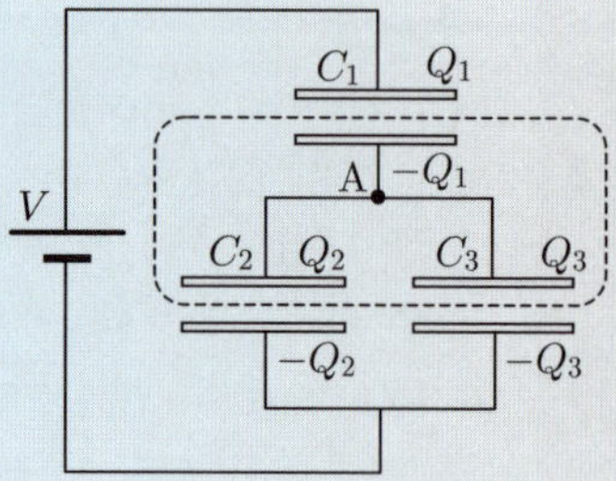

解答 (1) 各コンデンサにかかる電圧を V_1, V_2, V_3 とすると，$Q_1 = C_1V_1$, $Q_2 = C_2V_2$, $Q_3 = C_3V_3$ である．ただし C_2 と C_3 には共通の電圧がかかるので $V_2 = V_3$ であり，それと C_1 は直列に電圧 V と接続されているので，$V = V_1 + V_2$ である．また，破線で囲まれた領域の電荷保存則により，$-Q_1 + Q_2 + Q_3 = 0$ が成り立つ．以上より Q_1, Q_2, Q_3, V_1 を消去すると，

$$V_2 = \frac{C_1}{C_1 + C_2 + C_3}V \tag{4.47}$$

を得る．これより各コンデンサに蓄えられる電荷は次のように求められる．

$$\begin{aligned} Q_1 &= C_1(V - V_2) = \frac{C_1(C_2 + C_3)}{C_1 + C_2 + C_3}V \\ Q_2 &= C_2V_2 = \frac{C_1C_2}{C_1 + C_2 + C_3}V, \quad Q_3 = C_3V_2 = \frac{C_1C_3}{C_1 + C_2 + C_3}V \end{aligned} \tag{4.48}$$

(2) このコンデンサ全体が蓄える電荷 Q は Q_1 であるので，合成容量は，

$$C = \frac{Q}{V} = \frac{C_1(C_2 + C_3)}{C_1 + C_2 + C_3} \tag{4.49}$$

である．

練習問題

問題 4.7 コンデンサの並列合成容量および直列合成容量の式を利用して例題 4.5 を解け．

問題 4.8 右図に示すように接続されたコンデンサ C_1, C_2, C_3 の合成容量を求めよ．

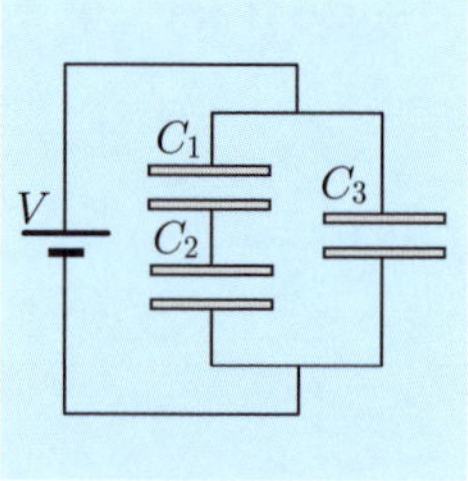

第 4 章演習問題

[1]　（コンデンサ）　静電容量 100 μF のコンデンサに 100 V の電圧をかけた．このコンデンサに蓄えられた電気量および静電エネルギーを求めよ．

[2]　（平行板コンデンサの静電容量）　極板面積 1.00 cm^2，極板間距離 1.00 mm の平行板コンデンサの静電容量を求めよ．ただし，真空の誘電率を $\varepsilon_0 = 8.85 \times 10^{-12}\,\mathrm{F \cdot m^{-1}}$ とせよ．

[3]　（積層コンデンサの静電容量）　右図のような積層コンデンサの静電容量を求めよ．ただし，極板面積は S，極板間隔は d，極板枚数は n である．

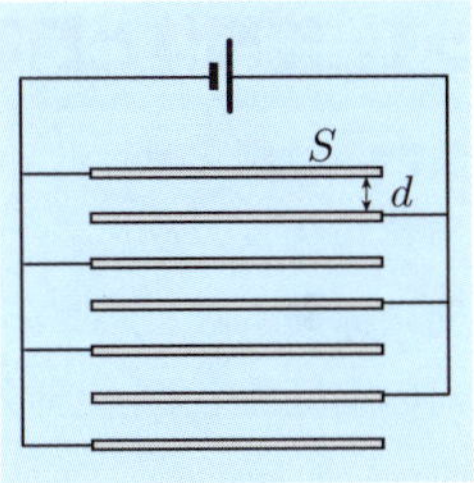

[4]　（平行導線間の静電容量）　無限に長い半径 a の 2 本の導線 A, B が，その中心軸間の距離が d（$d \gg a$）となるように平行に張られている．単位長さあたりの導線間の静電容量を求めよ．

[5]　（ストリップ線の静電容量）　導体平面より高さ h の距離に，半径 a（$a \ll h$）の導線が面に平行に張られている．導体線の単位長さあたりの，導体線と導体平面の間の静電容量を求めよ．

[6]　（コンデンサ回路）　右図のように静電容量 C_1 および C_2（$C_1 > C_2$）のコンデンサと 2 個のスイッチからなるコンデンサを並列接続した回路がある．2 つのコンデンサは，はじめ電位差 V で，ただし逆の極性に充電してあった．ここで，2 つのスイッチを閉じ，十分に時間がたった後の PQ 間の電位差を求めよ．および，スイッチを閉じた前後における，この系に蓄えられているエネルギーの変化を求めよ．

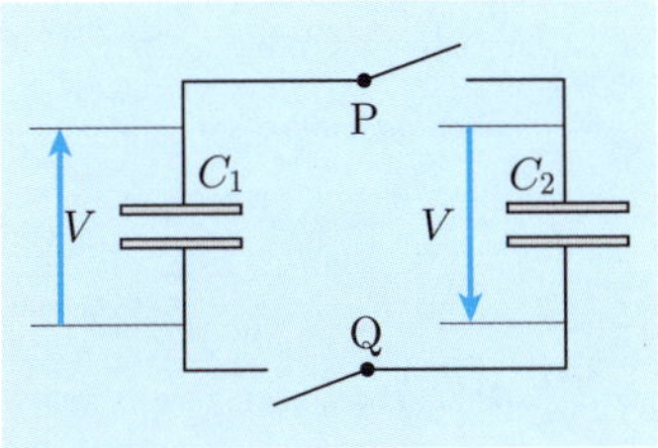

[7]　（コンデンサのエネルギー）　右図のように面積 S，間隔 d の平行平板コンデンサに電圧 V が加えられている．コンデンサの極板間の中心に厚さ d' の導体を極板に平行に挿入したときの，コンデンサに蓄えられるエネルギーの変化を求めよ．

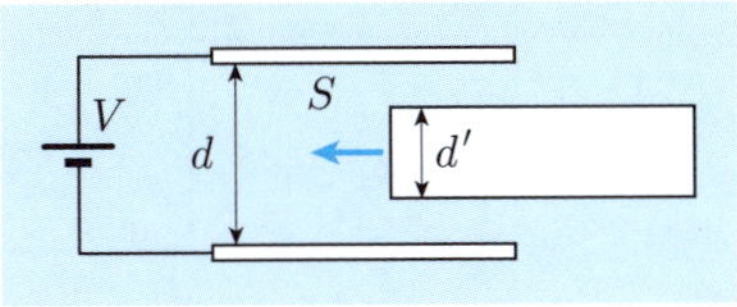

第5章
誘　電　体

第4章で述べたように，物質は導体と不導体（絶縁体）に大別される．しかし，絶縁体と言えども電気的な性質が全くないわけではない．この章では，この絶縁体の電気的な性質を学ぶ．

5.1　絶縁体と誘電体

5.1.1　比誘電率

絶縁体を，たとえば図5.1のように，一定電圧 V をかけた平行板コンデンサの極板間に挿入すると，コンデンサに蓄えられる電気量は増加する．すなわち，絶縁体挿入前の電気量を Q_0，挿入後の電気量を Q とすれば，その比

$$\varepsilon_\mathrm{r} = \frac{Q}{Q_0} \tag{5.1}$$

は1より大きくなる．これは，絶縁体に何らかの電気的性質が誘発されたことを表しており，このような現象（誘電現象）を問題にするとき，その絶縁体を**誘電体**と呼ぶ．また ε_r は，その物質の誘電体としての性質の強さを表すと考えられ，**比誘電率**と呼ばれる．誘電体挿入前のコンデンサの静電容量を C_0，誘電体挿入後の静電容量を C，すなわち，$Q_0 = C_0 V$, $Q = CV$ の比例関係が成り立つとすれば，(5.1) は

$$\varepsilon_\mathrm{r} = \frac{C}{C_0} \tag{5.2}$$

になる．このように，誘電体を挿入すると，コンデンサの静電容量は真空の ε_r 倍になることが分かる．

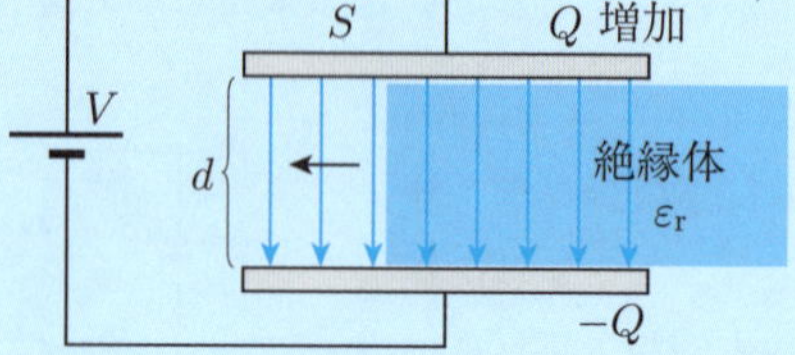

図 5.1　平行板コンデンサ

表 5.1 に，主な物質の比誘電率を示す．表を見ると，空気の比誘電率はほとんど 1 なので，通常は空気の存在は無視できることが分かる．また，大抵の物質の比誘電率は 10 を超えないが，水は約 80 と非常に大きい．さらに，チタン酸バリウムなどは，**強誘電体**と呼ばれ，非常に大きな比誘電率をもつ．

表 5.1 主な物質の比誘電率（20°C）（理科年表 2012 年度版より）

物質名	比誘電率	物質名	比誘電率
空気	1.000536	ボール紙	3.2
水	80.36	雲母	7.0
変圧器油	2.2	チタン酸バリウム	～5000

5.1.2 誘電率

極板の面積 S，極板間の距離 d の平行板コンデンサの静電容量は，(4.14) のように，真空の誘電率 ε_0 を用いて

$$C_0 = \varepsilon_0 \frac{S}{d} \tag{5.3}$$

で与えられるので，誘電体挿入後のコンデンサの静電容量は，(5.2) より

$$C = \varepsilon_{\mathrm{r}} C_0 = \varepsilon_{\mathrm{r}} \varepsilon_0 \frac{S}{d} = \varepsilon \frac{S}{d} \tag{5.4}$$

のように書くことができる．ここで

$$\varepsilon \equiv \varepsilon_{\mathrm{r}} \varepsilon_0 \tag{5.5}$$

であり，これを**誘電率**という．実は，比誘電率という言葉は，真空の誘電率 ε_0 と物質の誘電率 ε との比に由来する．誘電率の単位は (5.3) より，$\mathrm{F \cdot m^{-1}}$ である．

コラム　圧電効果

誘電体の中には，ひずみを与えると電圧を発生するものがある．これを**圧電効果**あるいは**ピエゾ効果**という．またそのような物質に電圧（電界）を加えると結晶がひずむ．これを**逆圧電効果**という．このように圧電効果を持つ物質を**圧電性物質**あるいは**圧電体**という．圧電体の例としては水晶があり，クォーツ時計に利用されているが，強誘電体のチタン酸バリウムやロッシェル塩，PZT（チタン酸ジルコン酸鉛）などは大きな圧電性を有し，ライターの点火やスピーカの圧電素子などに利用される．また，超音波の送受振器（トランスデューサ）としても利用されている．

例題 5.1　誘電体

静電容量 C_0 の平行板コンデンサがある．このコンデンサの極板間に，比誘電率 ε_r の物質を以下のように満たしたときの静電容量をそれぞれ求めよ．

(1)　全体に満たしたとき．

(2)　下図 (a) のように右半分を満たしたとき．

(3)　下図 (b) のように下半分を満たしたとき．

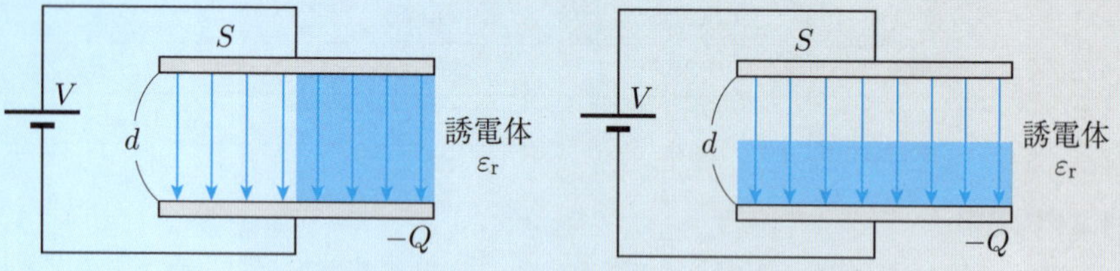

(a)　　　　(b)

解答　(1)　(5.2) より，直ちに $C = \varepsilon_r C_0$.

(2)　コンデンサの極板面積を S とすると，右半分を満たしたものは，誘電体を完全に満たした極板面積 $S/2$ のコンデンサと，誘電体のない極板面積 $S/2$ のコンデンサとの並列接続と考えられる．ここで，前者の静電容量は，$C_1 = \varepsilon_r C_0/2$，後者の静電容量は，$C_2 = C_0/2$ であるから，求める静電容量は，

$$C = C_1 + C_2 = \frac{1+\varepsilon_r}{2}C_0 \tag{5.6}$$

(3)　コンデンサの極板間隔を d とすると，下半分を満たしたものは，誘電体を完全に満たした極板間隔 $d/2$ のコンデンサと，誘電体のない極板間隔 $d/2$ のコンデンサとの直列接続と考えられる．ここで，前者の静電容量は，$C_1 = 2\varepsilon_r C_0$，後者の静電容量は，$C_2 = 2C_0$ であるから，求める静電容量は，

$$C = \frac{C_1 C_2}{C_1 + C_2} = \frac{2\varepsilon_r}{1+\varepsilon_r}C_0 \tag{5.7}$$

練習問題

問題 5.1　誘電体を挟んでいない静電容量 6 pF の平行板コンデンサの極板間に，比誘電率 ε_r=10 の誘電体を挿入した．このコンデンサの静電容量を求めよ．

問題 5.2　上問で誘電体を極板面積の 1/3 だけ引き抜いた．静電容量を求めよ．

5.2 誘電分極

絶縁体が誘電現象を起こすのは，絶縁体と言えども荷電粒子から成るからである．たとえばイオン結晶がそうであるが，そもそも原子自体，正電荷の原子核と負電荷の電子から成り立っている（図 5.2(a)）．このような物質を電界の中に置くと，物質中の正負の電荷が外部電界によってそれぞれ逆向きに引っ張られ，図 5.2(b) のように物体の表面に電荷が現れる．この電荷を**分極電荷**，このような現象を**誘電分極**という．

5.2.1 分極電荷と真電荷

第 4 章で述べた静電誘導による誘導電荷とは異なり，分極電荷は単独に取り出すことができない．それに対し，誘導電荷は普通の電荷であって単独で取り出すことができる．このような普通の電荷を，分極電荷に対して**真電荷**と呼ぶ．

5.2.2 誘電分極の種類

誘電分極には，大きく 3 種類の機構がある．1 つは**電子分極**と呼ばれ，原子自体の分極である（図 5.2）．もう 1 つは**イオン分極**と呼ばれ，イオン結晶の正負イオンが互いに逆向きに変位することで生じる分極である（図 5.3(a)）．そして最後は**配向分極**と呼ばれ，これは分子自体にもともと分極があり，その分子の向きが整列することで全体として分極が現れるものである（図 5.3(b)）．このように，もともと分極をもった分子を**極性分子**という．身近なところでは，H_2O（水分子）は極性分子あり，表 5.1 で示したように水が比較的大きな比誘電率をもつのは，そのためである．静電的にはこれら機構の違いは区別が難しいが，交流的な電界をかけてその周波数を上げていくと，配向分極は，分子の方向転換が電界の変化に追従できなくなる．またさらに周波数を上げると，今度はイオンの振動が電界の変化に追従できなくなる．

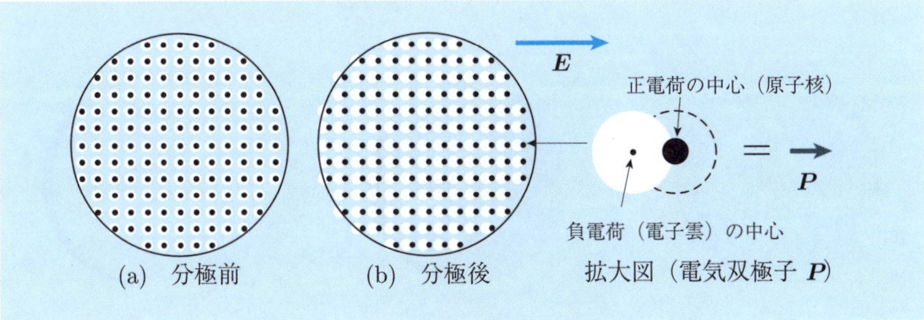

図 5.2 誘電分極（電子分極）

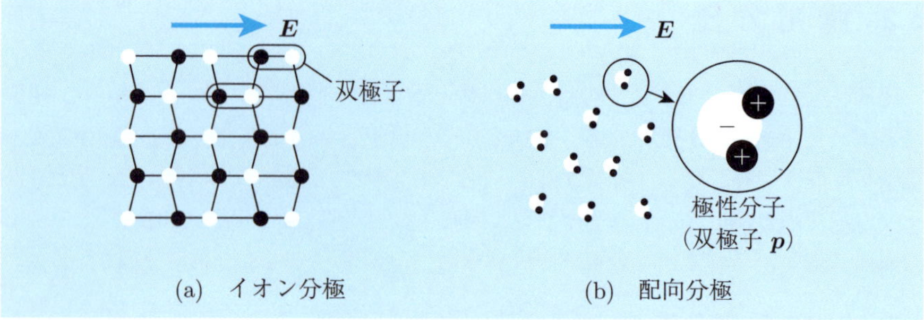

図 5.3　電子分極以外の誘電分極

5.2.3　分極

誘電分極の機構は様々だが，何れにせよ物質中に多数の電気双極子が生じることに変わりない．そこでそれらを一般化し，微小体積 ΔV あたりの平均双極子量

$$\boldsymbol{P} = \frac{1}{\Delta V}\sum_{i\in\Delta V}\boldsymbol{p}_i \quad （\boldsymbol{p}_i は \Delta V に含まれる電気双極子モーメント） \tag{5.8}$$

を定義する．これを**分極**という．このように，分極という言葉は，誘電分極という現象を意味する一方，(5.8) で与えられる物理量 $\boldsymbol{P}$ を意味する．

分極 $\boldsymbol{P}$ の単位は $\mathrm{C\cdot m^{-2}}$ であり，面電荷密度と同じ次元をもつ．

一様な分極

たとえば図 5.4(a) のように，一様に大きさ P で分極した誘電体球を考えると，これは，分極 $\boldsymbol{P}$ の向きに揃った無数の電気双極子 $\boldsymbol{p}_i = q_i\delta\boldsymbol{l}$ の集合と考えられる．これを (5.8) に代入し，分極が一様であることを考えると，

$$\boldsymbol{P} = \rho\delta\boldsymbol{l}, \qquad \rho = \frac{1}{V}\sum_{i\in V} q_i \tag{5.9}$$

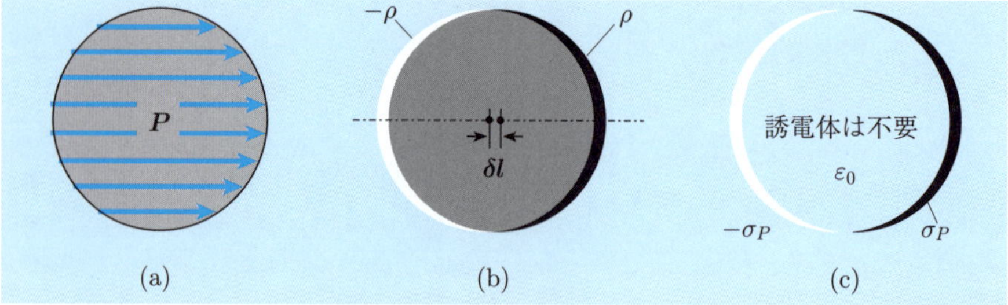

図 5.4　一様な分極

のように書くことができる．ここで V は球の体積であり，ρ は正の電荷の体積電荷密度に他ならない．すなわちこれは，図 5.4(b) のように，一様な体積電荷密度 ρ の正負の電荷が，微小な間隔 $\delta \boldsymbol{l}$ だけずれて重なったものと考えられる．

その結果，正負電荷が重なった部分は電荷が打ち消し合い，図 5.4(c) のように，表面の電荷 σ_P のみが残ると考えられる．

その表面電荷密度 σ_P は，表面の法線ベクトルを $\boldsymbol{n}$ とおくと，

$$\sigma_P = \boldsymbol{P} \cdot \boldsymbol{n} = P_{\mathrm{n}} \tag{5.10}$$

になる（図 5.5(a)）．ここで，P_{n} は分極 $\boldsymbol{P}$ のうち面に垂直な成分（法線成分）である．

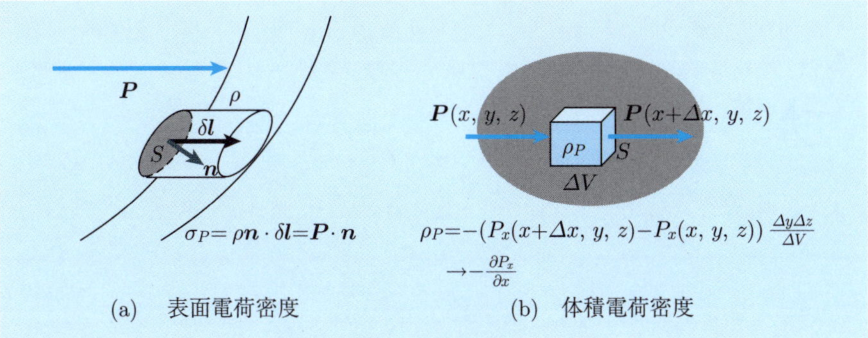

図 5.5 分極電荷

分極が一様でない場合

分極 $\boldsymbol{P}$ が一様でない場合，誘電体内部にも分極電荷が生じ，その体積電荷密度は

$$\rho_P = -\operatorname{div} \boldsymbol{P} \tag{5.11}$$

で与えられる（図 5.5(b)）．ここで div は 3.3 節で導入したベクトルの発散である．

分極 $\boldsymbol{P}$ と分極電荷（σ_P や ρ_P）は，誘電分極という 1 つの現象を，異なる見方で表現したものであり，本来同じものであるから，誘電分極を扱う際，どちらか一方を考えればよい．すなわち，分極電荷を考えてしまえば，分極した誘電体はもはや不要であり，取り去ってよい（というより，取り去って考えなければならない）．

例題 5.2 誘電分極

図 5.4(a) のように，一様に分極 P で分極した誘電体球に現れる分極電荷は球の表面のみに存在し，分極の向きに対して中心角 θ の表面における面電荷密度は

$$\sigma = P\cos\theta \tag{5.12}$$

であることを示せ．

解答 一様に分極しているので，分極電荷は，図 5.4(b) のように，一様な体積電荷分布が微小変位 δl だけずれた状態と考えられる．したがって，分極電荷は球内部には現れず，図 5.4(b) のように，表面にのみ現れる．表面の分極電荷は，たとえば，球の中心を通って分極の向きに z 軸をとり，角 θ を yz 平面内とすれば，この微小面積の法線ベクトルは $\boldsymbol{n} = (0, \sin\theta, \cos\theta)$ であり，分極は $\boldsymbol{P} = (0, 0, P)$ である．よって，この微小面積に現れる面電荷密度は

$$\sigma = \boldsymbol{P}\cdot\boldsymbol{n} = P\cos\theta \tag{5.13}$$

である．系の対称性より，この電荷分布は z 軸について軸対称である．

練習問題

問題 5.3 例題 5.2 の分極による誘電体外部の電界は，誘電体球の半径を a とすれば，双極子モーメント

$$\boldsymbol{p} = \frac{4\pi a^3}{3}\boldsymbol{P} \tag{5.14}$$

の双極子界であることを示せ．

問題 5.4 例題 5.2 の分極による誘電体内部の電界は，

$$\boldsymbol{E} = -\frac{\boldsymbol{P}}{3\varepsilon_0} \tag{5.15}$$

の一様な電界であることを示せ．

5.3 電界中の誘電体と電束密度

5.3.1 電気感受率

誘電体に電界 $\boldsymbol{E}$ をかけると，電界に比例した分極 $\boldsymbol{P}$ が生じる．すなわち

$$\boldsymbol{P} = \varepsilon_0 \chi_e \boldsymbol{E} \tag{5.16}$$

と書くことができる．このときの比例係数 χ_e を**電気感受率**という．

5.3.2 反電界

図 5.6(a) のように，平行板コンデンサに誘電体（図の破線）を挿入すると，誘電体表面に分極電荷が現れる．たとえば，挿入した誘電体の電気感受率を χ_e，誘電体内部の電界の大きさを E とすると，(5.16) により，下向きで大きさ $P = \varepsilon_0 \chi_e E$ の分極が生じ，誘電体下面には分極電荷密度 $\sigma = P = \varepsilon_0 \chi_e E$ が，上面には $-\sigma$ が現れる．その結果，導体における静電誘導と同様，誘電体内に反電界 $E_d = \sigma/\varepsilon_0 = \chi_e E$ が生じ，誘電体内部の電界 E が弱められる．これは，同図 (b) のように，分極電荷により一部の電気力線が遮られ，誘電体内部の電気力線数が減ると考えても同じである．

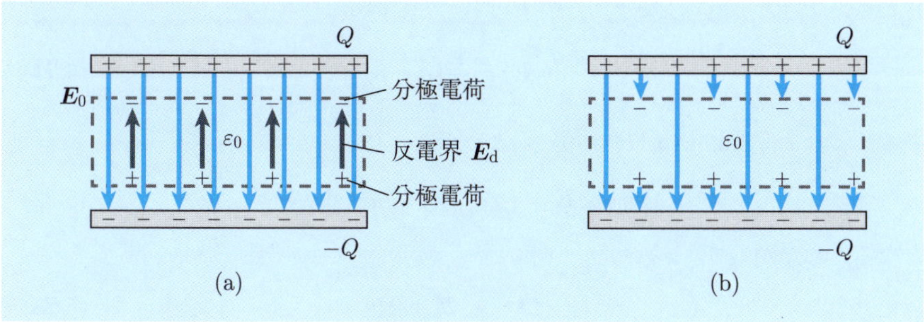

図 5.6 反電界

ここで，誘電体内部の電界の大きさ E は，誘電体外部の電界 E_0 が E_d によって弱められたものであるから，$E = E_0 - E_d = E_0 - \chi_e E$ のような関係にある．したがって，誘電体内の電界は

$$E = \frac{1}{1+\chi_e} E_0 \tag{5.17}$$

になることが分かる．

5.3.3 電気感受率と比誘電率

たとえばコンデンサの電荷 Q を一定とすると，それによる電界の大きさ E_0 は一定であるが，いま，コンデンサの極板間隔 d いっぱいに，電気感受率 χ_eの 誘電体が満

たされているとし，誘電体内の電界の大きさを E とすれば，極板間の電位差は，

$$V = Ed = \frac{1}{1+\chi_e} E_0 d = \frac{1}{1+\chi_e} V_0 \tag{5.18}$$

である．ここで V_0 は，誘電体挿入前のコンデンサの電位差である．よって，もとのコンデンサの容量を C_0 とすると，誘電体挿入後のコンデンサの容量は

$$C = \frac{Q}{V} = \frac{C_0 V_0}{V} = (1+\chi_e) C_0 \tag{5.19}$$

である．すなわち，比誘電率と電気感受率との間には

$$\varepsilon_r = 1 + \chi_e \tag{5.20}$$

の関係がある．

5.3.4 電束密度

誘電体を分極電荷に置き換えて誘電体を取り去ってしまえば，誘電体を含む電界の問題は，分極電荷 ρ_P と真電荷 ρ が作る電界の問題に帰着する．すなわち，誘電体を含む電界 $\boldsymbol{E}$ の問題は，次のガウスの法則によって記述される．

$$\operatorname{div} \boldsymbol{E} = \frac{1}{\varepsilon_0}(\rho + \rho_P) \tag{5.21}$$

さて，これを変形し，(5.11) を用いると

$$\varepsilon_0 \operatorname{div} \boldsymbol{E} = (\rho + \rho_P) = \rho - \operatorname{div} \boldsymbol{P} \tag{5.22}$$

となる．したがって，

$$\boldsymbol{D} = \varepsilon_0 \boldsymbol{E} + \boldsymbol{P} \tag{5.23}$$

というベクトル $\boldsymbol{D}$ を導入すると，(5.22) は

$$\operatorname{div} \boldsymbol{D} = \rho \tag{5.24}$$

のように書くことができる．(5.23) で定義される $\boldsymbol{D}$ を**電束密度**という．また，(5.24) を**電束密度に関するガウスの法則**という．この式は，電束密度の湧き出し（吸い込み）は真電荷 ρ のみであって，分極電荷では途切れないということを意味している．よって，電束密度 $\boldsymbol{D}$ は，真電荷が存在しない誘電体表面では途切れることはない．

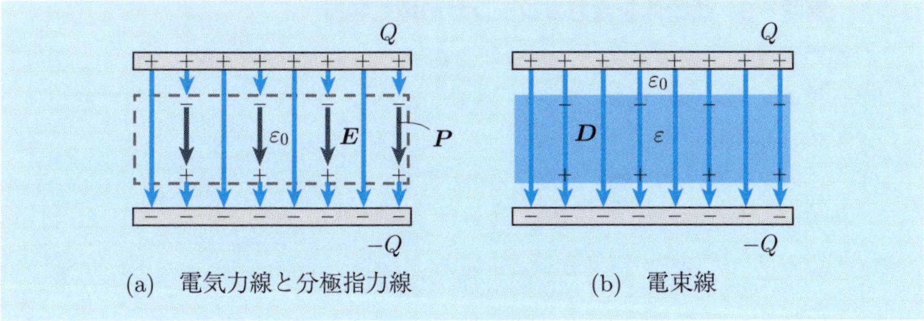

図 5.7 電束密度

たとえば，平行板コンデンサ中の誘電体について，電界（電気力線），分極（分極指力線），電束密度（電束線）の関係を図示すると，図 5.7 のようになる．すなわち，電気力線は分極電荷によって途切れ，誘電体内部は同図 (a) のように分極指力線に変わるが，電束密度で書けば，同図 (b) のように，誘電体表面（すなわち分極電荷）によって途切れない．

ところで，(5.16) を (5.23) に代入すると，

$$\boldsymbol{D} = \varepsilon_0(1 + \chi_{\mathrm{e}})\boldsymbol{E} \tag{5.25}$$

となる．したがって，(5.5) と (5.20) より，電束密度と電界の間には

$$\boldsymbol{D} = \varepsilon \boldsymbol{E} \tag{5.26}$$

の関係があることが分かる．特に，真空中では

$$\boldsymbol{D} = \varepsilon_0 \boldsymbol{E} \tag{5.27}$$

となるが，これを (5.24) に代入すれば，電界に関するガウスの法則 (3.13) が得られる．

なお，電束密度に関するガウスの法則は，積分形で表せば，

$$\oint_{\mathrm{S}} \boldsymbol{D} \cdot d\boldsymbol{S} = \int_{\mathrm{V}} \rho dV \tag{5.28}$$

である．また，左辺に現れた電束密度の面積分

$$\varPhi_{\mathrm{e}} = \int_{\mathrm{S}} \boldsymbol{D} \cdot d\boldsymbol{S} \tag{5.29}$$

を**電束**という．電束密度 $\boldsymbol{D}$ の単位は $\mathrm{C \cdot m^{-2}}$ であり，電束 $\varPhi_{\mathrm{e}}$ の単位は C である．

例題 5.3　誘電体を含むコンデンサの電気容量

右図のように，極板面積 S，極板間距離 d の平行板コンデンサの中に，厚さ t，誘電率 ε の誘電体を挿入した．

(1)　このコンデンサに電荷 Q を与えたとき，極板間の電束密度 D を求めよ．

(2)　このコンデンサの電気容量を求めよ．

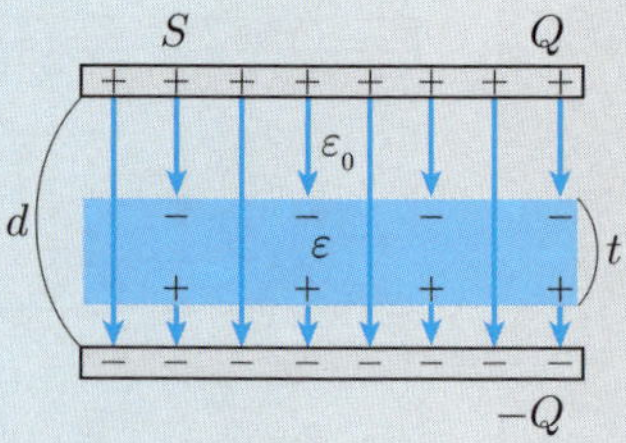

解答　(1)　極板の面電荷密度は $\sigma = Q/S$ なので，極板付近の電界は (4.12) により $E = \sigma/\varepsilon_0$ で与えられる．したがって，極板付近の電束密度は，

$$D = \varepsilon_0 E = \frac{Q}{S} \tag{5.30}$$

である．ところで誘電体には真電荷はないので，極板間の電束密度は誘電体表面で連続であり，誘電体により変化しない．よって上式が求める答である．

(2)　誘電体の外および中の電界は，それぞれ

$$E_0 = \frac{D}{\varepsilon_0}, \qquad E_1 = \frac{D}{\varepsilon} \tag{5.31}$$

であるから，極板間の電位差は

$$V = E_0(d-t) + E_1 t = \left(\frac{d-t}{\varepsilon_0} + \frac{t}{\varepsilon}\right)\frac{Q}{S} \tag{5.32}$$

である．よって求める電気容量は

$$C = \frac{Q}{V} = \frac{S}{((d-t)/\varepsilon_0) + (t/\varepsilon)} \tag{5.33}$$

である．

練習問題

問題 5.5　例題 5.3(1) において，誘電体表面に誘導される分極電荷を求めよ．

問題 5.6　例題 5.3(1) において，誘電体内部に生じる反電界を求めよ．

問題 5.7　例題 5.3(1) において，誘電体内部の電界を求めよ．

5.4　静電エネルギー

静電容量 C_0 のコンデンサに電圧 V をかけたとき，このコンデンサに蓄えられている静電エネルギーは，(4.22) より

$$U_0 = \frac{1}{2}C_0V^2 \tag{5.34}$$

で与えられた．ここで，このコンデンサの電極間を誘電率 $\varepsilon = \varepsilon_r\varepsilon_0$ の誘電体で満たすと，その静電容量は，(5.1) のように $C = \varepsilon_r C_0$ になるので，このコンデンサに蓄えられる静電エネルギーは

$$U = \frac{1}{2}CV^2 = \varepsilon_r\frac{1}{2}C_0V^2 = \varepsilon_r U_0 \tag{5.35}$$

で与えられる．すなわち，静電エネルギーは ε_r 倍になる．これを (4.25) のように，コンデンサに単位体積あたり蓄えられる静電エネルギーと考えれば，それは

$$u = \varepsilon_r\frac{1}{2}\varepsilon_0E^2 = \frac{1}{2}\varepsilon E^2 \tag{5.36}$$

で与えられる．これは，実は一般的に成り立ち，電界 $\boldsymbol{E}$ の電界の電束密度を $\boldsymbol{D}$ とするとき，この空間には，単位体積あたり

$$u = \int \boldsymbol{E}\cdot d\boldsymbol{D} \tag{5.37}$$

で与えられる．ここで，$\boldsymbol{D} = \varepsilon_0\boldsymbol{E} + \boldsymbol{P}$ より，

$$u = \frac{1}{2}\varepsilon_0E^2 + \int \boldsymbol{E}\cdot d\boldsymbol{P} \tag{5.38}$$

である．第 1 項は真空に蓄えられるエネルギー，第 2 項は誘電体に蓄えられた静電エネルギーになる．空間が等方的な場合，$\boldsymbol{P} = \varepsilon_0\chi_e\boldsymbol{E}$ であるから，

$$u = \frac{1}{2}\varepsilon_0E^2 + \frac{1}{2}\varepsilon_0\chi_eE^2 = \frac{1}{2}\varepsilon_0(1+\chi_e)E^2 = \frac{1}{2}\varepsilon E^2 \tag{5.39}$$

を得る．

例題 5.4 静電エネルギー

極板面積 S，極板間隔 d の平行板コンデンサに電圧 V をかけ，このコンデンサの極板間を誘電率 ε の誘電体で満たした．以下の問いに答えよ．

(1) このコンデンサに蓄えられる静電エネルギーを，S, d, V, ε を用いて表せ．

(2) このコンデンサの極板間の電界の大きさを E とするとき，極板間に単位体積あたりに蓄えられる静電エネルギー u を E を用いて表せ．

解答 (1) 静電容量は

$$C = \varepsilon \frac{S}{d} \tag{5.40}$$

である．よって，求める静電エネルギーは

$$U = \frac{1}{2} CV^2 = \varepsilon \frac{SV^2}{2d} \tag{5.41}$$

である．

(2) 極板間の電界 E は，電位の勾配なので

$$E = \frac{V}{d} \tag{5.42}$$

である．これを (5.41) に代入すると，

$$U = \varepsilon \frac{SV^2}{2d} = \varepsilon \frac{V^2}{2d^2} Sd = \frac{1}{2} \varepsilon E^2 Sd \tag{5.43}$$

である．よって，単位体積あたりに蓄えられる静電エネルギーは，これを極板間の体積 Sd で割って

$$u = \frac{1}{2} \varepsilon E^2 \tag{5.44}$$

である．

練習問題

問題 5.8 極板面積 S，極板間隔 d の平行板コンデンサに電気量が Q が蓄えられている．この電荷を保ったまま，このコンデンサの極板間を，比誘電率 ε_{r} の誘電体で満たしたとき，このコンデンサに蓄えられる静電エネルギーは何倍になるか．

問題 5.9 上問では，誘電体の挿入によってコンデンサに蓄えられたエネルギーは減少する．そのエネルギーはどこに消えたのか考えよ．

第 5 章演習問題

[1]（同心球コンデンサ） 右図のような誘電率 ε の誘電体で満たされた同心球コンデンサ（内部導体の半径 a，外部導体内面の半径 b）の静電容量を求めよ．

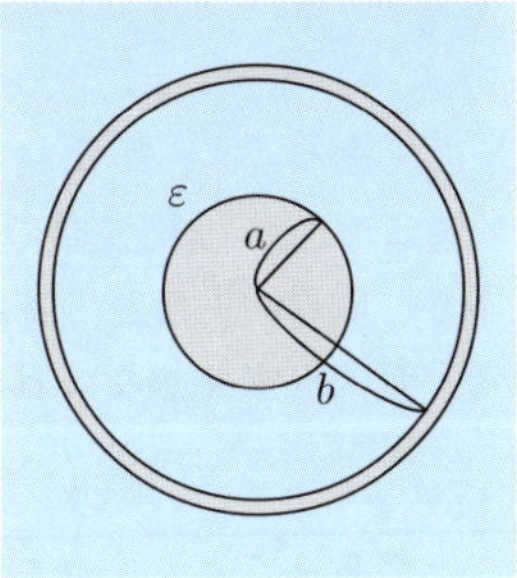

[2]（同心球コンデンサ） 上問において，誘電体が半径 c（$a < c < b$）まで満たされ，その外側は真空である場合について，この同心球コンデンサの静電容量を求めよ．

[3]（同軸円筒コンデンサ） 右図のような誘電率 ε の誘電体で満たされた同軸円筒コンデンサ（内部導体の半径 a，外部導体内面の半径 b）の単位長さあたりの静電容量を求めよ．

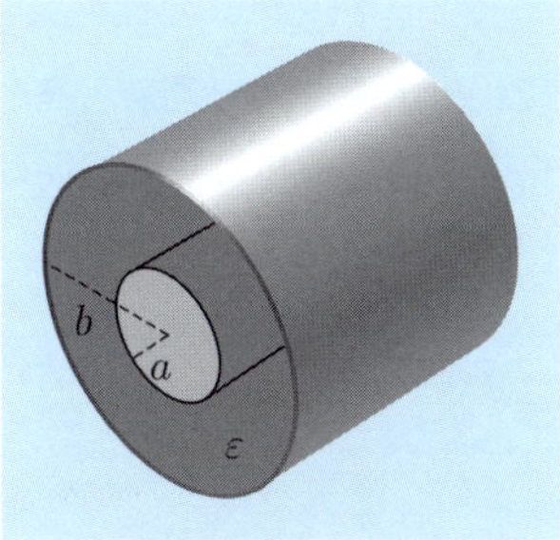

[4]（同軸円筒コンデンサ） 上問において，誘電体が半径 c（$a < c < b$）まで満たされ，その外側は真空である場合について，この同軸円筒コンデンサの単位長さあたりの静電容量を求めよ．

[5]（コンデンサに引き込まれる力） 下図のように縦横幅が a, b の長方形の極板をもつ平行板コンデンサに電圧 V をかけ，そこに極板間隔 d と同じ厚さをもつ誘電率 ε の誘電体板を挿入する．挿入量が x のときにこの誘電体板がコンデンサに引き寄せられる力を求めよ．

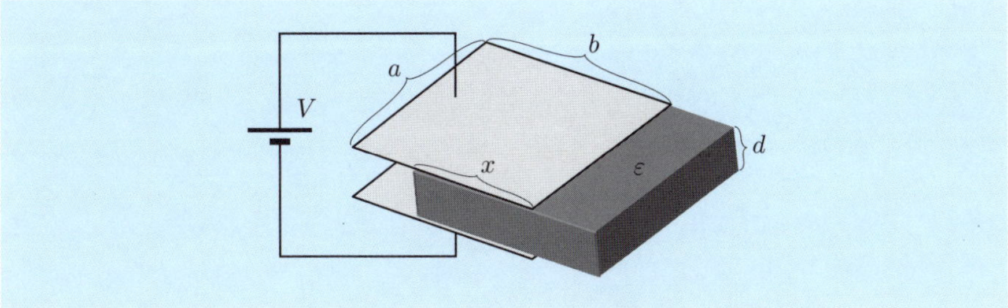

[6] (電界についての境界条件) 2つの誘電体 A, B が面を境界にして接している.

(1) 境界面近傍での誘電体1, 2内の電界をそれぞれ $\boldsymbol{E}_1$, $\boldsymbol{E}_2$ としたとき,

$$(\boldsymbol{E}_1 - \boldsymbol{E}_2) \times \boldsymbol{n} = 0 \tag{5.45}$$

であること,すなわち,電界 $\boldsymbol{E}$ の接線成分は境界面で連続であることを示せ.ここで,$\boldsymbol{n}$ は境界面の法線ベクトルである.

(2) 境界面近傍での誘電体1, 2内の電束密度をそれぞれ $\boldsymbol{D}_1$, $\boldsymbol{D}_2$ としたとき,境界面に真電荷がなければ,

$$(\boldsymbol{D}_1 - \boldsymbol{D}_2) \cdot \boldsymbol{n} = 0 \tag{5.46}$$

であること,すなわち,電束密度 $\boldsymbol{C}$ の法線成分は,境界面で連続であることを示せ.

[7] (誘電体内の電束密度と電界) 一様に分極した誘電体がある.この誘電体内の電束密度は,分極に垂直に開けた薄い空洞内の電束密度に等しいことを示せ.また,この誘電体内の電界は,分極に平行に開けた細い空洞内の電界に等しいことを示せ.

第6章
定常電流

第 4 章では，導体の静電的性質，すなわち，電荷が静止した平衡状態を考えたが，この章では，電荷が定常的に流れ続ける状態を考える．これを**定常電流**という．

6.1 電流と電圧

6.1.1 電流

電荷の流れを一般に**電流**という．電流には向き（正負）と大きさ（強さ）があり，正電荷が流れる向きを正とする．また，大きさは単位時間あたりに移動する電気量として定義され，たとえば，ある電線の断面を Δt [s] 間あたり通過する電気量が ΔQ [C] あれば，そのときの電流は，

$$I = \lim_{\Delta t \to 0} \frac{\Delta Q}{\Delta t} = \frac{dQ}{dt}\,[\mathrm{A}] \tag{6.1}$$

で与えられる．電流の単位は A と定められているので，

$$[\mathrm{A}] = [\mathrm{C \cdot s^{-1}}] \tag{6.2}$$

の関係がある．

第 4 章で述べたように，電荷はキャリアによって運ばれるので，電流はキャリアの流れとも言える．金属の場合，キャリアは自由電子であるが，歴史的な経緯から，電子の電荷は負なので，

『電流の向きと，電子の流れる向きは互いに逆』

になる．

キャリア一つ一つの運動は非常に複雑であるが，平均的な速度 $\bar{v}$ を考え，どのキャリアもその平均速度 $\bar{v}$ で一様に運動すると考えることができる．たとえば図 6.1 のように，電荷 q [C] が一様に速度 $v\,[\mathrm{m \cdot s^{-1}}]$ で流れる場合，断面積を $S\,[\mathrm{m^2}]$，キャリアの個数密度を $\rho\,[個 \cdot \mathrm{m^{-3}}]$ とすると，Δt [s] 間に断面を通過する電気量 ΔQ は，

（断面積 S，長さ $v\Delta t$ の筒に含まれるキャリアの個数）×（キャリア 1 個の電荷）

であるから，$\Delta Q = nqv\Delta tS$ で与えられる．よって電流は

$$I = nqvS \tag{6.3}$$

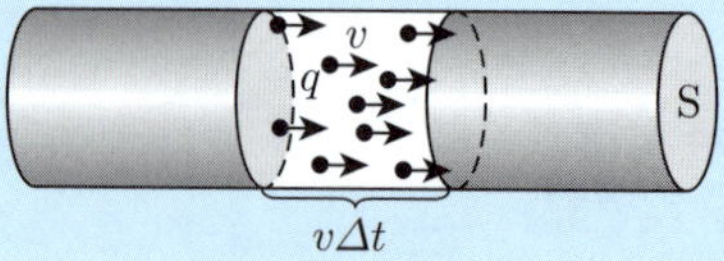

図 6.1 電流

になる．なお，単位面積あたりの電流を**電流密度**という．すなわち，(6.3) の電流における電流密度は

$$\boldsymbol{j} = nq\boldsymbol{v} \tag{6.4}$$

で与えられる．また逆に，ある断面 S 上の各点における電流密度を $\boldsymbol{j}$ とすれば，S を通過する電流は

$$I = \int_{\mathrm{S}} \boldsymbol{j} \cdot d\boldsymbol{S} = \int_{\mathrm{S}} j_{\mathrm{n}} dS \tag{6.5}$$

で与えられる．ここで j_{n} は，$\boldsymbol{j}$ の断面 S に垂直な成分である．

6.1.2 電圧

水を流すために水圧が必要なように，電流を流すためにも圧力が必要であり，それを**電圧**という．そしてその電圧を与えるものが，電池のような**電源**である．第 4 章で導体は等電位であることを述べたが，電源を接続すると，回路内の電位に勾配が生じ，電位差が表れる．これが電圧であり，この電位の勾配（すなわち電界）から受けるクーロン力が，電流を流す力になる．

6.1.3 回路

電源を接続しても，1 回りしてもとに戻るような経路がないと電流は流れない．この 1 回りの電流の経路を**回路**（circuit）という．回路には抵抗器などの**素子**や，電池などの電源が接続されるが，それらを結んでいるものを**導線**（lead）という．実際の回路では，導線には電気抵抗等が存在するが，回路図上の導線は電気抵抗を考えない．

6.1.4 直流と交流

時間的に一定の電流を**直流**（direct current, DC），時間的に変動する電流を**交流**（alternating current, AC）という．直流回路は次章，交流回路は第 12 章で扱う．

例題 6.1　電流

電車の架線（トロリー線）は，直径 12 mm 程度の銅線である．いま，直径を 12 mm とし，電車の加速により，ここに 2000 A の定常電流が流れたとして，以下の設問に答えよ．ただし，銅の自由電子密度は 8.5×10^{28} 個 $\cdot \mathrm{m}^{-3}$ であるとする．

(1)　自由電子の平均移動速度はいくらか．

(2)　電流が銅線内を一様に流れているとすれば，電流密度はいくらか．

解答　(1)　半径 $r = 6\,\mathrm{mm}$ より，断面積は $S = \pi r^2 = 110 \times 10^{-6}\,\mathrm{m}^2$ である．また，電流は $I = 2000\,\mathrm{A}$，キャリア密度は $n = 8.5 \times 10^{28}$ 個 $\cdot \mathrm{m}^{-3}$，電子の電荷は $e = 1.6 \times 10^{-19}\,\mathrm{C}$ であるから，求める移動速度は，

$$v = \frac{I}{neS} = 1.3 \times 10^{-3}\,\mathrm{m \cdot s^{-1}} = 1.3\,\mathrm{mm \cdot s^{-1}}$$

である．

(2)　電流は銅線内で一様なので，電流密度は電流を断面積 S で割れば求まる．すなわち

$$j = \frac{I}{S} = 1.8 \times 10^{7}\,\mathrm{A \cdot m^{-2}}$$

である．

参考　2000 A という大きな電流でも，キャリア自体の移動速度は，意外にも，このようにとても小さいことが分かる（いも虫より遅い）．

練習問題

問題 6.1　断面積 $1\,\mathrm{mm}^2$ の銀線に電流 1 A が流れている．銀の自由電子密度を 5.9×10^{28} 個 $\cdot \mathrm{m}^{-3}$ とするとき，電子の平均移動速度を求めよ．

問題 6.2　毎秒 1 mol の電子が通過するとき，これは何 A の電流に相当するか．

問題 6.3　1 個の電子が，円軌道上を 1 秒間に 7.0×10^{15} 回の割合で等速円運動している．これは何 A の電流に相当するか．

6.2 電気抵抗

6.2.1 電気抵抗と抵抗率

導体に電圧 V [V] をかける，すなわち導体の両端に電位差 V [V] を与えると，それに応じて電流 I [A] が流れる．このとき，その割合

$$R = \frac{V}{I} \tag{6.6}$$

は，その導体における電流の流れにくさを表していると考えられるので，(6.6) で定義される R を**電気抵抗**という．電気抵抗の単位は $\mathrm{V \cdot A^{-1}}$ であるが，これを特に Ω（オーム）と定める．また，R の逆数（すなわち電流の流れやすさ）を**コンダクタンス**といい，その単位は S（ジーメンス）である．すなわち，$[\mathrm{S}] = [\Omega^{-1}]$ である．

電気抵抗という言葉は，電気抵抗をもった素子を意味する場合もある．たとえば，電気抵抗が R の素子を「電気抵抗 R」あるいは「抵抗 R」という．抵抗 R に流れる電流 I とその両端の電位差 V との間には，(6.6) より，次の関係が成り立つ．

$$V = IR \tag{6.7}$$

電気抵抗は，もちろん導体の材質に依存するが，その形状にも依存する．たとえば，断面積 S [$\mathrm{m^2}$]，長さ l [m] の線材の場合，その電気抵抗は，

$$R = \rho \frac{l}{S} \ [\Omega] \tag{6.8}$$

のように，長さ l に比例し，断面積 S に反比例する．ここで ρ [$\Omega \cdot \mathrm{m}$] は，形状に依存しない物質固有の因子で，**抵抗率**と呼ばれる．表 6.1 に主な物質の抵抗率を示す．

表 6.1 主な物質の抵抗率（理科年表 2012 年度版他より）

物質名	抵抗率（0°C）[$\Omega \cdot \mathrm{m}$]	物質名	抵抗率（20°C）[$\Omega \cdot \mathrm{m}$]
銀	1.48×10^{-8}	ゲルマニウム	~ 1
金	2.05×10^{-8}	純水	18.2×10^{4}
銅	1.55×10^{-8}	雲母	10^{13}
ニクロム	107.3×10^{-8}	アクリル	$> 10^{13}$

表 6.1 から分かるように，抵抗率はおおよそ $10^{-8}\,\Omega \cdot \mathrm{m}$ 付近，$1\,\Omega \cdot \mathrm{m}$ 付近，$10^{10}\,\Omega \cdot \mathrm{m}$ 以上に大別され，順に，導体，**半導体**，絶縁体（不導体）に対応する．なお，特殊な状態として**超伝導状態**がある．この状態では，抵抗率が完全に 0 になる．

また，抵抗率の逆数を**電気伝導率**または**導電率**といい，通常，σ で表される．電気伝導率の単位は，$\mathrm{S \cdot m^{-1}}$ である．

抵抗率は物質固有の量であるが，温度等の条件によって変化する．たとえば金属の抵抗率は，一般に，温度 t [°C] の上昇と共に若干増加し，

$$\rho(t) = \rho_0\{1 + \alpha(t - t_0)\} \tag{6.9}$$

のように近似することができる．ここで α [°C^{-1}] は抵抗率の**温度係数**と呼ばれる．また，t_0 は基準の温度であり，ρ_0 はその温度における抵抗率である．なお，温度係数 α 自体も正確には温度に依存するので，α_{t_0} のように温度を記すことがある．

表 6.1 のニクロムは Ni（80％）と Cr（20％）などの合金であるが，抵抗率が比較的大きい上，温度係数が $\alpha = 1.1 \times 10^{-4}$ °C^{-1} と非常に小さいので，かつてはヒータに多く利用された．そのため，ニクロム線は電熱線の代名詞になっている．

6.2.2 オームの法則

金属線などの場合，流れる電流 I とかけた電圧 V はほぼ比例関係にある．すなわち，図 6.2 のように I–V のグラフは直線になる．これを**オームの法則**という．したがって，オームの法則が成り立てば，電気抵抗 R は電流に関係なく一定であり，その素子に流れる電流 I とかかる電圧 V は比例関係にある．

なお，オームの法則は導体ではよく成り立つが，ダイオードなどは，図 6.3 のように電流と電圧は比例関係になく，オームの法則は成り立たない．

電気伝導度 σ の導体で断面積 S，長さ l の棒を作り，両端に電圧 V をかけたときに流れる電流を I とすると，

$$V = \frac{l}{\sigma S} I \tag{6.10}$$

であるが，電界は $E = V/l$，電流密度は $j = I/S$ であり，それらは同じ向きなので，

$$\boldsymbol{j} = \sigma \boldsymbol{E} \tag{6.11}$$

を得る．これは微視的なオームの法則を表す．

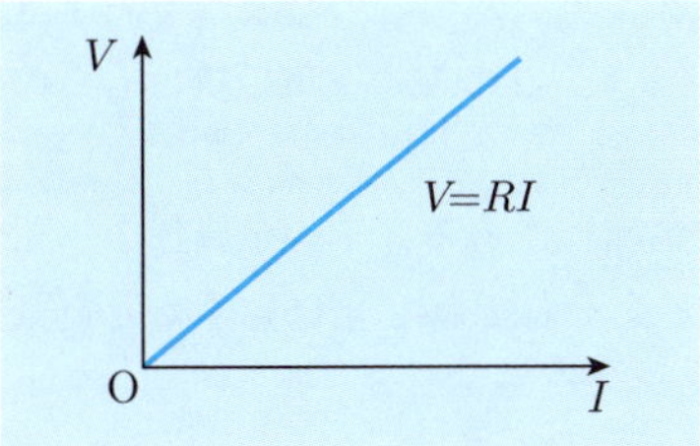

図 6.2 オームの法則

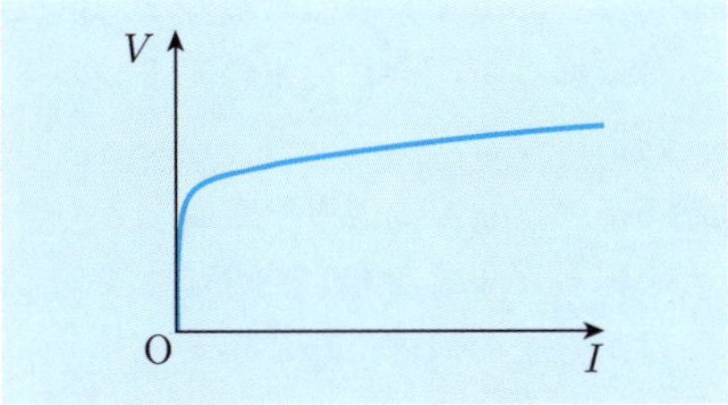

図 6.3 ダイオードの I–V 特性

例題 6.2 電気抵抗

断面の直径 $d = 1.0\,\mathrm{mm}$ の金属線がある．この金属線の長さ $L = 10\,\mathrm{m}$ の両端に電圧 $V = 1.0\,\mathrm{V}$ を加えたところ，電流が $I = 1.0\,\mathrm{A}$ 流れた．この金属の抵抗率を求めよ．

解答 この金属線の電気抵抗は (6.6) より

$$R = \frac{V}{I} = 1\,\Omega \tag{6.12}$$

である．また，断面積は

$$S = \pi\left(\frac{d}{2}\right)^2 = \pi(0.5 \times 10^{-3})^2\,\mathrm{m}^2 \tag{6.13}$$

なので，抵抗率は (6.9) より

$$\rho = \frac{SR}{L} = \frac{\pi(0.5 \times 10^{-3})^2 \times 1}{10} = 7.9 \times 10^{-8}\,\Omega\cdot\mathrm{m} \tag{6.14}$$

である．

練習問題

問題 6.4 ある金属線の両端の電気抵抗は $R\,[\Omega]$ であった．この金属線をちょうど半分に切って，それを束ねて1つの線としたとき，この線の電気抵抗はもとの線の何倍になるか．

問題 6.5 1辺 a の正方形断面をもつ長さ l の金属棒がある．この金属棒を，相似形を保ったまま2倍に（すなわち a および L をそれぞれ2倍に）すると電気抵抗は，もとの何倍になるか．

問題 6.6 抵抗率 $\rho = 100 \times 10^{-8}\,\Omega\cdot\mathrm{m}$ の金属でできた直径 $0.2\,\mathrm{mm}$ の円形断面をもつ抵抗線を用いて $100\,\Omega$ の電気抵抗を作りたい．この抵抗線は何 m 必要か．

6.3 ジュール熱

金属線に電圧をかけると，その電界によって自由電子はクーロン力を受けて移動するが，その際，自由電子は金属の結晶格子などに衝突しながら移動する．これは，パチンコの球が釘に当たりながら落ちるのと似ている．この場合，自由電子は平均的には一定の速度で移動し定常電流になる．これが金属の電気抵抗のイメージである．

この際，電子は，電位が高い位置から低い位置に移動するので，電気的な位置エネルギーは減少し，もし抵抗がなければ，それはそのまま運動エネルギーに変換され，速度を得るはずであるが，電気抵抗があると，速度は一定であり運動エネルギーを得ることはないので，減少した位置エネルギーは熱エネルギー（格子振動）などになって散逸する．このように抵抗によって発生する熱エネルギーを**ジュール熱**という．

いま，1 個の自由電子 e が導体中を等速度で移動し，電位が V [V] 下がったとすると，減少した位置エネルギーは eV であり，これがジュール熱になるので，電子 1 個あたりに発生する熱エネルギーは eV [J] である．よって，自由電子の個数密度を n [個 $\cdot\,\mathrm{m}^{-3}$]，導線の断面積を S [m^2]，平均速度を v [$\mathrm{m\cdot s^{-1}}$] とすると，これらの電子が Δt [s] に発生する熱エネルギー ΔW は

$$\Delta W = eV \cdot nSv\Delta t = IV\Delta t\,[\mathrm{J}] \tag{6.15}$$

である．ここで，(6.3) を用いた．したがって，単位時間あたりの熱エネルギー P は

$$P = IV\,[\mathrm{J\cdot s^{-1}}] \tag{6.16}$$

である．また，(6.7) すなわち $V = IR$ の関係を用いると，

$$P = IV = I^2R = \frac{V^2}{R} \tag{6.17}$$

のように変形することができる．

6.4 電　　力

単位時間あたりに供給あるいは消費される電気的なエネルギーを**電力**という．電力の単位は，$\mathrm{J\cdot s^{-1}}$ であるが，これを特に W（ワット）と表す．これは力学における仕事率に相当し，たとえばモータは，電力を力学的な仕事率に変換している．

(電力) × (使用時間) は使用した電気エネルギーになるが，それを**電力量**という．電力量の単位は W·s（ワット秒）であるが，これは J に他ならない．なお，実用的には kWh（キロワット時）が用いられることが多い．ただしこれは SI 単位ではない．

例題 6.3 ヒータ

$V = 100\,\mathrm{V}$ の電圧をかけたとき，$P = 1000\,\mathrm{W}$ の電力を消費するヒータがある．以下の問いに答えよ．

(1) このヒータの電気抵抗 R は何 Ω か．

(2) 5 分間この電圧をかけ続けたとき，全発熱量はいくらか．

解答 (1) まず電流 I を求めると，

$$I = \frac{P}{V} = \frac{1000}{100} = 10\,\mathrm{A} \tag{6.18}$$

である．よって，

$$R = \frac{V}{I} = \frac{100}{10} = 10\,\Omega \tag{6.19}$$

である．

(2) 5 分は 300 s であるから，5 分間の発熱量は

$$W = Pt = 1000 \times 300 = 300\,\mathrm{kJ} \tag{6.20}$$

である．

練習問題

問題 6.7 1 分間あたり 1200 J の熱エネルギーを発生するヒータがある．このヒータの消費電力は何 W か．

問題 6.8 100 V の電圧をかけると 1 kW の電力を消費するヒータがある．このヒータに 10 V の電圧をかけると何 W の電力を消費するか．ただし，ヒータの電気抵抗は温度によらず一定であるとする．

第6章演習問題

[1]（電子流） 電子が 1 秒あたり 10^{20} 個通過する電子流（電子の流れ）がある．

(1) この電子流の電流はいくらか．

(2) この電子流の太さの断面積は $10\,\mathrm{cm}^2$ であった．その中で電流密度が一様だとすれば，その電流密度はいくらか．

[2]（等速円運動する電子による電流） 角速度 $\omega = 1.76 \times 10^{11}\,\mathrm{rad \cdot s^{-1}}$ で等速円運動する電子がある．これを円電流と考えた場合，その電流の大きさはいくらか．

[3]（金属棒の電気抵抗） ある金属棒がある．その金属棒を引っ張って，長さを 1%伸ばしたところ，断面積は 1%減少した．引っ張る前も後も，この金属棒の太さは一様であるとし，また抵抗率にも変化はないものとすると，この金属棒の長さ方向の電気抵抗は何%増加するか．

[4]（ヒータの消費電力） 100 V の電圧をかけたとき 500 W の電力を消費するヒータがある．これを 2 個直列に接続して 100 V の電源に接続すると，全体で何 W の電力を消費するか．

[5]（送電線の電力消費） 送電線は，発電所で発電した電力を末端の負荷に送る電線である．図のように発電所の送電電圧を E [V]，送電線の抵抗を r [Ω] として以下の設問に答えよ．

(1) 送電線の電流を I [A] とすると，送電線の電力損失 $P_{損失}$ はいくらか．

(2) 送電線の電流を I [A] とすると，発電所から供給される電力 $P_{電源}$ はいくらか．

(3) $P_{電源}$ を一定としたとき，送電線の電力損失 $P_{損失}$ を小さくするには，電源電圧 E をどうすればよいか．

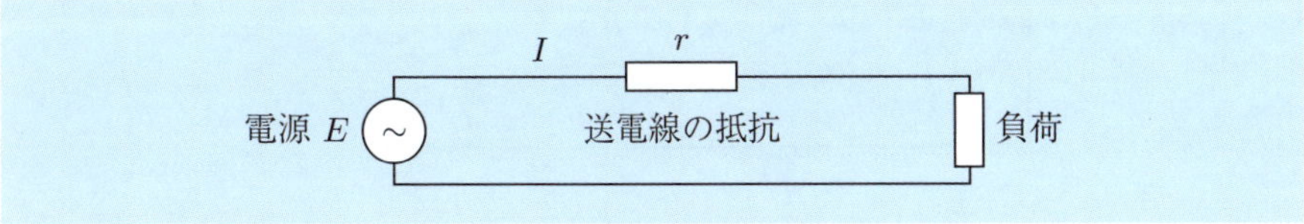

第7章
直流回路

この章では，直流回路の基本的な性質について学習する．

7.1　キルヒホッフの法則

7.1.1　電流の保存

回路を流れる電流は，分岐がない限りどこでも一定である．回路に分岐がある場合，分岐した電流の合計は，分岐前の電流に等しい．また合流する場合，合流後の電流は，合流前の電流の合計に等しい．これは，電荷保存則に基づいている．

7.1.2　電圧降下

電気抵抗 R の抵抗に電流 I を流すと，(6.7) に従い，抵抗の両端に電位差 $V = RI$ が生じる．このとき，電流は電位の高い方から低い方に流れるので，電流の向きに抵抗を進むと電位は下がる．これを**電圧降下**（voltage drop）という．もちろん，電流をさかのぼれば，抵抗を通ることにより電位は上がる．

7.1.3　回路の電位

たとえば，図 7.1 のような，起電力 E [V] の電池と，抵抗 R_1 [Ω], R_2 [Ω] からなる回路を考え，点 A から電流 I [A] に沿って電位の変化を追ってみる．このとき，まず電池によって電位は E だけ上昇する（上側のグラフ参照）．次いで抵抗 R_1, R_2 によっ

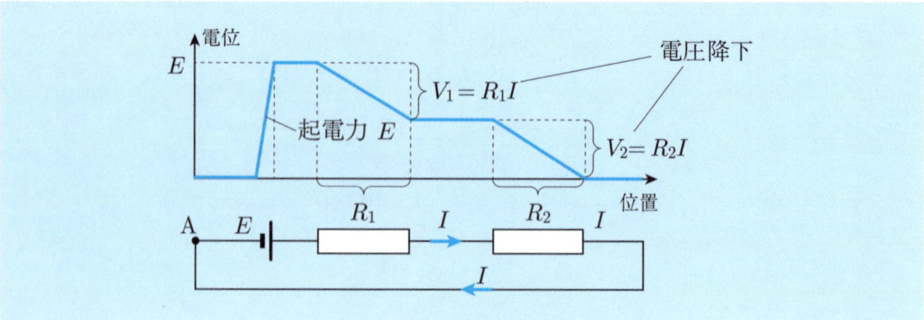

図 7.1　回路の電位

てそれぞれ $V_1 = R_1 I$, $V_2 = R_2 I$ だけ電圧降下が生じる．ここで導線部分は電位一定なので，R_2 を通過後の点と点 A の電位は等しい．このように，回路を 1 周しても点 A の電位は不変である．ここで点 A は任意なので，回路上の任意の点において，電位は一意に決まる．すなわち回路の電位が定義できる．

7.1.4 キルヒホッフの法則

上述の性質は，**キルヒホッフの法則**（Kirchhoff's law）としてまとめられている．

キルヒホッフの第 1 法則（電流則）

流れ込む向きを正，流れ出す向きを負とすると，電気回路における節点に流れ込む電流の合計は 0 である．たとえば，図 7.2(a) の場合，以下の式が成り立つ．

$$I_1 + I_2 + I_3 + I_4 + I_5 = 0 \tag{7.1}$$

キルヒホッフの第 2 法則（電圧則）

電気回路上を任意の経路で 1 周したとき，各素子における電圧降下・上昇の合計は 0 である（すなわち，1 周しても電位は変わらない）．たとえば，図 7.2(b) の回路を点 A から左回り（反時計回り）にたどると，以下の式が成り立つ．

$$-R_1 I_1 - E_1 + R_2 I_2 + E_2 = 0 \tag{7.2}$$

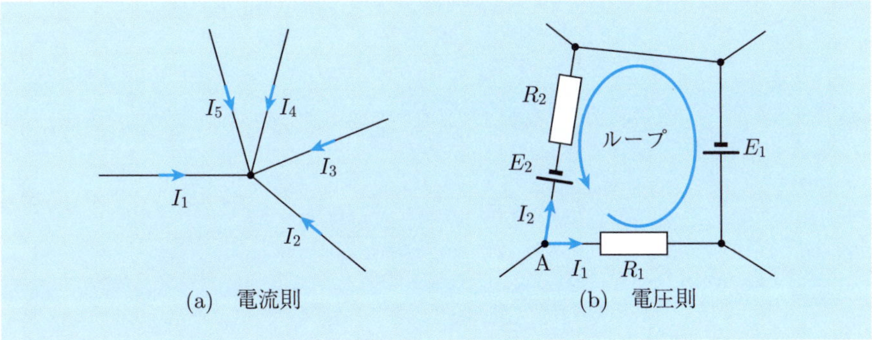

図 7.2 キルヒホッフの法則

例題 7.1 キルヒホッフの法則

右図のように，電圧 E の電池と抵抗 R_1, R_2, R_3 からなる回路がある．各抵抗に流れる電流 I_1, I_2, I_3 を，キルヒホッフの法則により求めよ．

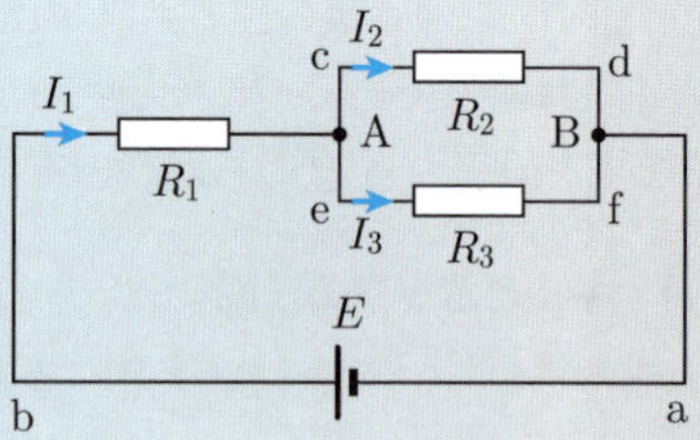

解答 電流の向きを図のように仮定すると，節点 A または B におけるキルヒホッフの第 1 法則より

$$I_1 = I_2 + I_3 \tag{7.3}$$

また，閉ループ点 a → b → c → d → a を考えると，キルヒホッフの第 2 法則より，

$$+E - R_1 I_1 - R_2 I_2 = 0 \tag{7.4}$$

さらに別の閉ループ点 a → b → e → f → a を考えれば，

$$+E - R_1 I_1 - R_3 I_3 = 0 \tag{7.5}$$

である．ここで変数は I_1, I_2, I_3 の 3 つ，方程式も独立なものが 3 つあるので，この 3 元連立方程式を解くことにより各電流が求まる．その結果，

$$I_1 = \frac{R_2 + R_3}{R_1R_2 + R_2R_3 + R_3R_1}E \tag{7.6}$$

$$I_2 = \frac{R_3}{R_1R_2 + R_2R_3 + R_3R_1}E \tag{7.7}$$

$$I_3 = \frac{R_2}{R_1R_2 + R_2R_3 + R_3R_1}E \tag{7.8}$$

を得る．

練習問題

問題 7.1 例題 7.1 を，式 (7.5) の代わりに，点 c → e → f → d → c を考えて解け．

問題 7.2 例題 7.1 で，式 (7.3) の代わりに，点 c → e → f → d → c の閉ループを考えると解けない．その理由を述べよ．

7.2　分圧の法則と分流の法則

7.2.1　分圧の法則

2 本の抵抗の接続には，図 7.3(a) のような直列接続と図 7.3(b) のような並列接続がある．直列接続では，両抵抗に流れる電流は等しい．一方，並列接続では両抵抗にかかる電圧は等しい．

直列接続では，各素子に流れる電流 I は共通であるので，図 7.3(a) における抵抗 R_1, R_2 における電圧降下は，それぞれ

$$V_1 = IR_1, \qquad V_2 = IR_2 \tag{7.9}$$

である．したがって

$$V_1 : V_2 = R_1 : R_2 \tag{7.10}$$

である．これを**分圧の法則**という．ここで抵抗全体にかかる電圧を E とすると，$E = V_1 + V_2 = I(R_1 + R_2)$ なので，

$$I = \frac{E}{R_1 + R_2} \tag{7.11}$$

である．よって，抵抗 R_1, R_2 にかかる電圧は V_1, V_2 は，(7.11) を (7.9) に代入して

$$V_1 = \frac{R_1}{R_1 + R_2}E, \qquad V_2 = \frac{R_2}{R_1 + R_2}E \tag{7.12}$$

となる．

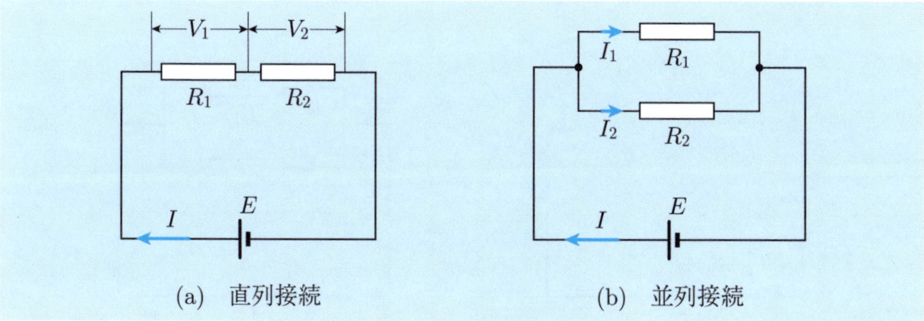

図 7.3　2 つの抵抗の接続

7.2.2 分流の法則

並列接続では，各素子にかかる電圧 E は共通であるので，図 7.3(b) において抵抗 R_1, R_2 に流れる電流は，それぞれ

$$I_1 = \frac{E}{R_1}, \qquad I_2 = \frac{E}{R_2} \tag{7.13}$$

である．すなわち，並列接続における各抵抗を流れる電流の比は，

$$I_1 : I_2 = \frac{1}{R_1} : \frac{1}{R_2} \tag{7.14}$$

であり，抵抗値の逆数の比に等しい．これを**分流の法則**という．分岐前の電流を I とすると，$I = I_1 + I_2 = E(1/R_1 + 1/R_2)$ なので，

$$E = \frac{R_1 R_2}{R_1 + R_2} I \tag{7.15}$$

である．よって，抵抗 R_1, R_2 に流れる電流 I_1, I_2 は，(7.15) を (7.13) に代入して

$$I_1 = \frac{R_2}{R_1 + R_2} I, \qquad I_2 = \frac{R_1}{R_1 + R_2} I \tag{7.16}$$

となる．

7.3 合成抵抗

直列や並列に接続された抵抗は，1 つの抵抗に置き換えることができる．この 1 つの抵抗を**合成抵抗**という．

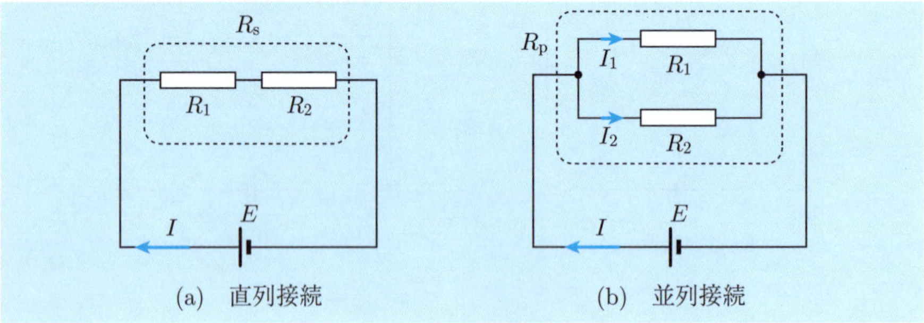

図 7.4 合成抵抗

7.3.1　直列接続

図 7.4(a) のように，抵抗 R_1, R_2 が直列に接続されている場合，その合成抵抗を R_s とおくと，$R_\mathrm{s} = E/I$ であるから，(7.11) より直ちに

$$R_\mathrm{s} = R_1 + R_2 \tag{7.17}$$

が得られる．すなわち，直列の合成抵抗は，各抵抗の抵抗値の和に等しい．

7.3.2　並列接続

図 7.4(b) のように，抵抗 R_1, R_2 が並列に接続されている場合，その合成抵抗を R_p とおくと，$1/R_\mathrm{p} = I/E = I_1/E + I_2/E$ より，

$$\frac{1}{R_\mathrm{p}} = \frac{1}{R_1} + \frac{1}{R_2} \tag{7.18}$$

である．すなわち，並列の合成抵抗の逆数は，各抵抗の逆数の和に等しい．よって求める R_p は

$$R_\mathrm{p} = \frac{R_1 R_2}{R_1 + R_2} \tag{7.19}$$

になる．

7.3.3　直並列接続

たとえば，図 7.5 のような場合，並列の部分 R_2, R_3 は合成して 1 つの抵抗 R_p とすることができる．すると，R_1 と R_p は直列接続であるので，合成抵抗は，

$$R = R_1 + R_\mathrm{p} = R_1 + \frac{R_2 R_3}{R_2 + R_3} = \frac{R_1 R_2 + R_2 R_3 + R_3 R_1}{R_2 + R_3} \tag{7.20}$$

になる．

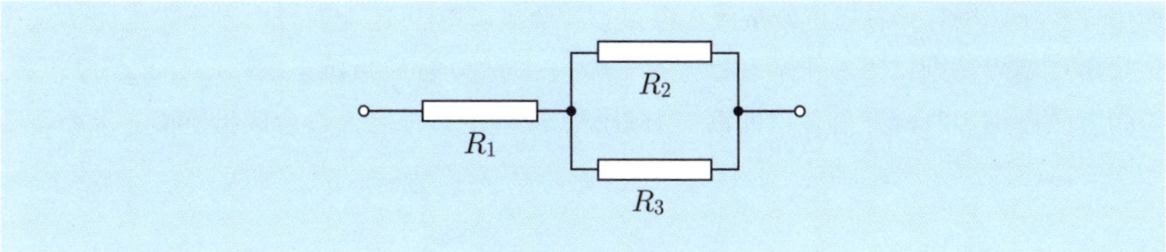

図 7.5　直並列回路

7.3.4 対称性がよい場合

図7.6のように対称性がよい接続の場合，2点間に電圧をかけると，対称性により電位の等しい点が存在する．このような点同士は，短絡しても何も変化しないので導線で結んで考えてもよい．

また，電位の等しい点同士が抵抗器等を介して結ばれているような場合，この抵抗器には電流が流れないので，この抵抗器を取り去って，この2点間を切断してもよい．あるいは，上述のようにこの2点間を短絡してもよい．

すなわち，電気回路において互いに等電位の点同士は，

(a) 短絡しても

(b) 開放しても

回路に影響を与えない．

したがって，これにより回路が単純になれば，直列・並列接続の問題に帰着することができる場合がある．後述の，ブリッジの平衡条件を満たす場合も，同様に扱うことができる．

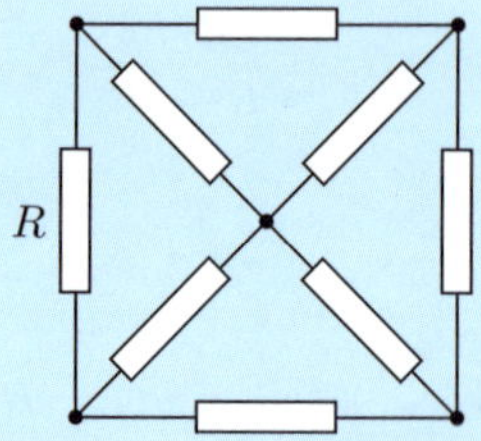

図7.6 対称性がよい回路

7.3.5 うまいやり方がない場合

平衡条件にないブリッジ回路や一般の回路網の合成抵抗など，上述の方法がどれも適用できない場合，各抵抗に電流を仮定し，全体に電圧 V をかけたときの電流 I をキルヒホッフの法則により求めれば，$R = V/I$ により合成抵抗を求めることができる．この方法を用いれば，計算は面倒であるが，原理的にはどんな合成抵抗でも求めることができる．

例題 7.2 分圧・分流

右図のように，電圧 E の電池と抵抗 R_1, R_2, R_3 からなる回路がある．各抵抗に流れる電流 I_1, I_2, I_3 を，分圧の法則および分流の法則より求めよ．

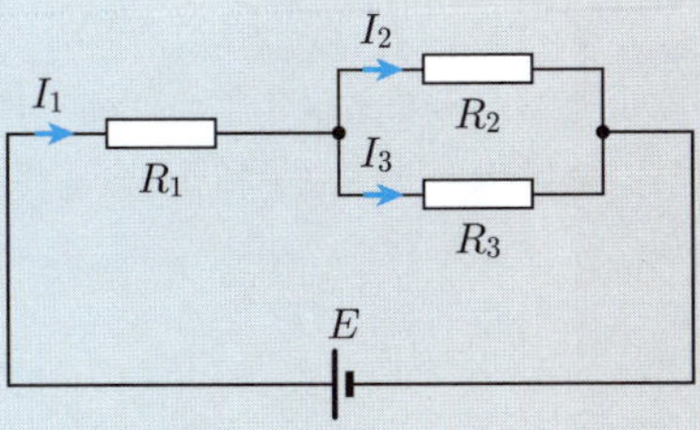

解答 抵抗 R_2, R_3 を 1 つの抵抗 R_p と考えると，

$$R_\mathrm{p} = \frac{R_2 R_3}{R_2 + R_3} \tag{7.21}$$

である．したがって，分圧の法則により，抵抗 R_1 の両端の電圧は

$$V_1 = \frac{R_1}{R_1 + R_p} E = \frac{R_1(R_2 + R_3)}{R_1 R_2 + R_2 R_3 + R_3 R_1} E \tag{7.22}$$

である．よって R_1 の電流 I_1 は

$$I_1 = \frac{V_1}{R_1} = \frac{R_2 + R_3}{R_1 R_2 + R_2 R_3 + R_3 R_1} E \tag{7.23}$$

である．また，抵抗 R_2, R_3 にかかる電圧は互いに等しく，その電圧は

$$V_{23} = E - V_1 = \frac{R_2 R_3}{R_1 R_2 + R_2 R_3 + R_3 R_1} E \tag{7.24}$$

であるから，

$$I_2 = \frac{V_{23}}{R_2} = \frac{R_3}{R_1 R_2 + R_2 R_3 + R_3 R_1} E \tag{7.25}$$

$$I_3 = \frac{V_{23}}{R_3} = \frac{R_2}{R_1 R_2 + R_2 R_3 + R_3 R_1} E \tag{7.26}$$

を得る．これらは，例題 7.1 のキルヒホッフの法則で求めた結果と一致する．

練習問題

問題 7.3 例題 7.2 の電流 I_1 を，分圧の法則でなく，全電流から求めよ．

問題 7.4 例題 7.2 の電流 I_2, I_3 を，上問の電流 I_1 から分流の法則により求めよ．

例題 7.3　合成抵抗

右図のように，抵抗値 r の 12 個の抵抗を用いて 4 つの正方形からなる格子状の回路を作る．このとき，対角の位置にある 2 点 AI 間の合成抵抗を求めよ．

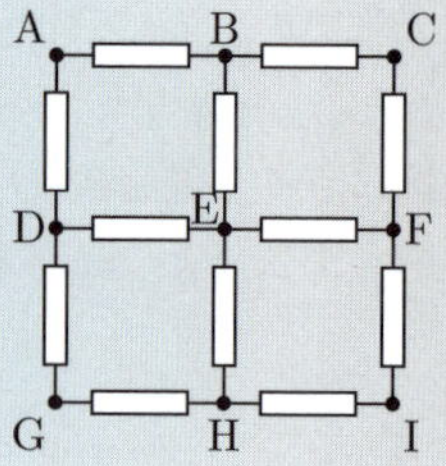

解答　いま，AI 間に電圧を加えると，B と D，C と E と G，F と H はそれぞれ等電位になるので，そこを短絡しても合成抵抗の抵抗値は変わらない．したがって，それらを短絡すると，この回路は下図の回路と等価になる．したがって，合成抵抗は

$$R = \frac{r}{2} + \frac{r}{4} + \frac{r}{4} + \frac{r}{2} = \frac{3}{2}r \tag{7.27}$$

となる．

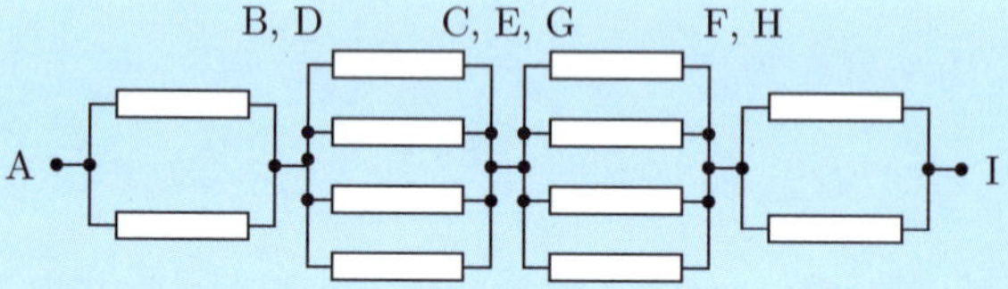

練習問題

問題 7.5　下図左のように，抵抗値 r の 4 個の抵抗を用いて正四面体状の回路を作る．このとき，2 点 AB 間の合成抵抗を求めよ．

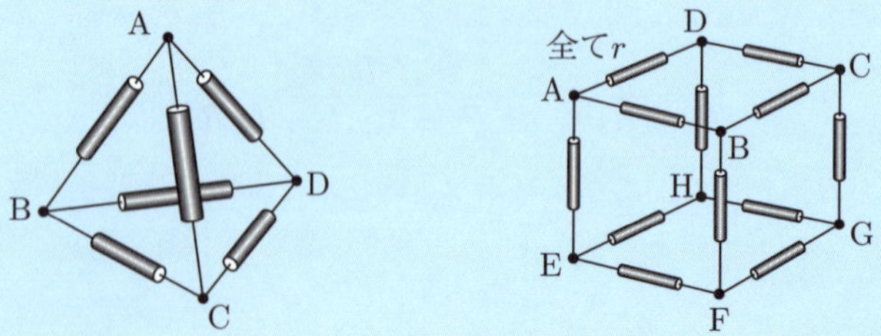

問題 7.6　上図右のように，抵抗値 r の 12 個の抵抗を用いて立方体状の回路を作る．このとき，(1) AG 間，(2) AC 間，(3) AB 間の合成抵抗をそれぞれ求めよ．

7.3.6 ブリッジ回路

図 7.7 のような回路を**ホイートストンブリッジ**という．また，このように橋渡しのある回路を一般に**ブリッジ回路**という．

ホイートストンブリッジでは，4 つの抵抗 R_1, R_2, R_3, R_4 の値によって，ブリッジ部の検流計に流れる電流の向きが変化する．たとえば，R_1, R_2, R_3 は一定として，R_4 を大きくすれば，電流は R_4 を通りにくくなるので，ブリッジを左向き（$\mathrm{d} \to \mathrm{c}$）に流れて，$R_2$ の方に多く流れる．逆に，R_4 を小さくすれば，電流は R_4 の方が通りやすいので，ブリッジを右向き（$\mathrm{c} \to \mathrm{d}$）に流れて，$R_2$ の方に多く流れる．これは，水の流れや道路の車の流れなどと同様に考えることができる．

ホイートストンブリッジの平衡条件

4 つの抵抗 R_1, R_2, R_3, R_4 を適当に選ぶと，ブリッジ部に流れる電流をちょうど 0 にすることができる．さてこのとき，点 c と点 d の電位は等しいはずなので，分圧の法則により，

$$\frac{R_1}{R_2} = \frac{R_3}{R_4} \tag{7.28}$$

が成り立つはずである．これを**ブリッジの平衡条件**という．

なお，R_3 として，温度や圧力などで微妙に変化する抵抗器を用い，R_4 を調整して，ブリッジ部の検流計 G に流れる電流を 0 にしておけば，温度や圧力の変化により，R_3 が変化して平衡条件 (7.28) が崩れると，ブリッジに電流が流れる．これは，高感度なセンサ回路に利用されている．

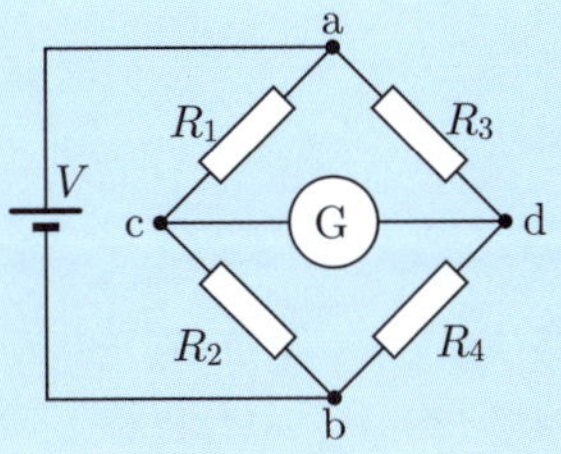

図 7.7　ホイートストンブリッジ

例題 7.4 ブリッジ回路

図 7.7 のブリッジ回路において，ブリッジ部の検流計に流れる電流を求めよ．ただし，接点 c から d に向かう電流を正とする．

解答 抵抗 R_1, R_3 を流れる電流を，それぞれ I_1, I_3 とし，検流計を c から d に向かう電流を I_5 とすると，抵抗 R_2, R_4 を流れる電流は，それぞれ $I_1 - I_5$, $I_3 + I_5$ になるので，閉ループ c → a → d → c, b → c → d → b, b → 電池 → a → c → b についてキルヒホッフの法則を適用すると，

$$I_1R_1 - I_3R_3 = 0 \tag{7.29}$$

$$(I_1 - I_5)R_2 - (I_3 + I_5)R_4 = 0 \tag{7.30}$$

$$E - I_1R_1 - (I_1 - I_5)R_2 = 0 \tag{7.31}$$

である．これから I_1, I_3 を消去して I_5 を求めると，

$$I_5 = \frac{(R_2R_3 - R_1R_4)E}{R_1R_2(R_3 + R_4) + R_3R_4(R_1 + R_2)} \tag{7.32}$$

を得る．

この結果からも分かるように，フリッジの平衡条件

$$\frac{R_1}{R_2} = \frac{R_3}{R_4} \tag{7.33}$$

が成り立つとき，ブリッジ部の電流がちょうど 0 になる．

練習問題

問題 7.7 図 7.7 のブリッジ回路において，抵抗 R_3 を，ひずみが加わると抵抗値がわずかに変化する抵抗器（ひずみセンサ）に付け替え，他の抵抗器を用いて，このブリッジが平衡状態になるように調整した．この状態において，抵抗 R_3 の抵抗値が ΔR_3 だけわずかに増加した．このとき，ブリッジ部の検流計に流れる電流を $\Delta R_3/R_3$ の 1 次まで求めよ．

問題 7.8 例題 7.4 において，ブリッジ部に抵抗 R_5 が存在する場合について，ブリッジ部を流れる電流を求めよ．

7.4 鳳–テブナンの定理

図 7.8(a) のように，回路は一般に複数の電源や抵抗からなるが，回路の出力端子間など，ある 2 点間を考えた場合，その電圧（開放電圧）E_{T} および電気抵抗 R_{T} は，どんなに複雑な回路でも，結局は 1 つの値で表される．そしてそれは，図 7.8(b) のような起電力 E_{T} と抵抗 R_{T} の直列接続の端子間の電圧および抵抗に他ならない．なぜなら，図 7.8(b) の端子間の開放電圧は，抵抗 R_{T} には電流が流れないので E_{T} であり，また電源 E_{T} の内部抵抗は 0 なので，端子間の抵抗は R_{T} だからである．これを**鳳–テブナンの定理**という．また，この等価回路を**テブナンの等価回路**という．

したがって，未知の回路においても，2 点間の電圧（開放電圧）E_{T} および電気抵抗 R_{T} が求まれば，直ちに等価回路（図 7.8(b)）に変換されるが，これは等価回路で考えた場合と同様に，

(1) E_{T} は，端子を開放した（端子に電流を流さない）ときの端子間の電圧，

(2) R_{T} は，電源を短絡した（電源の抵抗を 0 とした）ときの端子間の抵抗，

として求められる．

たとえば，図 7.8(a) の回路の場合，端子の開放電圧は，R_2 の両端の電圧に等しいので，抵抗 R_1 と R_2 の分圧の法則により，

$$E_{\mathrm{T}} = \frac{R_2}{R_1 + R_2} E \tag{7.34}$$

である．また，電源を短絡したときの端子間の抵抗は，R_1 と R_2 の並列接続なので，

$$R_{\mathrm{T}} = \frac{R_1 R_2}{R_1 + R_2} \tag{7.35}$$

である．すなわち，図 7.8(a) の回路は，(7.34), (7.35) で与えられる電源 E_{T} と抵抗 R_{T} をもつ図 7.8(b) の回路と等価である．

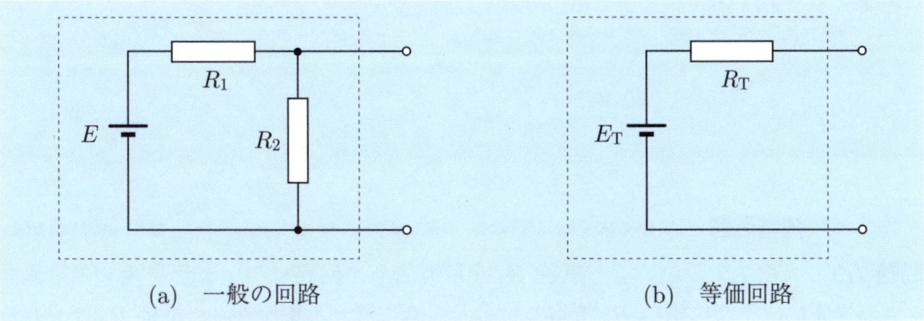

図 7.8 鳳–テブナンの定理

例題 7.5　鳳–テブナンの定理

右図のように，電圧 E の電池と抵抗 R_1, R_2, R_3 からなる回路がある．抵抗 R_3 に流れる電流 I_3 を，以下の手順で求めよ．

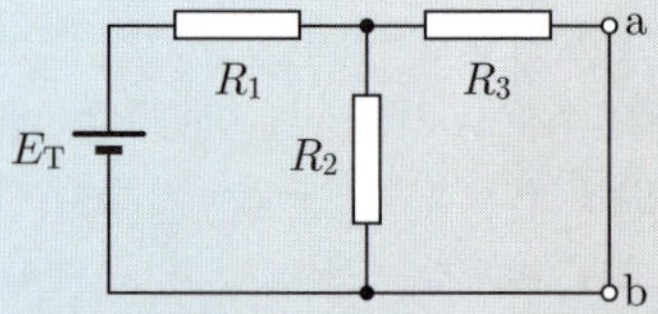

(1)　端子 a, b 間を解放し，端子 a, b から見たテブナンの等価回路を求める．

(2)　その等価回路の端子間を短絡したときに流れる電流を求める．

解答　(1)　端子 a, b 間を解放した場合，R_3 には電流が流れないので，端子間の電位差は，抵抗 R_1, R_2 の分圧から求まり，

$$E_T = \frac{R_2}{R_1 + R_2} E \tag{7.36}$$

であり，これが等価回路の電源電圧になる．一方，等価回路の抵抗 R_T は，電源を取り去り短絡したときの抵抗から，

$$\begin{aligned} R_T &= \frac{R_1 R_2}{R_1 + R_2} + R_3 \\ &= \frac{R_1 R_2 + R_2 R_3 + R_3 R_1}{R_1 + R_2} \end{aligned} \tag{7.37}$$

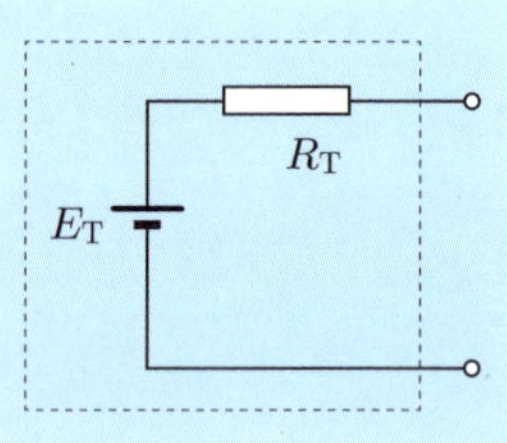

である（右図）．

(2)　この等価回路の端子間を短絡すると，流れる電流は

$$I_T = \frac{E_T}{R_T} = \frac{R_2}{R_1 R_2 + R_2 R_3 + R_3 R_1} E \tag{7.38}$$

であり，これが抵抗 R_3 に流れる電流 I_3 に他ならない．この結果は，例題 7.2 で求めた結果とも一致する．

練習問題

問題 7.9　例題 7.5 において，抵抗 R_3 を取り去った回路についてテブナンの等価回路を求め，そこに抵抗 R_3 を取り付けたときに流れる電流から，抵抗 R_3 を流れる電流 I_3 を求めよ．

第 7 章演習問題

[1]（キルヒホッフの法則） 右図のように，電圧 E_1, E_2 の電池，抵抗 R_1, R_2, R_3 の抵抗器からなる回路がある．各抵抗の電流を求めよ．

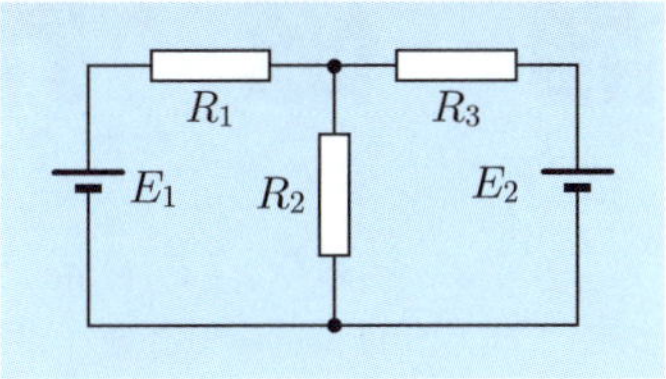

[2]（電流計のレンジ） 最大目盛 100 mA の電流計を使って，500 mA の電流を測定するには，何 Ω の抵抗を電流計に並列につなげればよいか．ただし，電流計の内部抵抗を 8 Ω とする．

[3]（電圧計のレンジ） 最大目盛 200 V の電圧計を使って 800 V までの電圧を測定するには，何 Ω の抵抗を電圧計に直列につなげばよいか．ただし，電圧計の内部抵抗の値を 50 kΩ とする．

[4]（最大電力の取り出し） 内部抵抗 r [Ω] の電源に電気抵抗 R [Ω] を接続する．電気抵抗 R で消費される電力 P [W] が最大になるのは，電気抵抗 R がいくらのときか．

[5]（最小発熱の原理） 抵抗 R_1, R_2 が並列接続された抵抗器がある．ここに電流 I を流すとき，抵抗 R_1, R_2 に流れる電流 I_1, I_2 は，この抵抗器の発するジュール熱が最小になるように決まることを示せ（一般に，電気回路のジュール熱は，キルヒホッフの法則に従うときが最小になる）．

[6]（Y-△ 変換） 右図 (a) のような 3 つの抵抗 R_1, R_2, R_3 からなる Y 型の回路がある．これと等価な図 (b) のような 3 つの抵抗 R_A, R_B, R_C の △（デルタ）型の回路を作る時，R_1, R_2, R_3 と R_A, R_B, R_C との間の関係を求めよ．

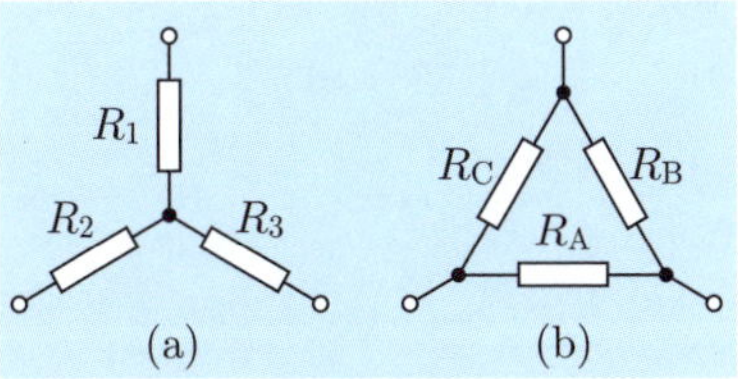

[7]（ホイートストンブリッジ） 抵抗値 R_A, R_B, R_C, R_D, R_E の 5 つの抵抗とスイッチ S を用いて右図のような回路を作る．回路でスイッチ S を開いたとき，AB 間の電位差を V_{AB} とする．S を閉じたときに，この抵抗 R_E に流れる電流 I を求めよ．

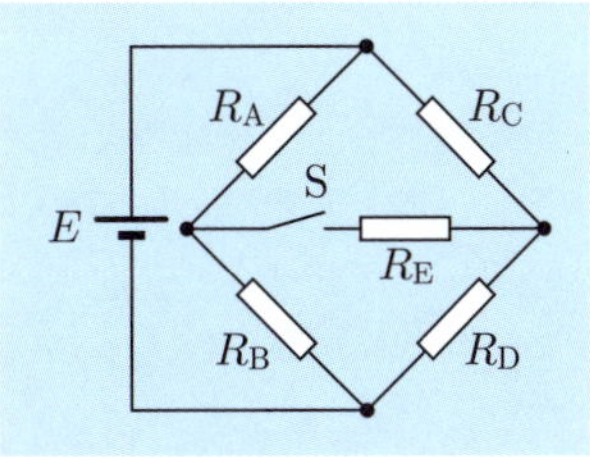

第8章
静　磁　界

電気と磁気は異なるものと考えられてきたが，電流の磁気作用が発見されて以来，両者の関係が明らかにされてきた．この章では，電流と磁界との関係を学習する．

8.1　電流による磁界

8.1.1　磁界と磁力線

磁石にはN極とS極があり，N極同士，S極同士は反発し，N極とS極は引き合う．この力は**磁力**と呼ばれる．静電気力から電界や電気力線を定義したように，磁力から**磁界**や**磁力線**が定義できる．磁力線はN極からS極に向かうと定義されているので，磁界中に方位磁針（コンパス）置いた場合，磁針のN極の向きが磁力線の向きである．したがって地磁気の磁力線は北向きである（磁石の“N”は北（North）を指すことに由来する）．ゆえに地球は南極がN極，北極がS極の磁石である．

8.1.2　右ねじの法則

エルステッドが発見したように，直線電流の近くに方位磁石を置くと，図8.1のように，磁針のN極は，電流に対して右回りの方向を指す．ここで「右回り」とは，電流の向きを向いたときの時計回りを意味する．すなわち，直線電流のまわりには，電流に対して右回りの磁界が生じる．この向きは，右ねじが進む時に回る向きに等しいので，電流と磁界の向きがこのような関係になることを**右ねじの法則**という．

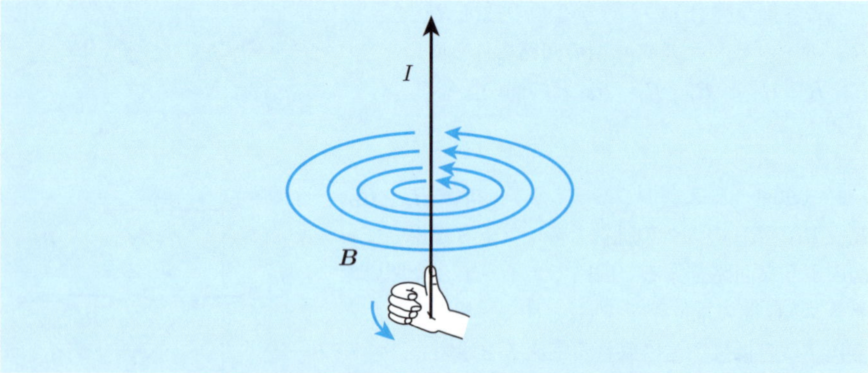

図 8.1　直線電流による磁界と右ねじの法則

8.1.3 電流間に働く力

電流のまわりに磁界が生じることから，アンペールは，電流相互にも磁力が作用すると考え，図 8.2 のように，間隔 r [m] だけ離れた十分に長い平行導線に電流を流し，図 8.2(a) のように電流が同じ向きの場合は引力，図 8.2(b) のように互いに逆向きのときは反発力が働くことを示した．また，導線の電流を I_1 [A], I_2 [A] とすると，導線の長さ l [m] の部分には，次のような力が働くことを見出した．

$$F = \frac{\mu_0}{2\pi}\frac{I_1 I_2}{r} l \,[\mathrm{N}] \tag{8.1}$$

ここで，μ_0 は**真空の透磁率**と呼ばれる定数で，SI 単位系では，その値は

$$\mu_0 = 4\pi \times 10^{-7}\,\mathrm{H \cdot m^{-1}} \tag{8.2}$$

と定義されている．

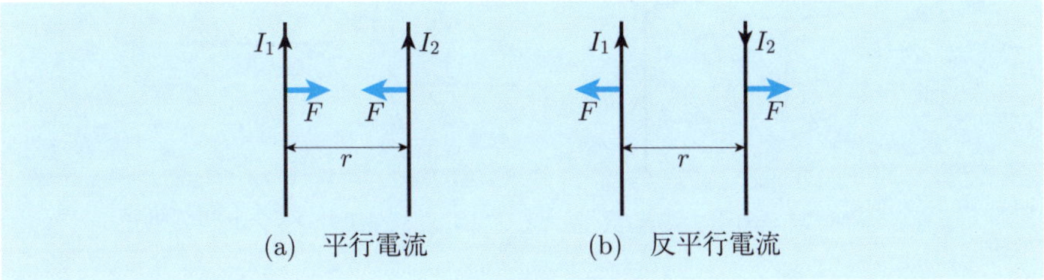

図 8.2 電流間に働く力

8.1.4 1 A の定義

実は，(8.1) は電流の単位 1 A の定義式になっている．すなわち，1 m 離れた無限に長い平行導線に同じ大きさの電流を流したとき，導線の長さ 1 m あたりに働く力が 2×10^{-7} N になるとき，その電流の大きさを 1 A と定義する．なお，SI 単位では，電磁気学に関係する全ての単位は，この 1 A を基準に定義される．たとえば，1 C は 1 A の電流が 1 s 間に運ぶ電気量と定義されている．

8.1.5 直線電流の作る磁界

直線電流のまわりには，右ねじの法則に従う同心円状の磁界が生じるので，その磁界を $\boldsymbol{B}$ とおいて，(8.1) を

$$\boldsymbol{B} = \frac{\mu_0}{2\pi}\frac{I_1}{r}\boldsymbol{e}_\theta \tag{8.3}$$

$$\boldsymbol{F} = I_2 \boldsymbol{l} \times \boldsymbol{B} \tag{8.4}$$

のように分けて考えることができる（図 8.3）．ここで，$\boldsymbol{e}_\theta$ は電流を中心とする円周方

向の単位ベクトルで，向きは，電流に対して右回りである．また，$\boldsymbol{l}$ は電流の方向のベクトル（長さ l）であり，$\boldsymbol{l} \times \boldsymbol{B}$ は，ベクトル $\boldsymbol{l}$ と $\boldsymbol{B}$ の外積と表す．

なお，一般にベクトル $\boldsymbol{A}$ と $\boldsymbol{B}$ の外積は $\boldsymbol{A} \times \boldsymbol{B}$ のように書かれ，それは，図 8.4 のように，$\boldsymbol{A}$ を $\boldsymbol{B}$ の向きに回したとき，右ねじが進む向きを向いたベクトルである．またその大きさは，$\boldsymbol{A}$ と $\boldsymbol{B}$ の始点を合わせて作られる平行四辺形の面積，すなわち $AB\sin\theta$ に等しい．

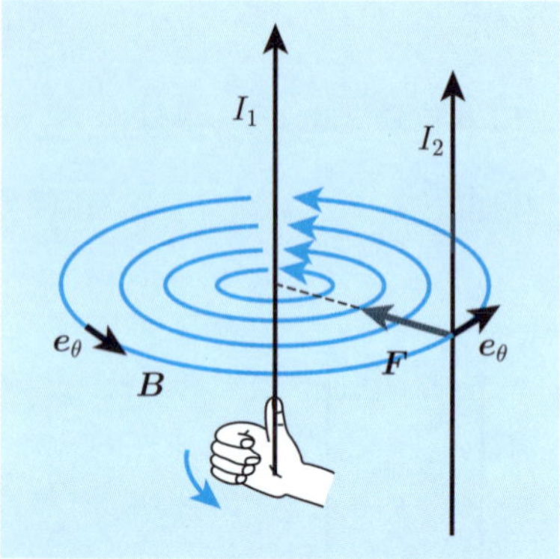

図 8.3 平行電流の引力の解釈

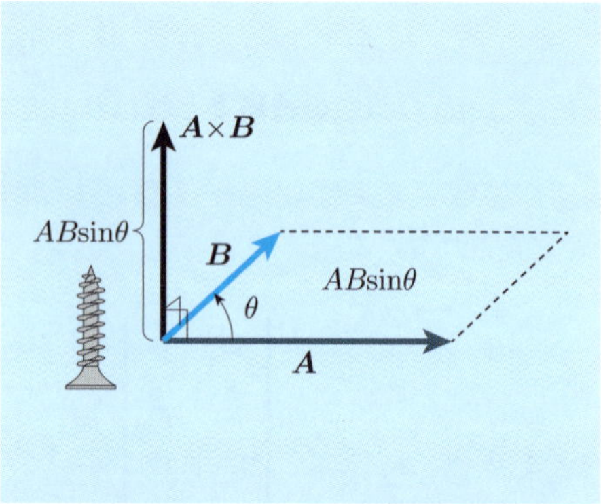

図 8.4 ベクトルの外積

(8.3) は，直線電流 I_1 が電流 I_2 の位置に作る磁界，(8.4) は，その磁界 $\boldsymbol{B}$ から電流 I_2 が受ける力を表す．

8.1.6 磁束密度

(8.3) で導入した磁界 $\boldsymbol{B}$ は，正確には**磁束密度**と呼ばれる．磁束密度の単位は，(8.4) より $\mathrm{N \cdot m^{-1} \cdot A^{-1}}$ すなわち $\mathrm{kg \cdot s^{-2} \cdot A^{-1}}$ であるが，これを特に T（テスラ）という．また，$\boldsymbol{B}$ の向きを連ねた線を**磁束線**，ある断面を通過する磁束線の量を**磁束**という．磁束密度は，文字通り磁束線の密度なので，ある断面 ΔS を通過する磁束は，$\Delta\Phi_\mathrm{m} = B\Delta S$ である．したがって，磁束の単位は $\mathrm{T \cdot m^2}$ であるが，それを特に Wb（ウェーバー）という．逆に，磁束密度の単位 T は，Wb を用いて $\mathrm{Wb \cdot m^{-2}}$ と書くこともできる．

8.1.7 円形電流が作る磁界

円形の電流が作る磁界は，右ねじの法則から考えて，図 8.5 のようになると考えられる．図は，コイル面に垂直な面内の磁束線の様子である．すなわち，円形電流が作る磁界は，電流の向きにねじを回したとき，右ねじが進む向きに一致する．

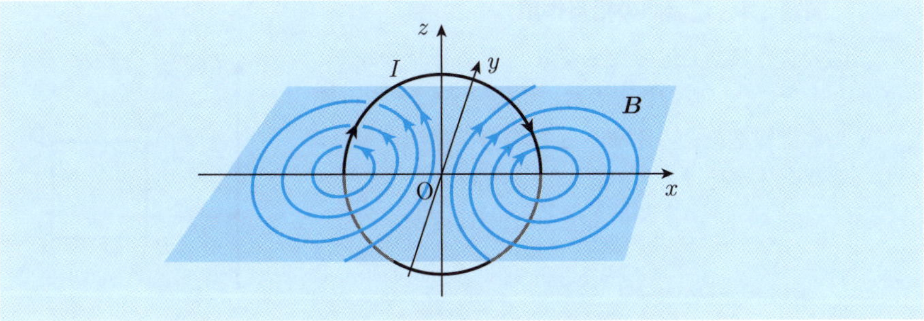

図 8.5 円形電流が作る磁界

なお，このような円形や矩形のループ状の導線を一般に**コイル**という．コイルは通常，導線を複数回巻いて作るが，1 回巻きのものもコイルという．

8.1.8 ソレノイドが作る磁界

一定の間隔で円筒状に導線を巻いたコイルを，**ソレノイド**という．ソレノイドの磁界は，図 8.6 のようになる．すなわち，ソレノイドの内部に，電流の回る向きにねじを回したとき，右ねじが進む向きを向いた強い磁界が生じる．後に示すように，コイルの長さが非常に長いと，ソレノイド内部の磁界は一様になる．

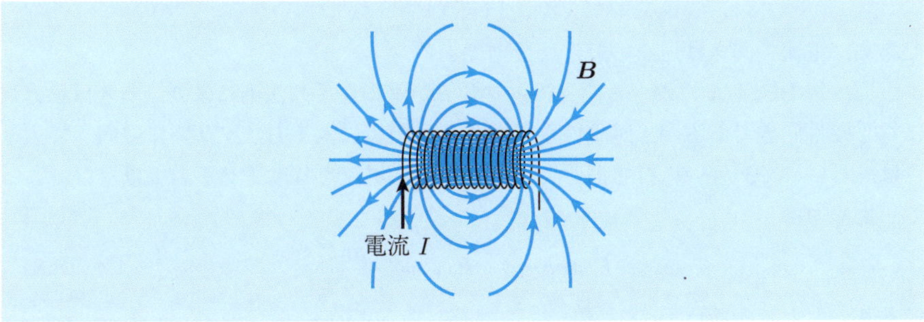

図 8.6 ソレノイドが作る磁界

なお，ソレノイドの両端面をつなげてドーナツ状（トーラス）にしたものを**トロイダルコイル**という．

例題 8.1 電流間の相互作用

右図のように，1辺の長さが a の正方形状の矩形コイルと十分に長い直線状の導線に電流 I が流れている．コイルと直線電流との距離も a の場合，電流が受ける力（電流全体が受ける力の合力）を求めよ．

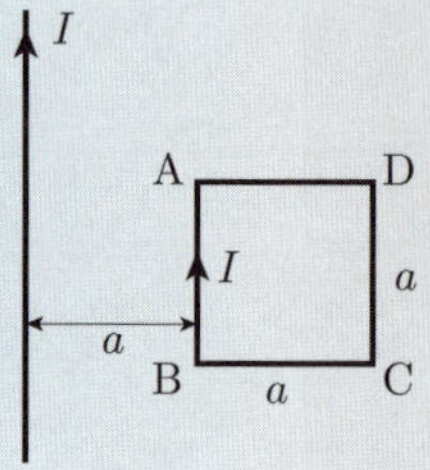

解答 作用反作用の法則より，これは矩形コイル全体が受ける力に等しいので，矩形コイルについて考える．まず，辺 AB が受ける力を求めるために，直線電流 I が辺 AB に作る磁界を考えると，その大きさは，

$$B_{\mathrm{AB}} = \frac{\mu_0}{2\pi}\frac{I}{a} \tag{8.5}$$

である．よって，辺 AB に働く力の大きさは

$$F_{\mathrm{AB}} = IaB_{\mathrm{AB}} = \frac{\mu_0 I^2}{2\pi} \tag{8.6}$$

であり，電流の向きは同じなので，引力である．同様に辺 CD に働く力の大きさは

$$F_{\mathrm{CD}} = IaB_{\mathrm{CD}} = \frac{\mu_0 I^2}{4\pi} \tag{8.7}$$

であり，電流の向きは逆なので，反発力である．

一方，辺 BC, DA にかかる磁界は，フレミングの左手の法則により，向きは正方形に対して外向きであるが，対象性からそれぞれの辺に働く力は，互いに逆向きで大きさは等しいので，互いに打ち消し合い，結局矩形電流を移動させる力ではない．よって，働く力は

$$F = F_{\mathrm{CD}} - F_{\mathrm{AB}} = -\frac{\mu_0 I^2}{4\pi} \tag{8.8}$$

であり，引力である．

練習問題

問題 8.1 例題 8.1 を，コイルと直線電流との距離が b の場合について解け．

問題 8.2 平面上に等間隔 a で互いに平行に置かれた無限に長い 3 本の導線 A, B, C がある．そこにそれぞれ電流 I_{A}, I_{B}, I_{C} を互い違いに流すとき，全ての電流に力が働かないような条件があれば求めよ．

8.2　ビオ–サバールの法則

(8.3) は，電流 I_1 が電流 I_2 の位置に作る磁束密度 $\boldsymbol{B}$ を与える式であったが，これは，もっと一般に，直線電流 I_1 のまわりに生じる磁界を与える式と考えることができる．しかし，この式は無限に長い直線電流の場合なので，一般の形状の電流が作る磁界を求めることはできない．

そこで，ビオとサバールは，短い電流 $Id\boldsymbol{l}$（これを 電流素片という）が作る磁界を測定し，電流素片から $\boldsymbol{r}$ だけ離れた点の磁界 $d\boldsymbol{B}$ が

$$d\boldsymbol{B} = \frac{\mu_0}{4\pi}\frac{Id\boldsymbol{l} \times \hat{\boldsymbol{r}}}{r^2} \tag{8.9}$$

という式に従うことを実験的に示した．(8.9) を**ビオ–サバールの法則**という．ビオ–サバールの法則は，静電界におけるクーロンの法則に対応する．

ビオ–サバールの法則を用いれば，原理的にいかなる電流が作る磁界でも求めることができる．すなわち，電流を N 個の微小な電流素片に隙間なく分割し，それぞれの電流素片の作る磁界を (8.9) より求め，それらを全て加え合わせて，$N \to \infty$ の極限をとればよい．

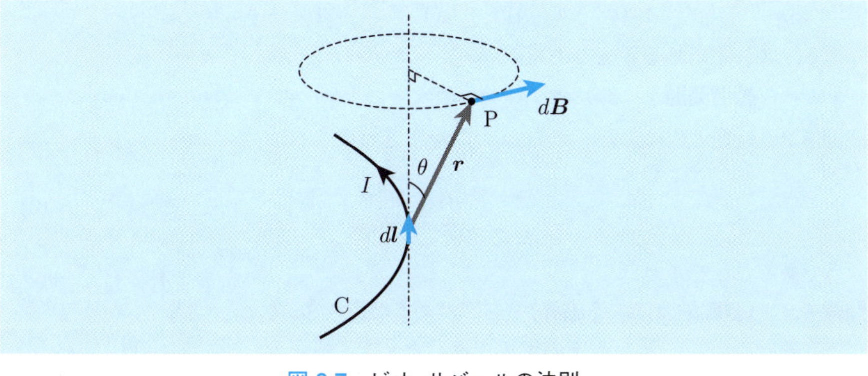

図 8.7　ビオ–サバールの法則

例題 8.2 円電流による磁界

図のように半径 a の円環状コイルに大きさ I の電流を流したときに生じる磁束密度の，この円に垂直で中心を通る軸上での値を求めよ．

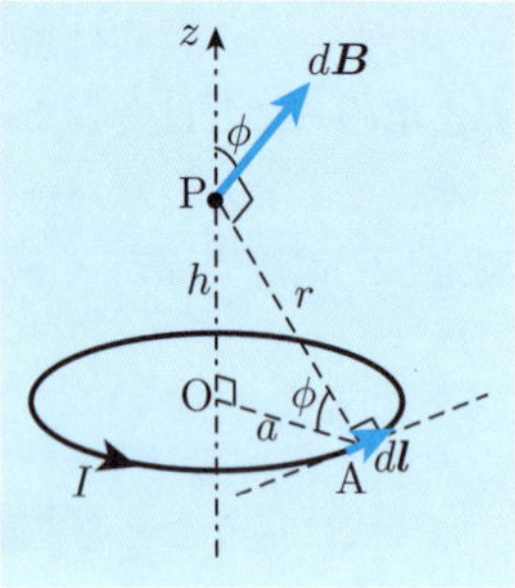

解答 図のように，コイルの位置を原点として中心軸に沿って z 軸をとると，電流素片 $Id\boldsymbol{l}$ が z 軸上の h の位置 P に作る磁束密度の大きさ dB は，ビオ–サバールの法則より，

$$dB = \frac{\mu_0 I dl}{4\pi(a^2+h^2)} \tag{8.10}$$

である．向きは，$d\boldsymbol{l}$ を点 P の向きに回したとき，右ねじの進む向きになる．円環全体が $z = h$ の位置 P に作る磁界 $\boldsymbol{B}$ は，これを円環全体で足し合わせれば求まるが，z 軸に垂直な成分は相殺するので，z 成分

$$dB_z = \frac{\mu_0 I dl}{4\pi(a^2+h^2)} \frac{a}{(a^2+h^2)^{1/2}} \tag{8.11}$$

だけ足し合わせると，

$$\boldsymbol{B} = \int_0^{2\pi a} \frac{\mu_0 I dl}{4\pi(a^2+h^2)} \frac{a}{(a^2+h^2)^{1/2}} \boldsymbol{k} = \frac{\mu_0 a^2 I}{2(a^2+h^2)^{3/2}} \boldsymbol{k} \tag{8.12}$$

である．これが求める答えである．

練習問題

問題 8.3 例題 8.2 において中心 O の磁束密度の大きさは

$$B = \frac{\mu_0 I}{2a} \tag{8.13}$$

であることを示せ．

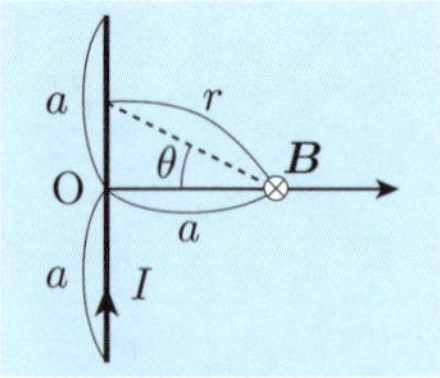

問題 8.4 （直線電流による磁界） 右図のような長さ $2a$ の直線状の導線に大きさ I の電流を流したとき，導線の中点と直交する軸上，導線からの距離 a の位置に生じる磁束密度を求めよ．

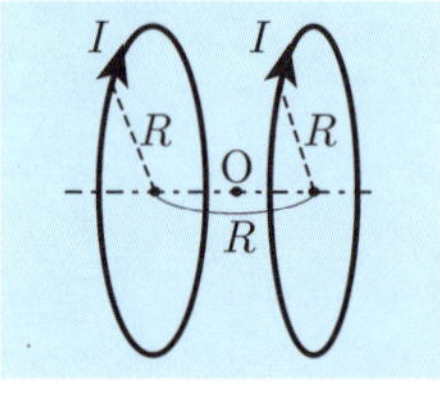

問題 8.5 （ヘルムホルツコイル） 右図のように，半径 R，巻き数 N のコイル 2 個を距離 R だけ離して平行に置き，同じ向きに電流 I を流す．このとき，コイルの中心軸上で 2 つのコイルの中点付近の磁束密度を求めよ．

8.3　フレミングの左手の法則

(8.4) は，磁界 $\boldsymbol{B}$ から電流 I_2 に働く力であるが，図 8.8(a) から分かるように，その力は，磁界と電流の両方に直交し，その向きは，電流の向きから磁界の向きに回転させたときに，右ねじが進む向きに一致する．これはちょうど，左手の親指，人差し指，中指を立てたときの関係と同じなので，これを**フレミングの左手の法則**という．ちなみに，右ねじの法則と同じように，右手の親指を電流，残り 4 本を磁界として，手の平を開いて親指を立てると，力は手の平の向きになるので，このように覚えてもよい．

一般に，電流 I が磁界 $\boldsymbol{B}$ から受ける力は

$$\boldsymbol{F} = I\boldsymbol{l} \times \boldsymbol{B} \tag{8.14}$$

と書くことができるが，図 8.8(b) のように両者のなす角を θ とすると，外積の定義より，その力の大きさは

$$F = IlB\sin\theta \tag{8.15}$$

のように与えられる．特に，両者が平行（$\theta = 0$）のときは，力は働かない．

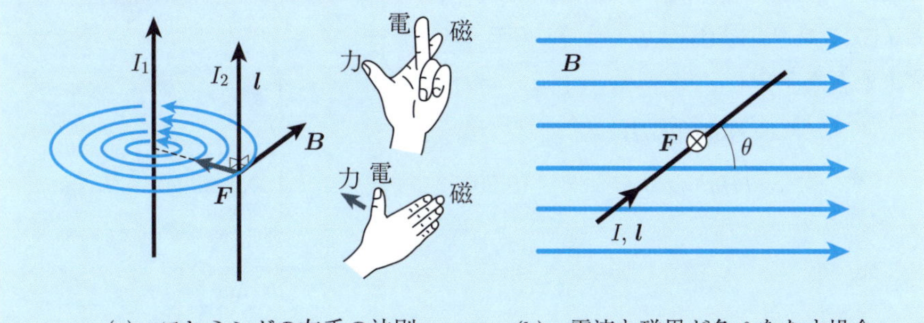

(a)　フレミングの左手の法則　　(b)　電流と磁界が角 θ をなす場合

図 8.8　電流と磁界との相互作用

例題 8.3 モータ

図 (a) のように，一様な磁束密度 $\boldsymbol{B}$ の磁界中に，磁界と直交する軸のまわりに回転できる矩形コイル（$a \times b$）がある．このコイルに A → B → C → D → A の向きに電流 I を流すとき，コイルに働く力のモーメントを求めよ．ただし，A → B → C → D → A のループに対して右ねじの向きの法線ベクトルと磁界 $\boldsymbol{B}$ とのなす角を θ とする．

解答 図 (a) のように座標軸をとると，辺 AB, BC, CD, CA にかかる力は，フレミングの左手の法則により，それぞれ

$$F_{\mathrm{AB}} = IaB \quad (-y \text{ 方向}) \tag{8.16}$$

$$F_{\mathrm{BC}} = IbB \quad (-z \text{ 方向}) \tag{8.17}$$

$$F_{\mathrm{CD}} = IaB \quad (y \text{ 方向}) \tag{8.18}$$

$$F_{\mathrm{DA}} = IbB \quad (z \text{ 方向}) \tag{8.19}$$

になる．このうち，回転に寄与するのは F_{AB} と F_{DA} であり，図 (b) より，その力のモーメントの大きさは

$$\begin{aligned} N &= -b \sin\theta IaB \\ &= IBab\sin\theta \end{aligned} \tag{8.20}$$

である．

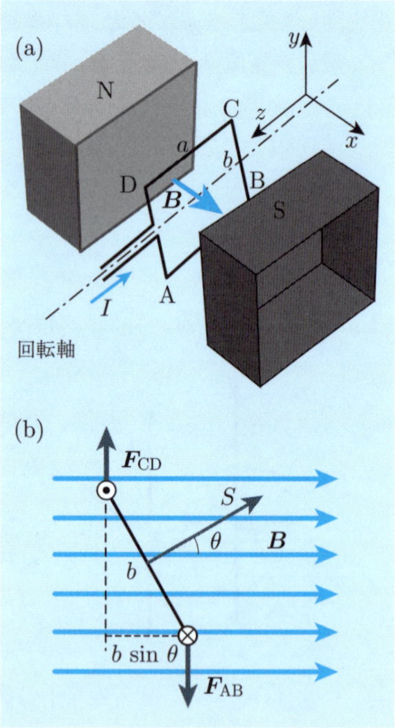

練習問題

問題 8.6 例題 8.3 で，力のモーメントは $\boldsymbol{N} = I\boldsymbol{S} \times \boldsymbol{B}$ で表されることを示せ．ただし，$\boldsymbol{N}$ はコイルの回転に対し右ねじの向きとする．また，$\boldsymbol{S}$ はコイル面積ベクトルで，電流ループに対して右ねじの向きとする．

問題 8.7 例題 8.3 で，コイルに働く力のモーメントが 0 になる位置について考察せよ．

8.4 ローレンツ力

8.4.1 電荷が磁界から受ける力

電流は電荷の流れであるから，電流が磁界から受ける力は，その中を流れる「電荷」が磁界から受ける力と考えることができる．いま，キャリアの電荷を q，数密度を n，平均速度を $\boldsymbol{v}$，導線の断面積を S とすると，電流は $\boldsymbol{I} = nq\boldsymbol{v}S$ で与えられるので，磁界 $\boldsymbol{B}$ から受ける力は，(8.4) より

$$\boldsymbol{F} = nqSl\boldsymbol{v} \times \boldsymbol{B} \tag{8.21}$$

である．ここで，nSl は，この長さ l の導線に含まれるキャリアの総数に他ならないので，キャリア 1 個あたりに働く力は，

$$\boldsymbol{F} = q\boldsymbol{v} \times \boldsymbol{B} \tag{8.22}$$

と考えられる．すなわち，電荷 q の荷電粒子が速度 $\boldsymbol{v}$ で磁界 $\boldsymbol{B}$ の中を飛ぶと，(8.22) で与えられる力が働くと考えられる．この力を（狭義の）ローレンツ力という．

したがって，静電界 $\boldsymbol{E}$ および磁界 $\boldsymbol{B}$ の両方が存在する空間を速度 $\boldsymbol{v}$ で運動する電荷 q の荷電粒子には，クーロン力 (1.8) と合わせて

$$\boldsymbol{F} = q(\boldsymbol{E} + \boldsymbol{v} \times \boldsymbol{B}) \tag{8.23}$$

という力が働く．

なお，$\boldsymbol{v} \times \boldsymbol{B}$ は一種の電界と見なすことができるが，本質的に静電界 $\boldsymbol{E}$ と区別できるものではない．すなわち，速度 $\boldsymbol{v}$ は観測者によって異なる相対的なものであるから，$\boldsymbol{v} \times \boldsymbol{B}$ に見えるか $\boldsymbol{E}$ に見えるかは観測者に依存する．この意味で，(8.23) を一般に**ローレンツ力**という．

例題 8.4　ローレンツ力

一様な電界 $\boldsymbol{E} = (1.0\boldsymbol{i} + 3.0\boldsymbol{j} + 2.0\boldsymbol{k})$ [N/C] および一様な磁束密度 $\boldsymbol{B} = (1.0\boldsymbol{i} - 2.0\boldsymbol{j} + 2.0\boldsymbol{k})$ [T] の中で，電気量 2.0 C の荷電粒子が運動している．ある時，荷電粒子の速度が $\boldsymbol{v} = (2.0\boldsymbol{i} - 1.0\boldsymbol{j} + 1.0\boldsymbol{k})$ $[\mathrm{m\cdot s^{-1}}]$ であった．このときに荷電粒子に働く力を求めよ．

解答　$\boldsymbol{v}$ と $\boldsymbol{B}$ の外積は，

$$\begin{aligned}\boldsymbol{v}\times\boldsymbol{B} &= (-1.0\times 2.0 - 1.0\times(-2.0))\boldsymbol{i}\\ &\quad + (1.0\times 1.0 - 2.0\times 2.0)\boldsymbol{j}\\ &\quad + (2.0\times(-2.0) - (-1.0)\times 1.0)\boldsymbol{k}\\ &= -3.0\boldsymbol{j} - 3.0\boldsymbol{k}\ [\mathrm{N\cdot C^{-1}}]\end{aligned}$$

であるから，点電荷に働くローレンツ力は，

$$\begin{aligned}\boldsymbol{F} &= 2.0\times((1.0\boldsymbol{i} + 3.0\boldsymbol{j} + 2.0\boldsymbol{k}) + (-3.0\boldsymbol{j} - 3.0\boldsymbol{k}))\\ &= (2.0\boldsymbol{i} - 2.0\boldsymbol{j})\ [\mathrm{N}]\end{aligned}$$

と求めることができる．

練習問題

問題 8.8　x 軸の向きを向いた一様な磁束密度 $\boldsymbol{B}$ の中を，右図のように磁界の向きから 60° の向きに進む電子がある．この電子がこの瞬間に受ける力の向きと大きさを答えよ．

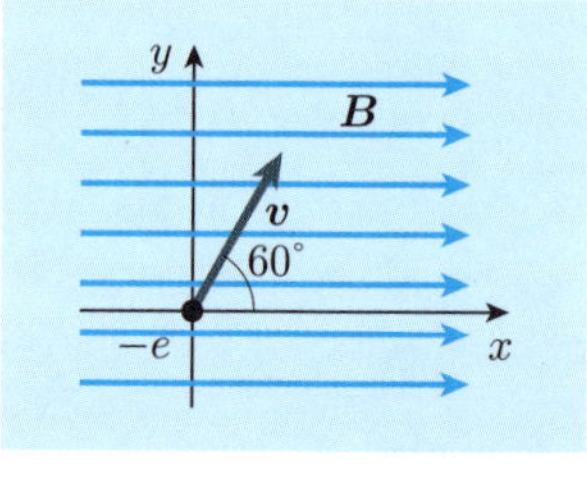

8.4.2 サイクロトロン運動

一様な磁束密度 $\boldsymbol{B}$ の磁界中で，質量 m，電荷 q の荷電粒子が速度 $\boldsymbol{v}$ で運動すると，(8.22) で与えられるローレンツ力が作用するが，ローレンツ力は速度 $\boldsymbol{v}$ すなわち運動方向に直角に働くので，この粒子に対して仕事をしない．したがって，重力や電界がなければ，運動エネルギーは一定に保たれる．すなわち速さ v は一定であり，その結果，ローレンツ力の大きさ qvB は一定になる．また，ローレンツ力は $\boldsymbol{B}$ にも直角に働くので，もし初速が $\boldsymbol{B}$ に直角ならば，この運動は，常に $\boldsymbol{B}$ と垂直な面内で行われる．

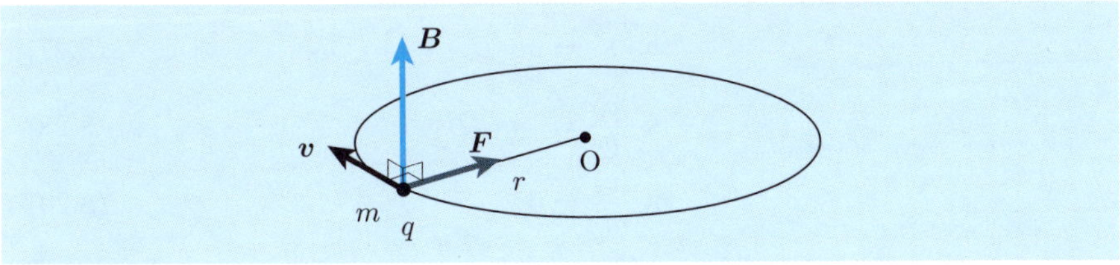

図 8.9 サイクロトロン運動

力学で学んだように，このような粒子の運動は等速円運動になる．すなわち，荷電粒子の質量を m，円運動の半径を r とすると，以下の運動方程式に従う．

$$m\frac{v^2}{r} = qvB \tag{8.24}$$

(8.24) より，この円運動の半径は，

$$r_{\mathrm{c}} = \frac{mv}{qB} \tag{8.25}$$

である．よって，角速度は

$$\omega_{\mathrm{c}} = \frac{v}{r} = \frac{qB}{m} \tag{8.26}$$

である．この円運動を**サイクロトロン運動**といい，$f_{\mathrm{c}} = \omega_{\mathrm{c}}/(2\pi)$ を**サイクロトロン周波数**という．

例題 8.5 サイクロトロン運動

水平方向に速度 $\boldsymbol{v}_0$ で運動する質量 m，電荷 q の荷電粒子が，鉛直上向きの一様な磁束密度 $\boldsymbol{B}$ の磁界に入射した．この荷電粒子の運動を求めよ．ただし重力は無視する．

解答 磁界の向きを z 軸，初速度 $\boldsymbol{v}_0$ の向きを x として xyz 座標系をとると，$\boldsymbol{v}_0 = (v_0, 0, 0)$，$\boldsymbol{B} = (0, 0, B)$ である．したがって，磁界中での運動の速度を $\boldsymbol{v} = (v_x, v_y, v_z)$ とおくと，運動方程式は

$$m\frac{dv_x}{dt} = qv_yB \tag{8.27}$$

$$m\frac{dv_y}{dt} = -qv_xB \tag{8.28}$$

$$m\frac{dv_z}{dt} = 0 \tag{8.29}$$

となる．まず (8.29) より v_z は一定で，初期条件より $v_z{=}0$ であるから，運動は xy 平面内で起こることが分かる．次に，(8.27) を t で微分して (8.28) を代入して v_y を消去すると，

$$\frac{d^2v_x}{dt^2} = -\omega^2 v_x \quad ただし \quad \omega = \frac{qB}{m} \tag{8.30}$$

となるので，初期条件（$t{=}0$ で $v_x = v_0$）より，解は $v_x = v_0\cos\omega t$ のようになる．これを (8.27) に代入すれば，$v_y = -v_0\sin\omega t$ を得る．よって，これを t で積分すれば，荷電粒子の位置 (x, y, z) が求まり，

$$x = r\sin\omega t \tag{8.31}$$

$$y = r\cos\omega t \tag{8.32}$$

$$z = 0 \tag{8.33}$$

を得る．ただし，$r = v/\omega$ である．これより，この荷電粒子は xy 面内を z 軸に対して左回りに角速度 ω で等速円運動することが分かる．

練習問題

問題 8.9 サイクロトロン運動の周期 T_c を求め，これがサイクロトロン運動の半径によらないこと（**サイクロトロンの等時性**）を示せ．

問題 8.10 鉛直上方に向いた磁束密度 $B = 1\,\mathrm{mT}$ の一様な磁界に対し直角に（すなわち水平に），ある荷電粒子を速度 $v = 1\times10^7\,\mathrm{m\cdot s^{-1}}$ で入射したら，半径 $r = 5\,\mathrm{cm}$ の円運動をした．この荷電粒子の比電荷 q/m はいくらか．

8.4.3 ホール効果

図 8.10 のように，厚さ a，幅 b の矩形断面をもつ導体に定常電流 I を流し，厚み a 方向に磁束密度 B を印加すると，電流と磁界に垂直な b 方向に起電力が生じる．これを**ホール効果**（Hall effect）といい，この起電力を**ホール起電力**という．

ホール効果は，キャリアに働くローレンツ力が原因である．キャリアの電荷を q とし，図 8.10 のように電流（すなわち移動速度 v）に垂直に磁界 B をかけると，キャリアにはローレンツ力 $F = qvB$ が働く．その方向は，磁界とキャリアの移動方向の両方に垂直，すなわち，幅 b の方向である．ところでローレンツ力の式の vB は電界に相当しているので，幅 b では，起電力

$$V_{\mathrm{H}} = bvB \tag{8.34}$$

を生じる．これがホール起電力になる．ここでキャリアの密度を n とすると，電流は

$$I = nqabv \tag{8.35}$$

のように与えられるから，(8.34) と (8.35) から bv を消去すると，

$$V_{\mathrm{H}} = \frac{1}{nq}\frac{IB}{a} \tag{8.36}$$

を得る．ここで，

$$R_{\mathrm{H}} = \frac{1}{nq} \tag{8.37}$$

を**ホール定数**（Hall constant）という．ホール定数は物質固有の値をもつ．なお，この式および図 8.10(a), (b) からも分かるように，ホール起電力の符号はキャリアの符号に従って変化する．すなわち，ホール起電力を測定することでキャリアの符号を知ることができる．すなわち，半導体が p 型か n 型かを判定することができる．

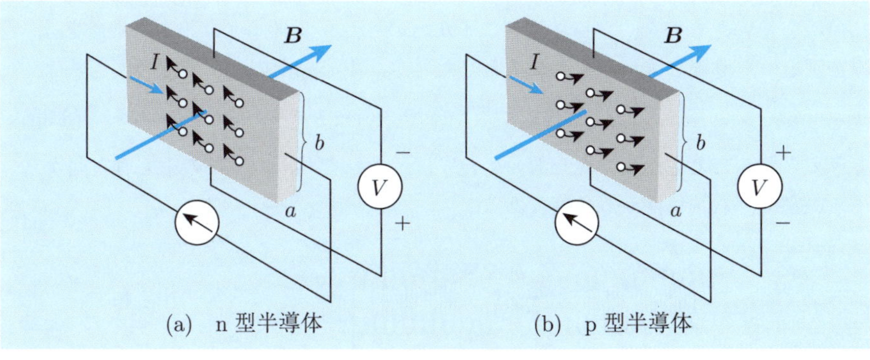

図 8.10 ホール効果

第8章演習問題

[1]（ローレンツ力） 一様な電界 $\boldsymbol{E} = E_0\boldsymbol{i}$ と磁束密度 $\boldsymbol{B} = B_0\boldsymbol{j}$ の中を，電気量 q の荷電粒子が等速直線運動している．このときの，荷電粒子の速度を求めよ．

[2]（質量分析） 同じ向きを向いた，それぞれ大きさ E, B の一様な電磁界中に荷電粒子をいろいろな速さで電磁界に垂直に入射するとき，電磁界に垂直に置いたスクリーンに達する粒子の描くスクリーン上の軌跡は，荷電粒子の比電荷で定まる放物線になることを示せ．ただし，スクリーン到達時間はサイクロトロン周期 T_{c} より十分小さいとする．これは，**トムソンの質量分析法**の原理である．

[3]（磁界中の荷電粒子の運動） 一様な磁界中に荷電粒子を入射すると，コイル状の螺旋軌道を描きながら等速運動することを示せ．

[4]（フレミングの左手の法則） 右図のように，間隔 d で平行に置かれた2本の水平なレールの上に導体棒が置かれており，そこに一様な磁束密度 $\boldsymbol{B}$ の磁界が鉛直上方に向けてかかっている．導体棒のaからbに向かって電流 I を流すときに，この導体棒が磁界から受ける力を求めよ．ただし，棒は移動しないとする．

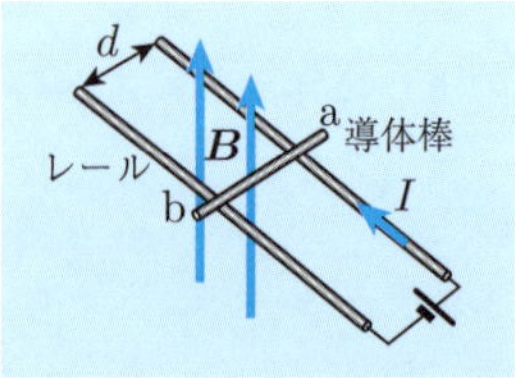

[5]（矩形コイルの中心の磁界） 右図のような1辺の長さ $2a$ の正方形型の導線に反時計回りに大きさ I の電流を流したとき，正方形の中心に生じる磁束密度を求めよ．

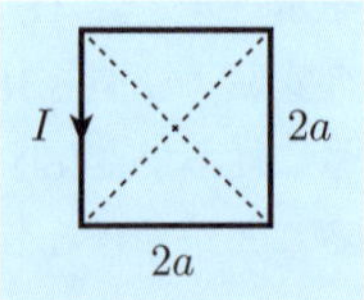

[6]（ソレノイドコイルの磁界） 下図のように，円筒状に一様に導線を巻いたものを，**ソレノイドコイル**という．ソレノイドコイルの半径を a，巻線密度を n，導線を流れる電流を I としたとき，中心軸上の磁束密度の大きさは，

$$B = \frac{\mu_0 nI}{2}(\cos\theta_2 - \cos\theta_1) \tag{8.38}$$

で与えられることを示せ．ただし，θ_1, θ_2 は，それぞれ，コイルの中心軸方向からコイルの左端，右端に向かう角度である．

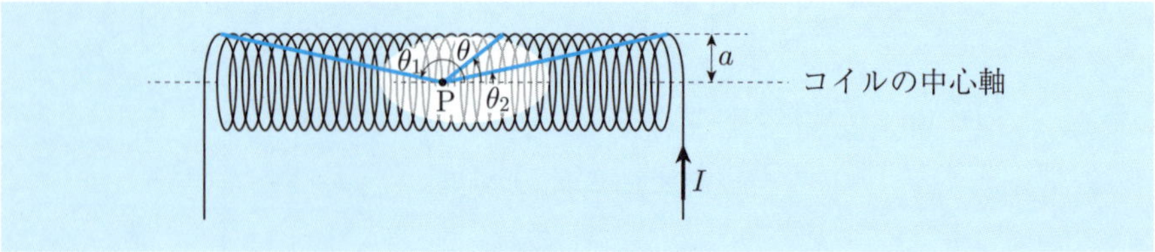

第9章
アンペールの法則

電荷に関する実験則であるクーロンの法則は，電界というベクトル界に関するガウスの法則で表せた．同様に，電流と磁界に関する実験則であるビオ–サバールの法則も，ベクトル界の方程式で表せる．それがアンペールの法則である．

9.1 磁　位

9.1.1 磁界の線積分

第 2 章において，静電界 $\boldsymbol{E}$ の線積分から電位 ϕ を定義したように，磁界 $\boldsymbol{B}$ についても，経路 C に沿っての点 P_0 から点 P までの線積分

$$\phi_{\mathrm{m}} = -\int_{\mathrm{P}_0(\mathrm{C})}^{\mathrm{P}} \boldsymbol{B} \cdot d\boldsymbol{l} \tag{9.1}$$

を考えることができる．しかし，電気力線とは異なり，磁力線は図 9.1 のように電流 I のまわりにループ状になるので，(9.1) の線積分は，たとえば経路 C を電流の右側（C_1）にとるか左側（C_2）にとるかによって値が異なる．すなわち，磁界の場合には静電界の場合と異なり，線積分が経路に依存する．それゆえ，電界に対する電位のようなポテンシャルを定義することはできない．

ところで，通常，電流は回路すなわちループを流れるので，図 9.2 のようなループ Γ を流れる電流 I が作る磁界 $\boldsymbol{B}$ を考えると，ビオ–サバールの法則 (8.9) より

$$\boldsymbol{B} = \frac{\mu_0 I}{4\pi} \oint_{\Gamma} \frac{d\boldsymbol{l} \times \hat{\boldsymbol{r}}}{r^2} \tag{9.2}$$

で与えられる．これを (9.1) に代入し，積分を実行すると，詳細は割愛するが，

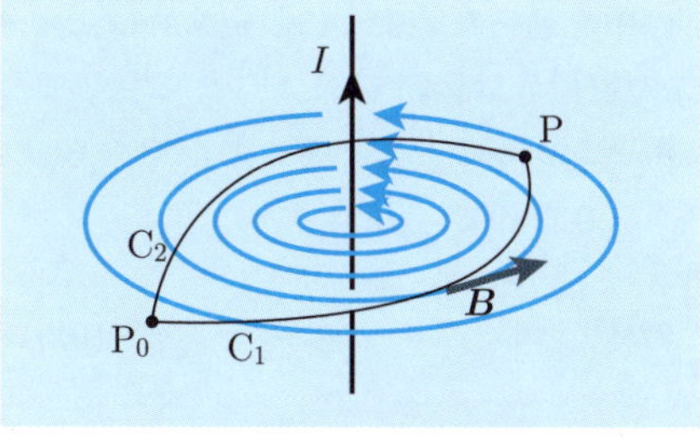

図 9.1　磁界の線積分

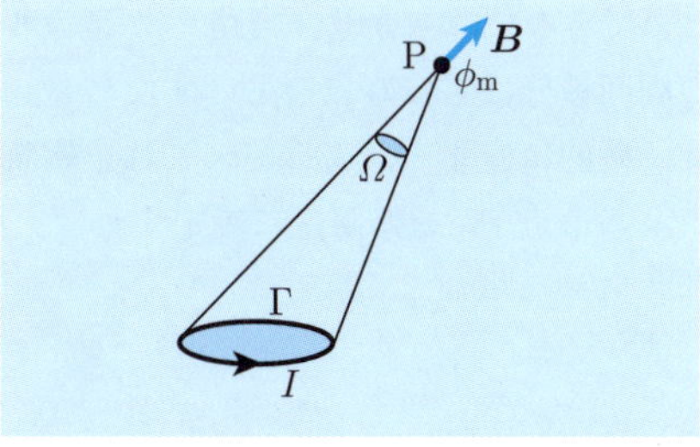

図 9.2　電流ループによる磁界と磁位

$$\phi_{\mathrm{m}} = \frac{\mu_0 I}{4\pi}\{\Omega(\mathrm{P}) - \Omega(\mathrm{P}_0)\} \tag{9.3}$$

が得られる．$\Omega(\mathrm{P})$ は，図 9.2 に示すような点 P から電流ループ Γ を見込む立体角であり，見込んだ電流が反時計回りのとき正，時計回りのとき負の値をとるとする．

さて，(9.3) の始点 P_0 と終点 P の立体角の差 $\Omega(\mathrm{P}) - \Omega(\mathrm{P}_0)$ は，積分経路 C が電流ループ Γ の中を通るか否かで異なる．ここで，積分経路 C として図 9.3 のような閉曲線，すなわち始点 P_0 と終点 P が等しい場合を考えると，図 9.3(a) のように，C がループ内を通らない場合，$\Omega(\mathrm{P}_0)$ と $\Omega(\mathrm{P})$ は等しく，(9.3) は 0 になる．一方，図 9.3(b) のように，C がループ内を通る場合，ループの面を通過する際に，立体角は -2π を超え，点 P の立体角 $\Omega(\mathrm{P})$ は，もとの点 P_0 の立体角 $\Omega(\mathrm{P}_0)$ に対して -4π だけ変化する．さらに，C がループ内を n 回通過すれば，その差は $-4n\pi$ になり，(9.3) の値は $-\mu_0 nI$ となる．したがって，磁界 $\boldsymbol{B}$ の周回積分 ϕ_{m} は，$\mu_0 nI$ すなわち $\mu_0 \times$（閉曲線 C の中を通過する電流）で与えられる．この nI を**電流鎖交数**という．

$$\oint_{\mathrm{C}} \boldsymbol{B} \cdot d\boldsymbol{l} = \mu_0 nI \tag{9.4}$$

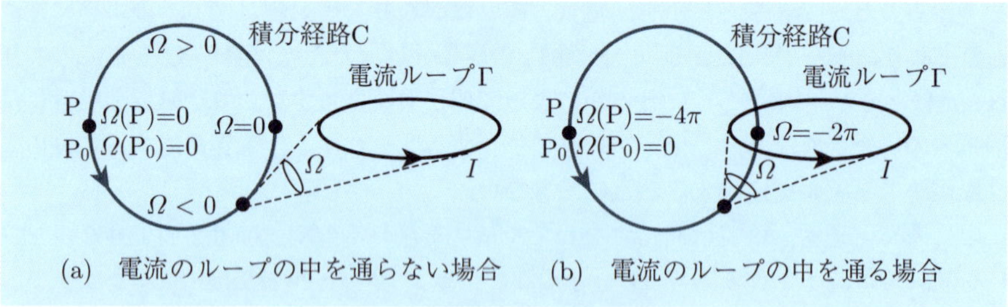

図 9.3 立体角の不確定性

9.1.2 磁位

前述のように磁界の線積分は経路に依存し，電位のようなポテンシャルを定義することはできない．しかし，経路 C が電流ループの中を通らないように限定すれば，(9.4) の周回積分は常に 0 になる．すなわち，(9.1) の線積分は経路 C によらなくなり，ϕ_{m} は一義的に定まる．よって，これを磁気的なポテンシャルと考えることができる．特に，基準点 P_0 を無限遠に設定すれば，$\Omega(\mathrm{P}_0) = 0$ なので，(9.3) より

$$\phi_{\mathrm{m}} = \frac{\mu_0 I}{4\pi}\Omega(\mathrm{P}) \tag{9.5}$$

となる．これを**磁位**という（図 9.2 の ϕ_{m}）．

例題 9.1　磁気モーメント

電流ループ Γ を非常に小さくとり，その面積ベクトルを $d\boldsymbol{S}$ とおくとき，$\boldsymbol{m} = Id\boldsymbol{S}$ を**磁気モーメント**という．磁気モーメント $\boldsymbol{m}$ のまわりの磁位は

$$\phi_{\mathrm{m}} = \frac{\mu_0}{4\pi}\frac{\boldsymbol{m}\cdot\hat{\boldsymbol{r}}}{r^2} \tag{9.6}$$

で与えられることを示せ．ただし，r は磁気モーメントからその点までの距離，$\hat{\boldsymbol{r}}$ は，磁気モーメントからその点に向かう単位ベクトルである．

解答　磁気モーメントから距離 r だけ離れた点 P から，面積 dS の電流ループ Γ を見込む立体角は，

$$\Omega(\mathrm{P}) = \frac{d\boldsymbol{S}\cdot\hat{\boldsymbol{r}}}{r^2} \tag{9.7}$$

と表される．よって，磁位はこれを (9.5) に代入すると，

$$\phi_{\mathrm{m}} = \frac{\mu_0}{4\pi}\frac{Id\boldsymbol{S}\cdot\hat{\boldsymbol{r}}}{r^2} = \frac{\mu_0}{4\pi}\frac{\boldsymbol{m}\cdot\hat{\boldsymbol{r}}}{r^2} \tag{9.8}$$

を得る．これは電気双極子モーメント $\boldsymbol{p}$ のまわりの電位と同様の式であり，その電界は図 (a) のような双極子界であったので，同様に，磁気モーメントのまわりの磁界も，図 (b) のような双極子界になる．

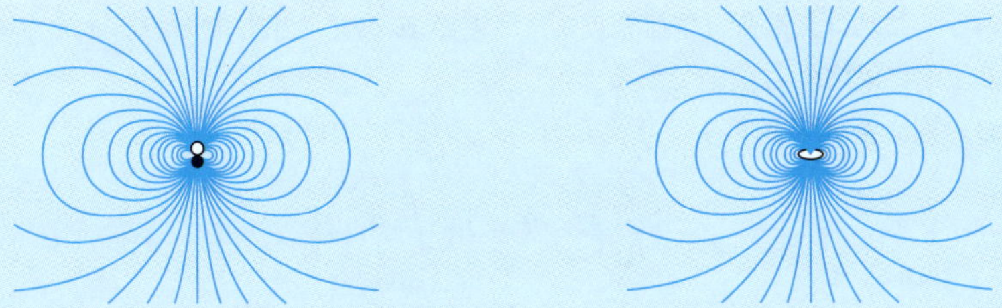

(a)　電気双極子モーメントによる電界　　(b)　磁気モーメントによる磁界

練習問題

問題 9.1　磁気モーメント $\boldsymbol{m}$ からの角度を θ とすると，(9.6) は

$$\phi_{\mathrm{m}} = \frac{\mu_0}{4\pi}\frac{m}{r^2}\cos\theta$$

となることを示し，特に，磁気モーメントに直角な方向の磁位を求めよ．

問題 9.2　磁気モーメント $\boldsymbol{m}$ のまわりの磁束密度を求めよ．

9.2 アンペールの法則

(9.4) より，ある閉曲線 C に沿って磁界を線積分したものは，$\mu_0 \times$（閉曲線 C の中を通過する電流）に等しいが，図 9.4 のようにその電流が複数あった場合でも，重ね合わせの原理により，

$$\oint_{\mathrm{C}} \boldsymbol{B} \cdot d\boldsymbol{l} = \mu_0 \times (\text{その閉曲線の中を通過する全電流}) \tag{9.9}$$

が一般に成り立つ．これを**アンペールの法則**という．たとえば図 9.4 の場合，

$$\oint_{\mathrm{C}} \boldsymbol{B} \cdot d\boldsymbol{l} = \mu_0 \times (I_2 - 2I_4) \tag{9.10}$$

になる．したがって，

『閉曲線 C に沿った磁界の線積分の値は，閉曲線 C の中を通過する電流の総量だけで決まり，電流の形状や，内部を通らない電流には一切関係しない』

ということができる．ただし，右辺はその閉曲線 C を縁にもつ曲面 S を通過する電流と考え，面を裏から表に貫く電流を正，表から裏に貫く電流を負とする．

またこれは，電流（電流密度 $\boldsymbol{j}$）はループ状の磁界 $\boldsymbol{B}$ を生み出すということを意味している．これは，電荷（電荷密度 ρ）は電界 $\boldsymbol{E}$ の湧き出しであることを意味するガウスの法則に対応する法則である．

なお，電流が電流密度 $\boldsymbol{j}$ で与えられている場合，(9.9) は

$$\oint_{\mathrm{C}} \boldsymbol{B} \cdot d\boldsymbol{l} = \mu_0 \int_{\mathrm{S}} \boldsymbol{j} \cdot d\boldsymbol{S} \tag{9.11}$$

で与えられる．ここで S は閉曲線 C を縁とする面である．

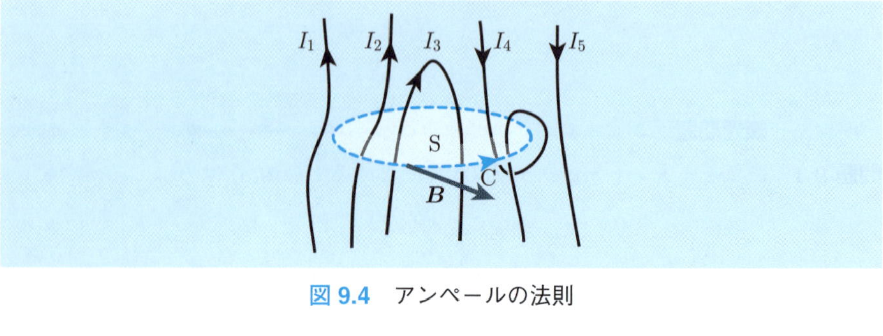

図 9.4　アンペールの法則

例題 9.2　無限に長い直線電流の作る磁界

半径 a の円形断面をもつ無限に長い直線導線に，一様に定常電流 I が流れている．この電流 I による導線内外の磁束密度を求めよ．

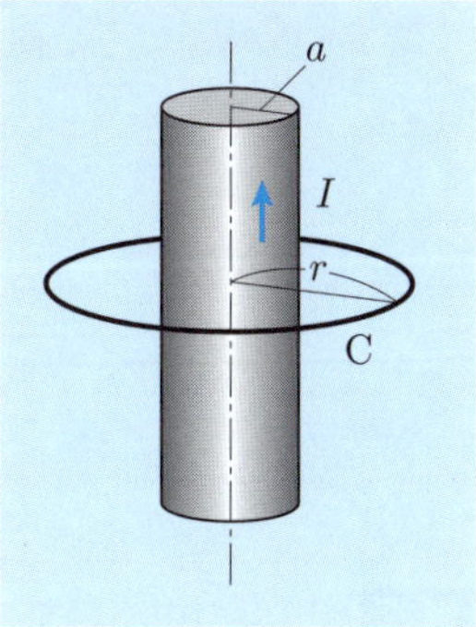

解答　右図のように，中心軸を中心とする半径 r の円に沿った閉ループ C を考える．ループ C 上での磁界の大きさは対称性により等しく，その向きは C の接線方向で右ねじの法則より右ねじ回りである．その磁束密度の大きさを B とすると，閉ループ C に沿った磁界の周回積分は，

$$\oint_{\mathrm{C}} \boldsymbol{B} \cdot d\boldsymbol{l} = 2\pi r B \tag{9.12}$$

となる．ここで，アンペールの法則により，これが $\mu_0 \times$（C が囲む電流）に等しい．したがって，

1)　$r \geq a$ の場合，（C が囲む電流）$= I$ であるから，$2\pi r B = \mu_0 I$ より，

$$B = \frac{\mu_0 I}{2\pi r} \tag{9.13}$$

である．一方，

2)　$r \leq a$ の場合，（C が囲む電流）$= r^2 I/a^2$ であるから，$2\pi r B = \mu_0 r^2 I/a^2$ より，

$$B = \frac{\mu_0 I}{2\pi a^2} r \tag{9.14}$$

である．

練習問題

問題 9.3　例題 9.2 で，直線導線が半径 a で肉厚の無視できる中空円筒の場合，円筒内外の磁束密度を求めよ．

問題 9.4　右図のように，巻き数密度 n の十分に長いソレノイダルコイルがある．このコイルに電流 I を流したときのコイル内外の磁束密度を，矩形 ABCD を閉ループとしてアンペールの法則より求めよ．（**ヒント**：まず CD が無限遠にあると考える．）

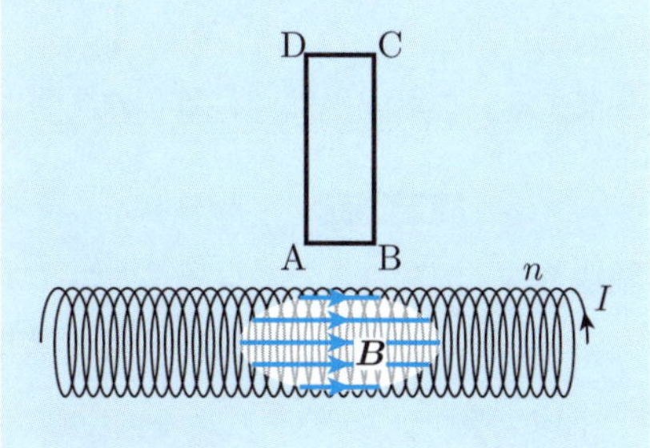

例題 9.3 トロイダルコイル

図のように，半径 a の円形断面積をもつ半径が R の円環に，導線を均等に N 回巻きつけたトロイダルコイルがある．このコイルに電流 I を流したとき，コイル内外にできる磁束密度を求めよ．

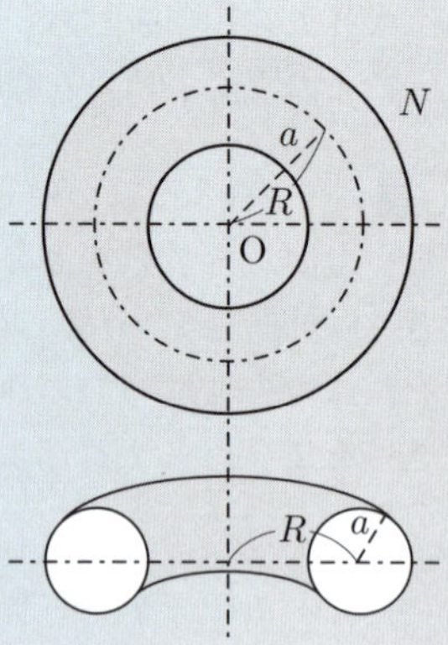

解答 円環の中心軸を z 軸とし，z 軸に垂直で z 軸を中心とする半径 r の円周 C を考える．コイルが十分に密に巻かれていれば，対称性より，磁界の向きは円周 C の接線方向であり，その大きさは円周上いたるところで一定であることが分かる．

この円周 C に対してアンペールの法則を適用する．円周 C に沿った磁界の周回積分は，

$$\oint_{\mathrm{C}} \boldsymbol{B} \cdot d\boldsymbol{l} = \oint_{\mathrm{C}} B dl = B \int_{\mathrm{C}} dl = 2\pi r B \tag{9.15}$$

である．一方，円周 C を貫く全電流は，円周 C がトロイダルコイルの内部にある場合，

$$\int_S \boldsymbol{j} \cdot d\boldsymbol{S} = \begin{cases} NI & \text{（円周 C がコイルの内側）} \\ 0 & \text{（円周 C がコイルの外側）} \end{cases} \tag{9.16}$$

となる．アンペールの法則により，(9.16) に μ_0 をかけたものと (9.15) は等しいので，円環の中心軸からの距離 r の点でのトロイダルコイル内外にできる磁束密度の大きさは，

$$B = \begin{cases} \dfrac{\mu_0 NI}{2\pi r} & \text{（コイルの内側）} \\ 0 & \text{（コイルの外側）} \end{cases} \tag{9.17}$$

と求まる．また向きは，右ねじの法則より，電流の回転に対して右ねじの向きである．

練習問題

問題 9.5 例題 9.3 のトロイダルコイルで，円環の半径 R が，断面の半径 a より十分大きい場合，コイル内部の磁束密度の大きさは，n を巻き数の密度として

$$B = \mu_0 n I$$

（すなわちソレノイドコイルと同じ式）で与えられることを示せ．

9.3 磁界の回転（rot$B$）

9.3.1 循環

ベクトル界 $\boldsymbol{B}$ の中で，ある閉ループ C に沿ってその接線成分を積分（線積分）した量

$$\Gamma = \oint_{\mathrm{C}} \boldsymbol{B} \cdot d\boldsymbol{l} \tag{9.18}$$

を**循環**という．循環は，閉ループ C の中に渦が存在すると 0 でなくなり，渦がなければ 0 になる．

9.3.2 回転 rot

ある微小な閉曲線 $\Delta\mathrm{C}$ についてベクトル界 $\boldsymbol{B}$ の循環を考える．

$$\Delta\Gamma = \oint_{\Delta\mathrm{C}} \boldsymbol{B} \cdot d\boldsymbol{l} \tag{9.19}$$

また，閉曲線 $\Delta\mathrm{C}$ の面積を ΔS とするとき，ΔS あたりの循環

$$(\mathrm{rot}\,\boldsymbol{B})_{\mathrm{n}} \equiv \lim_{\Delta S \to 0} \frac{\Delta\Gamma}{\Delta S} \tag{9.20}$$

を考えると，これは微小閉曲線 $\Delta\mathrm{C}$ の位置における渦を表すと考えられる．ここで，添え字 n は，閉曲線 $\Delta\mathrm{C}$ の線積分の向きに回転したときに右ねじが進む向き，すなわち微小面積 ΔS の面積ベクトルの向きを意味する．

たとえば，微小閉曲線 $\Delta\mathrm{C}$ 面を yz 面内に選べば，面積ベクトル ΔS は x 軸方向を向き，

$$(\mathrm{rot}\,\boldsymbol{B})_x \equiv \lim_{\Delta S \to 0} \frac{\Delta\Gamma}{\Delta S} \tag{9.21}$$

と与えられる．同様に，y 方向，z 方向についても $(\mathrm{rot}\,\boldsymbol{B})_y$, $(\mathrm{rot}\,\boldsymbol{B})_z$ が定義できる．これらはそれぞれ，渦の x, y, z 成分と見なすことができるので，

$$\mathrm{rot}\,\boldsymbol{B} \equiv ((\mathrm{rot}\,\boldsymbol{B})_x, (\mathrm{rot}\,\boldsymbol{B})_y, (\mathrm{rot}\,\boldsymbol{B})_z) \tag{9.22}$$

というベクトルが定義できる．これはベクトル界 $\boldsymbol{B}$ の渦の大きさと軸の向きを表す．(9.22) をベクトル界 $\boldsymbol{B}$ の**回転**という．

9.3.3 回転の表式

x, y, z 軸の基本ベクトルをそれぞれ $\boldsymbol{i}, \boldsymbol{j}, \boldsymbol{k}$ として，ベクトル界 $\boldsymbol{B}$ の x, y, z 成分を $\boldsymbol{B} = B_x\boldsymbol{i} + B_y\boldsymbol{j} + B_z\boldsymbol{k} = (B_x, B_y, B_z)$ のようにおくと，

$$\mathrm{rot}\,\boldsymbol{B} = \left(\frac{\partial B_z}{\partial y} - \frac{\partial B_y}{\partial z}, \frac{\partial B_x}{\partial z} - \frac{\partial B_z}{\partial x}, \frac{\partial B_y}{\partial x} - \frac{\partial B_x}{\partial y}\right)$$
$$= \left(\frac{\partial B_z}{\partial y} - \frac{\partial B_y}{\partial z}\right)\boldsymbol{i} + \left(\frac{\partial B_x}{\partial z} - \frac{\partial B_z}{\partial x}\right)\boldsymbol{j} + \left(\frac{\partial B_y}{\partial x} - \frac{\partial B_x}{\partial y}\right)\boldsymbol{k} \tag{9.23}$$

のように表される．また，微分演算子 ∇ を用いれば

$$\mathrm{rot}\,\boldsymbol{B} = \nabla \times \boldsymbol{B} = \begin{vmatrix} \boldsymbol{i} & \boldsymbol{j} & \boldsymbol{k} \\ \dfrac{\partial}{\partial x} & \dfrac{\partial}{\partial y} & \dfrac{\partial}{\partial z} \\ B_x & B_y & B_z \end{vmatrix} \tag{9.24}$$

のようにも書ける．ここで $\boldsymbol{i}, \boldsymbol{j}, \boldsymbol{k}$ は，それぞれ x, y, z 軸の基本ベクトルである．

なお，円筒座標 (r, θ, z) では，ベクトル $\boldsymbol{B}$ の r, θ, z 成分を B_r, B_θ, B_z とすると，

$$\mathrm{rot}\,\boldsymbol{B} = \left(\frac{1}{r}\frac{\partial B_z}{\partial \theta} - \frac{\partial B_\theta}{\partial z}\right)\boldsymbol{e}_r + \left(\frac{\partial B_r}{\partial z} - \frac{\partial B_z}{\partial r}\right)\boldsymbol{e}_\theta + \frac{1}{r}\left(\frac{\partial}{\partial r}(rB_\theta) - \frac{\partial B_r}{\partial \theta}\right)\boldsymbol{e}_z \tag{9.25}$$

球座標 (r, θ, φ) では，ベクトル $\boldsymbol{B}$ の r, θ, φ 成分を B_r, B_θ, B_φ とすると，

$$\mathrm{rot}\,\boldsymbol{B} = \frac{1}{r\sin\theta}\left(\frac{\partial}{\partial \theta}(\sin\theta B_\varphi) - \frac{\partial B_\theta}{\partial \varphi}\right)\boldsymbol{e}_r + \frac{1}{r}\left(\frac{1}{\sin\theta}\frac{\partial B_r}{\partial \varphi} - \frac{\partial}{\partial r}(rB_\varphi)\right)\boldsymbol{e}_\theta$$
$$+ \frac{1}{r}\left(\frac{\partial}{\partial r}(rB_\theta) - \frac{\partial B_r}{\partial \theta}\right)\boldsymbol{e}_\varphi \tag{9.26}$$

で与えられる．

9.3.4 ストークスの定理

(9.20) の極限をとる前に，ΔS をかけると $(\mathrm{rot}\,\boldsymbol{B})_\mathrm{n}\Delta S = \mathrm{rot}\,\boldsymbol{B}\cdot\Delta\boldsymbol{S}$ なので，

$$\oint_{\Delta\mathrm{C}} \boldsymbol{B}\cdot d\boldsymbol{l} = \mathrm{rot}\,\boldsymbol{B}\cdot d\boldsymbol{S} \tag{9.27}$$

である．ここで，図 9.5 のように，ある閉曲線 C で囲まれるある曲面を考え，それを細かいマス目 ΔS_i（$i = 1, 2, \ldots, N$）に隙間なく分割し，各マス目を微小ループ $\Delta\mathrm{C}_i$ とすると，それぞれ (9.27) が成り立つ．

したがって，それらの辺々を全て加え合わせ，$\Delta S_i \to 0$ の極限をとると，

$$\lim_{N\to\infty}\sum_{i=1}^{N}\oint_{\Delta\mathrm{C}_i} \boldsymbol{B}\cdot d\boldsymbol{l} = \lim_{N\to\infty}\sum_{i=1}^{N}\mathrm{rot}\,\boldsymbol{B}\cdot d\boldsymbol{S}_i \tag{9.28}$$

を得る．ここで，閉曲線 C の内部の境界線の線積分は，必ず両方向で行われるので，互いに打ち消し合い 0 になる．一方，閉曲線 C に接した辺の線積分はそのまま残るの

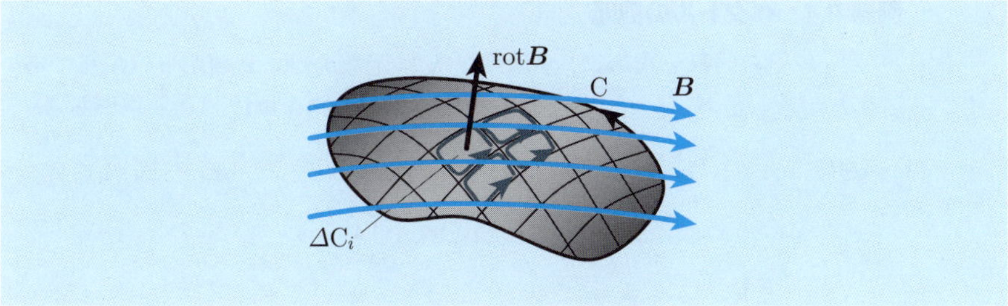

図 9.5 ストークスの定理

で，結局 (9.28) の左辺の積分は，閉曲線 C の周回積分になる．また右辺は面積分そのものであるから，

$$\oint_{\mathrm{C}} \boldsymbol{B} \cdot d\boldsymbol{l} = \int_{\mathrm{S}} \mathrm{rot}\boldsymbol{B} \cdot d\boldsymbol{S} \tag{9.29}$$

を得る．この式をストークスの定理という．

9.3.5 アンペールの法則の微分形

(9.29) を用いると，(9.11) は

$$\int_{\mathrm{S}} \mathrm{rot}\boldsymbol{B} \cdot d\boldsymbol{S} = \oint_{\mathrm{C}} \boldsymbol{B} \cdot d\boldsymbol{l} = \mu_0 \int_{\mathrm{S}} \boldsymbol{j} \cdot d\boldsymbol{S} \tag{9.30}$$

であるので，左辺と右辺の面積積分の被積分関数は互いに等しい．すなわち

$$\mathrm{rot}\boldsymbol{B} = \mu_0 \boldsymbol{j} \tag{9.31}$$

を得る．これをアンペールの法則の微分形という．

例題 9.4 ベクトルの回転

次のベクトル界の回転を求めよ．ただし，k は定数，r は z 軸からの距離であり，$r \neq 0$ とする．また，$\boldsymbol{e}_\theta$ は z 軸のまわりの円周方向の単位ベクトルである．

(1) $\boldsymbol{E}(x, y, z) = (ky, 0, 0)$ （図 (a)），　(2) $\boldsymbol{E}(r) = \dfrac{k}{r}\boldsymbol{e}_\theta$ （図 (b)）

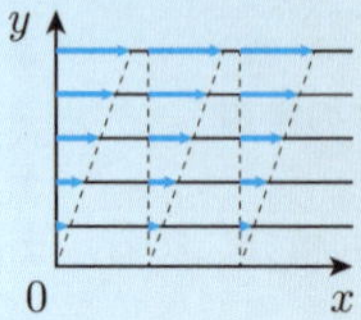

(a)

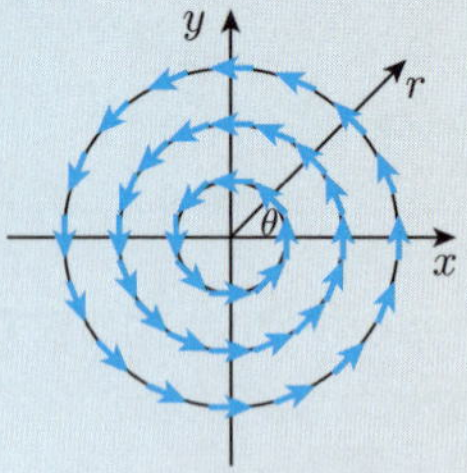

(b)

解答 (1) $E_x = ky$, $E_y = E_z = 0$ であるから，(9.23) において，$\partial E_x/\partial y = k$ 以外，全て 0 である．よって，

$$\mathrm{rot}\,\boldsymbol{E} = (0, 0, -k) \tag{9.32}$$

である．すなわち，一見，渦はないように見えるが，z 方向の渦（xy 面内で右回りの渦）が存在し，これを川の流れに見立てれば，物体は回転しながら流される．

(2) 円筒座標で考えると，

$$\mathrm{rot}\,\boldsymbol{E} = -\frac{\partial E(r)}{\partial z}\boldsymbol{e}_r + \frac{1}{r}\frac{\partial}{\partial r}(rE(r))\boldsymbol{e}_z = 0 \tag{9.33}$$

である．したがって，一見，渦があるように見えるが，中心以外は渦がない．中心を囲む循環は 0 でないので，中心には渦が存在する．

練習問題

問題 9.6 ベクトル界 $\boldsymbol{E}(x, y, z) = (ky, kx, 0)$（右図）の回転を求めよ．ただし，$k$ は定数である．

問題 9.7 ベクトル界 $\boldsymbol{E}(r) = kr\boldsymbol{e}_\theta$ の回転を求めよ．ただし，k は定数，r は z 軸からの距離であり，$r \neq 0$ とする．また，$\boldsymbol{e}_\theta$ は z 軸のまわりの円周方向の単位ベクトルである．

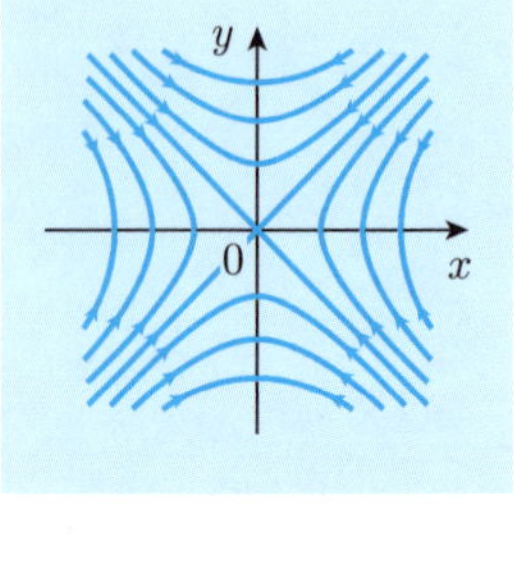

9.4　磁束密度に関するガウスの法則

9.4.1　湧き出しなしとソレノイド界

電荷とは異なり磁極は N と S が必ず対で現れ，N や S だけの磁極（**磁気単極**）は発見されていない．もし磁気単極が発見されれば，電界と同様に磁束密度にも湧き出しが存在することになるが，現在のところその事実はなく，磁束密度は全て電流に起因すると考えられている．すなわち磁束線は常にループ状であり，始まりの点や終わりの点は存在しない．このように湧き出しのないベクトル界を**ソレノイド界**という．

9.4.2　磁束密度に関するガウスの法則

磁束密度は湧き出しがどこにもないソレノイド界であるので，どのような閉曲面 S でも，そこを貫く磁束線の本数は，差し引き 0 である．すなわち，

$$\oint_{\mathrm{S}} \boldsymbol{B} \cdot d\boldsymbol{S} = 0 \tag{9.34}$$

が必ず成り立つ．これを**磁束密度に関するガウスの法則**という．また，ガウスの発散定理により，これを微分形で表せば，次式になる．

$$\mathrm{div}\,\boldsymbol{B} = 0 \tag{9.35}$$

この式は，電束密度に関するガウスの法則と同様に，磁界の湧き出しを表しており，磁束は必ずループ状で，磁荷のような湧き出しが存在しないことを反映している．

9.4.3　渦なしとポテンシャル

第 2 章で，静電界 $\boldsymbol{E}$ の線積分は経路によらないことを示した．すなわち，点 A から点 B までの任意の経路 $\mathrm{C}_1, \mathrm{C}_2$ に沿って静電界を線積分したものは，互いに等しく

$$\int_{\mathrm{A(C_1)}}^{\mathrm{B}} \boldsymbol{E} \cdot d\boldsymbol{l} = \int_{\mathrm{A(C_2)}}^{\mathrm{B}} \boldsymbol{E} \cdot d\boldsymbol{l} \tag{9.36}$$

である．したがって，C_1 と C_2 で作られる閉ループ C について循環を考えると，

$$\Gamma = \oint_{\mathrm{C}} \boldsymbol{E} \cdot d\boldsymbol{l} = \int_{\mathrm{A(C_1)}}^{\mathrm{B}} \boldsymbol{E} \cdot d\boldsymbol{l} - \int_{\mathrm{A(C_2)}}^{\mathrm{B}} \boldsymbol{E} \cdot d\boldsymbol{l} = 0 \tag{9.37}$$

よって，静電界 $\boldsymbol{E}$ の循環 Γ は 0 である．したがって，ストークスの定理 (9.29) より，

$$\mathrm{rot}\,\boldsymbol{E} = \boldsymbol{0} \tag{9.38}$$

である．すなわち，静電界は「渦なし」である．また，静電界の線積分が経路によらないことから，電位 ϕ（ポテンシャル）が定義され，それを用いて静電界は

$$\boldsymbol{E} = -\operatorname{grad}\phi \tag{9.39}$$

のように表されるが，ベクトル解析の公式より

$$\operatorname{rot}(\operatorname{grad}\phi) \equiv \boldsymbol{0} \tag{9.40}$$

であるから，(9.39) で与えられる静電界は自動的に渦なしの条件 (9.38) を満たす．

9.4.4 ベクトルポテンシャル

磁束密度は，前述のように循環が存在し，電位 ϕ のようなポテンシャルは存在しないが，磁束密度に関するガウスの法則 (9.35) が成り立った．

ここでベクトル解析の公式により，任意のベクトル界 $\boldsymbol{A}$ に対して，

$$\operatorname{div}(\operatorname{rot}\boldsymbol{A}) = 0 \tag{9.41}$$

であるので，

$$\boldsymbol{B} = \operatorname{rot}\boldsymbol{A} \tag{9.42}$$

とおくと，これは自動的に (9.35) 式を満たす．このようなベクトル界 $\boldsymbol{A}$ を，$\boldsymbol{B}$ の**ベクトルポテンシャル**という．それに対し，電位を**スカラーポテンシャル**という．

ベクトルポテンシャルを用いると，閉曲線 C で囲まれる磁束は

$$\Phi = \int_{\mathrm{S}} \boldsymbol{B}\cdot d\boldsymbol{S} = \int_{\mathrm{S}} \operatorname{rot}\boldsymbol{A}\cdot d\boldsymbol{S} = \oint_{\mathrm{C}} \boldsymbol{A}\cdot d\boldsymbol{l} \tag{9.43}$$

のように，ベクトルポテンシャルの周回積分で表すことができる．なお，最後の変形はストークスの定理 (9.29) を用いた．

9.4.5 ベクトルポテンシャルの任意性とクーロンゲージ

(9.40) より，χ を任意のスカラー関数として，ベクトルポテンシャルを

$$\boldsymbol{A}' = \boldsymbol{A} + \operatorname{grad}\chi \tag{9.44}$$

としても，磁束密度 $\boldsymbol{B}$ は変わらない．すなわち，ベクトルポテンシャルには $\operatorname{grad}\chi$ の任意性がある．ところで，(9.42) をアンペールの法則 (9.31) に代入すれば

$$\operatorname{rot}\operatorname{rot}\boldsymbol{A} = \mu_0\boldsymbol{j} \tag{9.45}$$

であるが，ベクトル解析の公式より，

$$\operatorname{rot}\operatorname{rot}\boldsymbol{A} = \operatorname{grad}\operatorname{div}\boldsymbol{A} - \nabla^2\boldsymbol{A} \tag{9.46}$$

であり，さらにベクトルポテンシャルの任意性 (9.44) を用いて $\operatorname{div}\boldsymbol{A} = 0$ となるように $\operatorname{grad}\chi$ を選べば，(9.45) は

$$\nabla^2 \boldsymbol{A} = -\mu_0 \boldsymbol{j} \tag{9.47}$$

となる．ここで，$\nabla^2 \boldsymbol{A}$ はベクトルラプラシアンと呼ばれ，x, y, z 座標では，

$$\nabla^2 \boldsymbol{A} = (\nabla^2 A_x, \nabla^2 A_y, \nabla^2 A_z) \tag{9.48}$$

のような成分のベクトルである．したがって，電流密度を $\boldsymbol{j} = (j_x, j_y, j_z)$ とすると，

$$\nabla^2 A_x = -\mu_0 j_x, \qquad \nabla^2 A_y = -\mu_0 j_y, \qquad \nabla^2 A_z = -\mu_0 j_z \tag{9.49}$$

のように，ベクトルポテンシャルの各成分 (A_x, A_y, A_z) について，電位 ϕ が満たすポアソン方程式 (3.27) と同じ形の方程式を満たす．したがって，ベクトルポテンシャルの各成分 (A_x, A_y, A_z) について，(2.13) と同様の式が成り立ち，まとめて

$$\boldsymbol{A} = \frac{\mu_0}{4\pi} \int_{\mathrm{V}} \frac{\boldsymbol{j}}{r} dV = \frac{\mu_0 I}{4\pi} \int_{\mathrm{C}} \frac{d\boldsymbol{l}}{r} \tag{9.50}$$

と書くことができる．ただし，$\boldsymbol{j}dV = Id\boldsymbol{l}$ の関係を用いた．このように，$\mathrm{div}\, \boldsymbol{A} = 0$ とすると，ベクトルポテンシャルは静電界の電位（スカラーポテンシャル）と同じ形に整理できるので，この条件をクーロンゲージという．

9.4.6　ビオ–サバールの法則とアンペールの法則との関係

(9.42) 式に (9.50) 式を代入して計算すると，

$$\boldsymbol{B} = \mathrm{rot}\, \boldsymbol{A} = \frac{\mu_0 I}{4\pi} \int_{\mathrm{C}} \mathrm{rot}\, \frac{d\boldsymbol{l}}{r} \tag{9.51}$$

であるが，積分の中身をベクトル解析の公式を用いて変形すると

$$\mathrm{rot}\, \frac{d\boldsymbol{l}}{r} = \mathrm{grad}\, \frac{1}{r} \times d\boldsymbol{l} + \frac{1}{r}\, \mathrm{rot}\, d\boldsymbol{l} = -\frac{\hat{\boldsymbol{r}}}{r^2} \times d\boldsymbol{l} \tag{9.52}$$

なので，直ちにビオ–サバールの法則 (8.9) が得られる．なお，ここで，位置ベクトル $\boldsymbol{r}$ について $\mathrm{rot}\, \boldsymbol{r} \equiv \boldsymbol{0}$ より $\mathrm{rot}\, d\boldsymbol{l} = \boldsymbol{0}$ であることを用いた．

アンペールの法則は，9.2 節で示したように，ビオ–サバールの法則から導くことができたが，一方，上述のようにアンペールの法則からビオ–サバールの法則を導くこともできる．すなわち，ビオ–サバールの法則とアンペールの法則は等価な法則であり，これは，クーロンの法則とガウスの法則の関係に相当する．

例題 9.5　直線電流のベクトルポテンシャル

長さ $2l$ の直線電流 I の中心から，電流に垂直に距離 r だけ離れた点のベクトルポテンシャルを求めよ．

解答　図のように，電流の向きに z 軸をとり，電流の中心を原点とする．ベクトルポテンシャルは電流の向きを向くので，この問題ではベクトルポテンシャルは z 成分のみをもち，それは

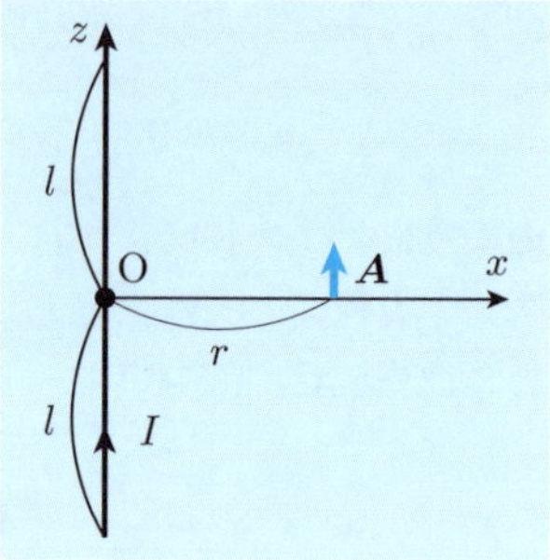

$$A_z = \frac{\mu_0 I}{4\pi}\int_{-l}^{l}\frac{dz}{\sqrt{z^2+r^2}}$$

$$= \frac{\mu_0 I}{4\pi}\log\frac{\sqrt{r^2+l^2}+l}{\sqrt{r^2+l^2}-l} \tag{9.53}$$

$$= \frac{\mu_0 I}{2\pi}\log\frac{\sqrt{r^2+l^2}+l}{r} \tag{9.54}$$

である．他の成分（たとえば x, y 成分）は 0 である．

参考　積分公式

$$\int\frac{dx}{\sqrt{x^2+a^2}} = \log|x+\sqrt{x^2+a^2}| \tag{9.55}$$

練習問題

問題 9.8　例題 9.5 で求めたベクトルポテンシャルは $l \to \infty$ で発散するが，定数 $\mu_0 I \times \log 2l/(2\pi)$ を差し引いておくと，発散しない．その場合のベクトルポテンシャルを求めよ．

問題 9.9　上問のベクトルポテンシャルから，直線電流のまわりの磁界を導け．

第 9 章演習問題

[1]（無限に長い直線電流が作る磁界） 断面積の無視できる無限に長い導線に電流 I を流した場合を考える．この場合の導線から距離 r だけ離れた点に生じる磁界を，アンペールの法則により求めよ．

[2]（矩形断面トロイド内外の磁界） 右図のような内径 a，外径 b，高さ h の矩形断面をもつ円形のトロイダルコイル（巻き数 N）がある．このコイルに電流 I を流したとき，コイル内外の磁束密度を求めよ．

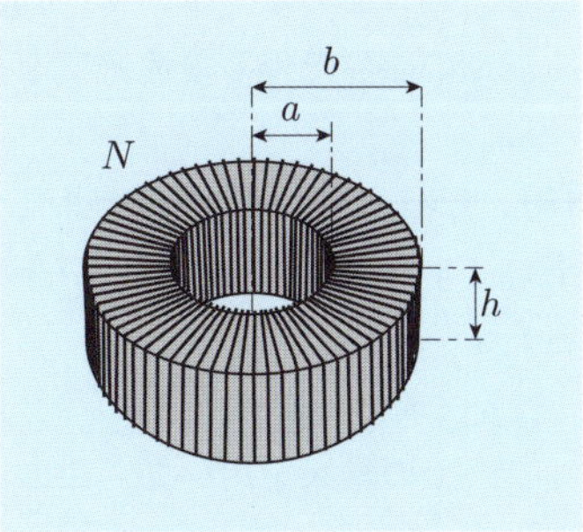

[3]（無限長ソレノイド） 単位長さあたりの巻き数 $200\ \mathrm{m}^{-1}$ の無限長ソレノイドに，電流 1 A を流したとき，ソレノイドの内部にできる磁界の大きさを求めよ．

[4]（2 本の無限に長い円筒状の電流が作る磁界） 半径 a の無限に長い 2 本の円筒が，中心軸間距離 L で平行に置かれており，そこに，互いに逆向きの電流 I_1, I_2 が流れている．2 本の円筒の中間点での磁場を求めよ．ただし，円筒を流れる電流は，もう一方の電流による磁界の影響を受けないものとする．

[5]（無限に長い同軸円筒電流が作る磁界） 外半径 c，内半径 b の無限に長い中空円筒内に，半径 a（$a < b$）の円筒が軸を同じにするように置かれている．外側の中空円筒に電流 I_2 が，内側の円筒に電流 I_1 が同じ向きに一様に流れているとき，電流が作る各部分の磁束密度を求めよ．

[6]（平行無限平板を流れる電流が作る磁界） 間隔 d で平行に置かれた薄い無限平板に，単位幅あたり J の表面電流が，互いに逆向きに一様に流れている．面間および外側の磁界をを求めよ．

[7]（磁界に関するガウスの法則の微分形） 磁束密度が，a, b を定数として，

$$\boldsymbol{B} = \cos(ax)\boldsymbol{i} + by\sin(ax)\boldsymbol{j} \tag{9.56}$$

と与えられている．磁束密度がソレノイダルであることから決まる a, b の関係を求めよ．

[8]（アンペールの法則の微分形） 円筒座標で磁界が，

$$\boldsymbol{B} = B_0 e^{-\lambda r} \sin\theta \boldsymbol{k} \tag{9.57}$$

と与えられている．ここで，B_0, λ は定数であり，$\boldsymbol{k}$ は z 軸方向の単位ベクトルである．この磁界を作る電流密度を求めよ．

[9]（ソレノイドのベクトルポテンシャル） 半径 a の円筒形で無限に長いソレノイドコイル（巻き数密度 n）がある．このコイルに電流 I を流したとき，以下の問いに答えよ．

(1) このコイルの内外のベクトルポテンシャルを求めよ．

(2) 上の結果を用いて，このコイルの内外の磁束密度を求めよ．

[10]（ベクトル解析の公式） 以下の公式を，直交座標系について示せ．ただし，ϕ はスカラー関数，$\boldsymbol{A}$ はベクトル関数，$\nabla^2 \boldsymbol{A}$ はベクトルラプラシアンである．

(1) $\mathrm{rot}\,\mathrm{grad}\,\phi = \boldsymbol{0}$

(2) $\mathrm{div}\,\mathrm{rot}\,\boldsymbol{A} = 0$

(3) $\mathrm{rot}\,\mathrm{rot}\,\boldsymbol{A} = \mathrm{grad}\,\mathrm{div}\,\boldsymbol{A} - \nabla^2 \boldsymbol{A}$

(4) $\mathrm{rot}(\phi \boldsymbol{A}) = \mathrm{grad}\,\phi \times \boldsymbol{A} + \phi\,\mathrm{rot}\,\boldsymbol{A}$

[11]（ベクトル解析の公式） 以下の公式を，直交座標系について示せ．ただし，$\boldsymbol{r}$ は位置ベクトル，$\boldsymbol{J}$ は定ベクトルである．

(1) $\mathrm{rot}\,\boldsymbol{r} = \boldsymbol{0}$

(2) $\mathrm{rot}(\boldsymbol{J} \times \boldsymbol{r}) = 2\boldsymbol{J}$

第10章
磁　性　体

物質に磁界を加えると，その物質には，何らかの磁気的な性質が生じる．これを磁性という．また，磁性に着目したとき，その物質を**磁性体**という．

10.1　磁　　化

物質が磁気的な性質をもつことを一般に**磁化**という．鉄やニッケルなどが磁石に引き寄せられるのは，磁石を近付けることにより，それらが磁化するためである．

電気とは異なり，現在のところ，磁荷（磁気単極）は発見されていないので，物質の磁性は，物質内の小さな電流ループ（磁気モーメント）によると考えられる．

10.1.1　軌道磁気モーメントとスピン磁気モーメント

物質を構成する原子は，図 10.1 のように原子核のまわりを電子が運動している．すなわち，小さな電流（磁気モーメント）が存在する．これを電子の**軌道磁気モーメント**という．さらに電子自身も回転の自由度による磁気モーメントをもつ．これを電子の**スピン磁気モーメント**という．ただし，多くの物質では，スピン磁気モーメントは原子内で相殺している．また，スピン磁気モーメントや軌道磁気モーメントがあっても，通常はそれぞればらばらな方を向き，巨視的な磁気モーメントは現れない．

ところが，物体に外部から磁場を加えると，ばらばらだった磁気モーメントの向きが揃い始める．これにより巨視的な磁気モーメントが現れる．これが**磁化**である．磁化は軌道磁気モーメントやスピン磁気モーメントが原因であるが，その機構により分類することができる．その主なものを表 10.1 にまとめる．

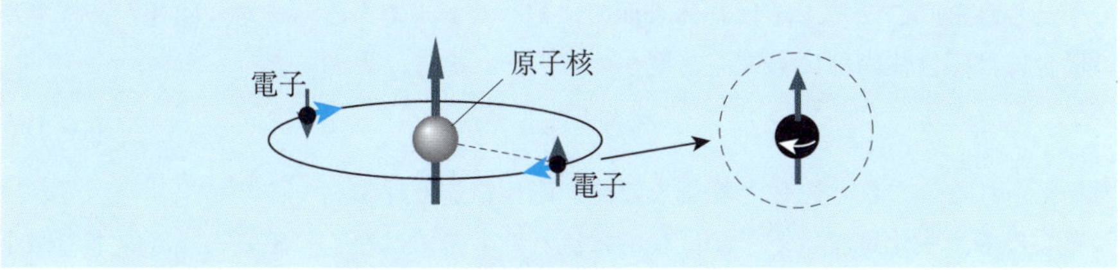

図 10.1　原子の磁気モーメント

表 10.1 主な磁性

磁性の種類	説 明	例
反磁性	磁界を加えると，その磁界を妨げるような磁化が生じる性質．基本的に全ての物質に存在する．一般的に非常に弱いので，スピンによる磁性をもたない場合に考慮される	Bi, Pb, Ag, Cu などの金属や炭素（グラファイト），超伝導体（マイスナー効果）
常磁性	スピンが相殺せず原子として磁気モーメントをもっているが，熱運動により向きは揃っていない状態．磁場を加えると，それに応じてスピンの向きが揃い，外部磁界に比例した磁化が現れる（キュリーの法則）．	Mn, Cr, V などの金属や酸素分子
強磁性	原子として磁気モーメントをもっており，その向きが，磁場を加える前から巨視的に整列している状態．キュリー温度以上で，常磁性の状態に相転移する．	Fe, Co, Ni などの金属やフェライトなど磁性材料や永久磁石

磁性をもつ機構は様々であるが，磁化の程度を，単位体積あたりの磁気モーメント量で定義することができる．すなわち，微小体積 ΔV 中に含まれる磁気モーメントの量を $\boldsymbol{m}_i$ として，

$$\boldsymbol{M} = \lim_{\Delta V \to 0} \frac{1}{\Delta V} \sum_{i \in \Delta V} \boldsymbol{m}_i \tag{10.1}$$

という量を考える．これを**磁化**という．すなわち，磁化という言葉は，磁気を帯びる現象とその量との両方の意味に使われる．磁化の単位は A/m である．

10.1.2 磁化電流

磁気モーメントは本来は電流であるから，磁化を，それと等価な電流に置き換えることができる．特に，一様な磁化の場合，それは表面電流密度で表すことができ，それを $\boldsymbol{J}_M$ とおくと，

$$\boldsymbol{J}_M = \boldsymbol{M} \times \boldsymbol{n} \tag{10.2}$$

で与えられる．ここで，$\boldsymbol{n}$ は物体表面の法線ベクトルである．また，磁化が一様でない場合には磁性体内部にも電流密度が生じ，それを $\boldsymbol{j}_M$ とおくと，

$$\boldsymbol{j}_M = \mathrm{rot}\,\boldsymbol{M} \tag{10.3}$$

で与えられる．これら磁化と等価な電流を**磁化電流**と呼ぶ．

ところで，磁化電流は電子が巨視的に流れたものではなく，磁気モーメントの微小な電流の集合であるから，その電流を取り出すことはできない．そこで，磁化電流と普通の電流を区別する場合，普通の電流を**真電流**と呼ぶ．

例題 10.1　磁化

右図のように，半径 a，長さ L の円柱状の磁性体が，長さ方向に一様に大きさ M で磁化している．

(1)　この磁性体の磁化と等価な電流密度を求めよ．

(2)　この磁性体のまわりの磁界について説明せよ．

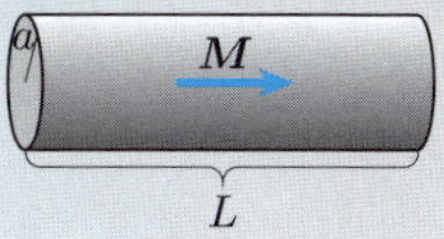

解答　(1)　磁化は一様であるので，磁性体の内部には磁化と等価な電流は存在しない．一方，円柱の表面を考えると，そこには

$$\boldsymbol{J}_M = \boldsymbol{M} \times \boldsymbol{n}$$

という表面電流が存在する．ここで，$\boldsymbol{n}$ は表面外向きの法線ベクトルである．しかし，円柱の底面は，$\boldsymbol{M}$ と $\boldsymbol{n}$ が平行なので，底面には磁化電流は現れない．それに対し，円柱の側面は，$\boldsymbol{M}$ と $\boldsymbol{n}$ は直交するので $\boldsymbol{J}_M$ が存在し，その向きは，磁化 $\boldsymbol{M}$ の向きに対して右回りの円周方向である．またその面電流密度は一様で，M に等しい．これが求める磁化に等価な電流密度である．

(2)　この電流は，ソレノイダルコイルに流れる電流と同じなので，この磁性体のまわりには，ソレノイダルコイルが作る磁界と同じ磁界（磁束密度）が生じる．

練習問題

問題 10.1　右図のように，半径 a，厚さ d の円板状の磁性体薄板が，厚さ方向に大きさ M で一様に磁化している．このときの磁化に等価な電流を求めよ．また，d が a に比べて十分小さい場合，中心付近の磁束密度の大きさは a が大きくなるにつれ小さくなることを示せ．

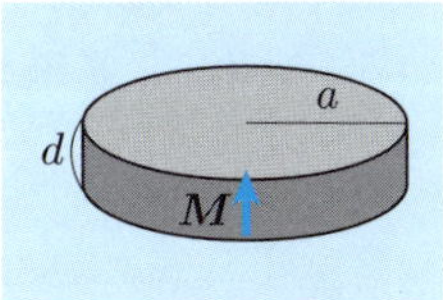

問題 10.2　右図のように，一様に大きさ M で磁化した半径 a の球形の磁性体がある．磁化の向きから中心角 θ の表面における磁化に等価な電流密度を求めよ．

問題 10.3　上問で，磁化に等価な電流の総量を求めよ．

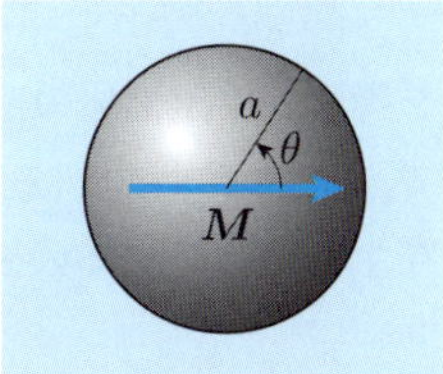

10.2 磁 界 H

10.2.1 磁界 H に関するアンペールの法則

磁束密度 $\boldsymbol{B}$ は，真電流と磁化電流の両方から生じるので，アンペールの法則は

$$\mathrm{rot}\,\boldsymbol{B} = \mu_0(\boldsymbol{j} + \boldsymbol{j}_M) \tag{10.4}$$

と書くことができる．(10.4) に (10.3) を代入すると，

$$\mathrm{rot}(\boldsymbol{B} - \mu_0\boldsymbol{M}) = \mu_0\boldsymbol{j} \tag{10.5}$$

が成り立つことが分かる．そこで，

$$\boldsymbol{H} \equiv \frac{1}{\mu_0}\boldsymbol{B} - \boldsymbol{M} \tag{10.6}$$

とおく．これを磁界 $\boldsymbol{H}$ と呼ぶ．磁界の単位は，磁化と同じく A/m である．

磁界 $\boldsymbol{H}$ を用いると，(10.5) は

$$\mathrm{rot}\,\boldsymbol{H} = \boldsymbol{j} \tag{10.7}$$

のように書くことができる．また，これをストークスの定理を用いて積分形で表せば，

$$\oint_{\mathrm{C}} \boldsymbol{H}\cdot d\boldsymbol{l} = \int_{\mathrm{S}} \boldsymbol{j}\cdot d\boldsymbol{S} \tag{10.8}$$

を得る．(10.7) あるいは (10.8) を，磁界 $\boldsymbol{H}$ に関するアンペールの法則という．

この式から分かるように，磁界 $\boldsymbol{H}$ の回転は，真電流 $\boldsymbol{j}$ のみによって生じ，磁化電流 $\boldsymbol{j}_M$ によっては生じない．したがって，真電流をもたない磁性体が作る磁界 $\boldsymbol{H}$ には，渦は存在しない．

10.2.2 磁化率と透磁率

磁性体に外部磁界 $\boldsymbol{H}$ をかけたときに，どのくらい磁化するかを表す量を**磁化率**という．磁化率は**帯磁率**，**磁気感受率**ともいう．磁化率を χ_{m} とすると，

$$\boldsymbol{M} = \chi_{\mathrm{m}}\boldsymbol{H} \tag{10.9}$$

である．よって，これを (10.6) に代入すると，

$$\boldsymbol{B} = \mu_0(\boldsymbol{H} + \boldsymbol{M}) = \mu_0(1 + \chi_{\mathrm{m}})\boldsymbol{H} \tag{10.10}$$

を得る．反磁性体の磁化率は負で，10^{-6} 程度の大きさである．常磁性体の磁化率は正で，常温では，やはり 10^{-6} 程度の大きさであるが，この値は一般に温度に大きく依存する．強磁性体の磁化率は，正で 1 より非常に大きい．ここで，

$$\mu = \mu_0(1+\chi_{\mathrm{m}}) \tag{10.11}$$

とおくと，(10.10) は，

$$\boldsymbol{B} = \mu \boldsymbol{H} \tag{10.12}$$

となる．μ を**透磁率**という．

磁束密度 $\boldsymbol{B}$ と磁界 $\boldsymbol{H}$ は，単位も異なり別々の物理量であるが，真空中においては両者の区別にあまり意味がなく，どちらも単に「磁界」と呼ばれることが多い．また，磁界に沿った線を磁力線というが，真空においては磁力線と磁束線は一致する．

10.2.3 反磁界

たとえば一様に大きさ M で磁化した物体の表面に，図 10.2 のような円柱面 S を仮定し，それについて磁束密度に関するガウスの法則を適用する．磁束密度 $\boldsymbol{B}$ の湧き出しは 0 であるから，

$$\oint_{\mathrm{S}} \boldsymbol{H}\cdot d\boldsymbol{S} = -\oint_{\mathrm{S}} \boldsymbol{M}\cdot d\boldsymbol{S} = MS_1 \tag{10.13}$$

が成り立つ．ここで S_1 は円柱に含まれる物体の表面の面積である．これは，磁界 $\boldsymbol{H}$ は磁性体表面で湧き出しており，その量は $MS_1[\mathrm{Am}]$ であると考えることができる．すなわち，磁石の端面に，あたかも表面磁荷密度 $\sigma_{\mathrm{m}} = M\,[\mathrm{A\cdot m^{-1}}]$ の磁荷が生じていると考えることができる．したがって，磁化した物体には，磁化 $\boldsymbol{M}$ とは逆向きの磁界

$$\boldsymbol{H}_{\mathrm{d}} = -A\boldsymbol{M} \tag{10.14}$$

が生じる．これを**反磁界**という．また，A を**反磁界係数**といい，物体の形状によって定まる（一般にはテンソルになる）．たとえば球の場合，反磁界係数は $A = 1/3$ である．

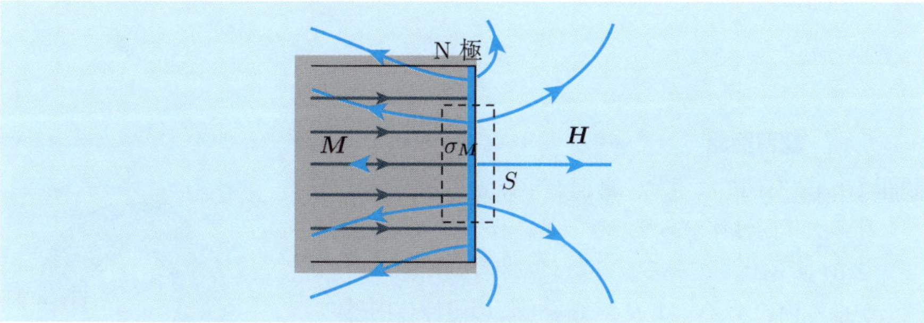

図 10.2　磁極と磁荷

例題 10.2 反磁界

厚さ方向に一様に大きさ M で磁化した薄板がある．この薄板内外の
(1) 磁束密度 $\boldsymbol{B}$
(2) 磁界 $\boldsymbol{H}$
(3) 薄板の反磁界係数 A
を求めよ．

解答 (1) 磁化は厚さ方向に一様なので，磁化電流は薄板の側面に沿って流れるが，側面は厚さに対して十分遠方なので，その電流による磁束密度は無視できる．また真電流もないので，結局，薄板内外に磁束密度 $\boldsymbol{B}$ は生じない．
(2) $\boldsymbol{B} = \boldsymbol{0}$ なので，磁性体内部の磁界は

$$\boldsymbol{H} = -\boldsymbol{M} \tag{10.15}$$

である．また，外部は $M = 0$ であるから，$H = 0$ である．
(3) (2) より，反磁界係数は $A = 1$ である．

練習問題

問題 10.4 右図のように，断面が半径 a の円形をしたリング状磁性体があり，リングに沿って一様に大きさ M で磁化している．リングの半径（断面の中心が描く円の半径）は R である．この磁性体内外の磁界 $\boldsymbol{H}$ を求めよ．

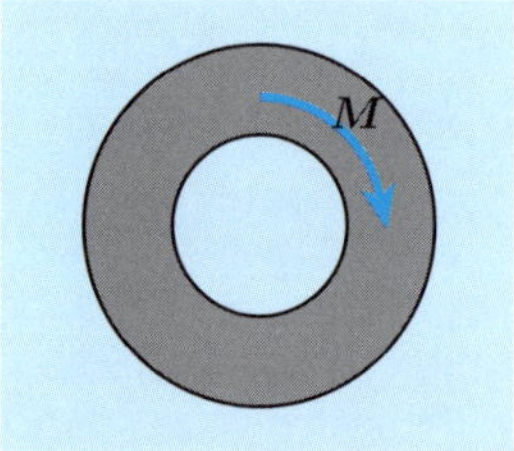

問題 10.5 球の反磁界係数は 1/3 であることを示せ．

10.3　磁気エネルギー

10.3.1　磁性体に蓄えられる磁気エネルギー

磁性体を磁化するには，仕事をする必要であり，それは，単位体積あたり

$$u_{\mathrm{M}} = \mu_0 \int \boldsymbol{H} \cdot d\boldsymbol{M} = \int \boldsymbol{H} \cdot d\boldsymbol{B} - \frac{1}{2}\mu_0 H^2 \tag{10.16}$$

である．ここで第 2 項は真空に蓄えられる磁気エネルギーであるので，第 1 項は，真空も含め，磁性体の領域に蓄えられる全磁気エネルギーを表す．

ここで，透磁率が定数（スカラー）ならば，磁性体に単位体積あたり蓄えられる全磁気エネルギーは

$$\int \boldsymbol{H} \cdot d\boldsymbol{B} = \frac{1}{2}\mu H^2 = \frac{B^2}{2\mu} \tag{10.17}$$

である．

10.3.2　磁極間に働く力

コンデンサの電極間に働く力が，コンデンサに蓄えられる静電エネルギーの変化から計算できたように磁極間に働く力も，磁極間に蓄えられた磁気エネルギーの変化から求めることができる．すなわち，磁極の間隔を Δx だけ広げたときの，磁極間の磁気エネルギーの増加量を ΔU_{m} とすると，磁極間に働く力は，

$$F = -\frac{\Delta U_{\mathrm{m}}}{\Delta x} \tag{10.18}$$

によって与えられる．負号は，力 F の向きと Δx の向きとは逆であることを意味する．

例題 10.3 磁気エネルギー

1ヶ所に狭い空隙があるリング状の磁性体が一様に磁化している．このとき，磁性体内の磁気エネルギーに対する空隙に蓄えられる磁気エネルギーの比を求めよ．ただし，磁性体の透磁率を μ，リングの断面積の半径を r，リングの径を R，空隙の間隔を d とする．

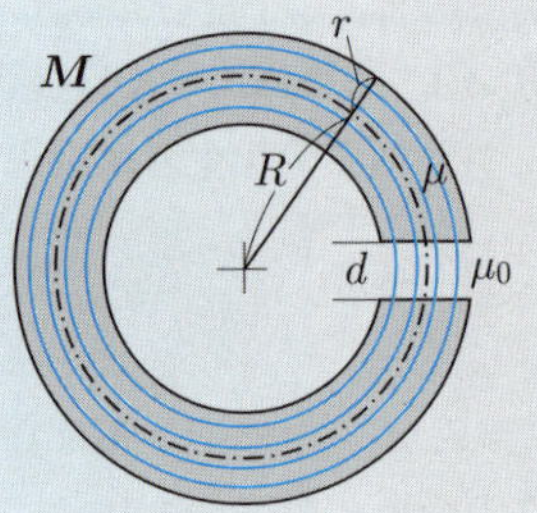

解答 リングの体積は

$$V = 2\pi^2 r^2 R \tag{10.19}$$

空隙の体積は

$$V = \pi r^2 d \tag{10.20}$$

である．また，空隙が断面に比べて小さければ，リング内および空隙の磁束密度はほぼ等しいので，それを B とすると，リング内の磁気エネルギーは

$$U_{\text{磁性体}} = \frac{B^2}{2\mu} \times 2\pi^2 r^2 R \tag{10.21}$$

空隙の磁気エネルギーは

$$U_{\text{空隙}} = \frac{B^2}{2\mu_0} \times \pi r^2 d \tag{10.22}$$

である．よって，この比は

$$\frac{U_{\text{空隙}}}{U_{\text{磁性体}}} = \frac{d}{2\pi R}\frac{\mu}{\mu_0} \tag{10.23}$$

である．これを見ると，磁性体の透磁率が大きいほど，エネルギーは空隙に集中することが分かる．すなわち，磁石の磁気エネルギーは，磁性体の内部でなく，空隙に蓄えられることが分かる．

練習問題

問題 10.6 磁極間が狭く，空隙の磁束密度がほぼ一様な場合，この磁極間に単位面積あたり働く力は

$$f = -\frac{B^2}{2\mu_0} \tag{10.24}$$

であることを示せ．ここで負号は引力を意味するとものとする．

10.4 強磁性体

10.4.1 磁化曲線

前述のように，強磁性体はスピンが巨視的に揃って自発磁化が生じた磁性体であるが，磁化した領域は，一般に図 10.3 に示すような**磁区**と呼ばれる構造を形成し，物体全体としてはいわゆる磁石になっていない．

ところが，磁界をかけていくと，磁区境界が移動したり磁区の磁化の向きが反転して，図 10.4 の a のように，磁界の増加に伴い磁化も大きくなる．そして，全ての磁気モーメントが磁界の向きを向いたとき，磁化は頭打ちになる．これを**飽和** (saturation) という．またこのときの磁化 M を**飽和磁化**という．

なお，磁化の過程で磁区の移動等が断続的に起こるため，磁化曲線に細かいギザギザが現れる．これを**バルクハウゼン効果**という．

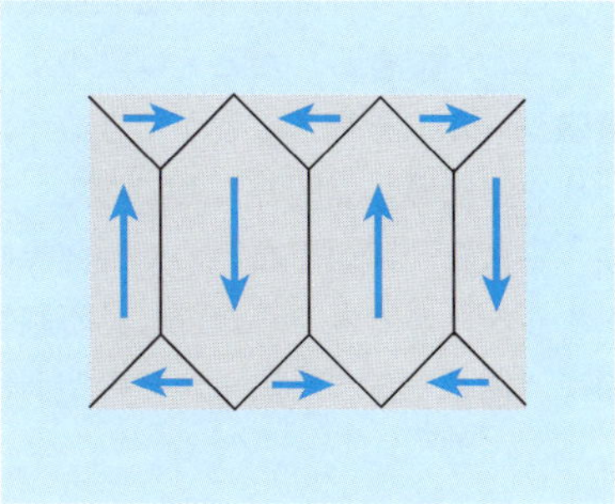

図 10.3　磁区構造

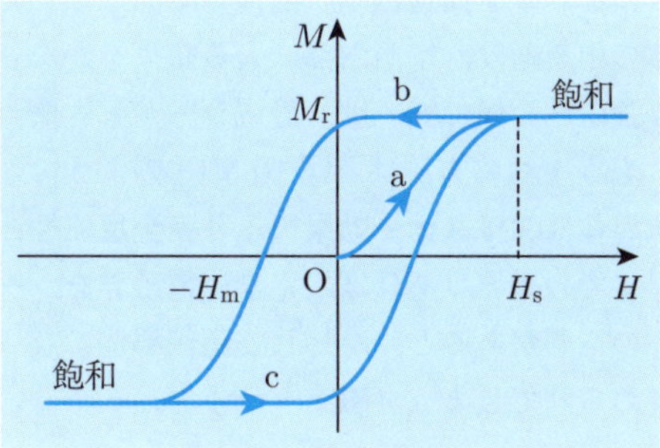

図 10.4　磁化曲線

ところで，飽和後に磁界を弱くすると，今度は曲線 a ではなく，曲線 b を辿り，外部磁界が 0 になっても磁化 M_r が残る．これを**残留磁化**という．そこで逆向きに外部磁界を加えていくと，何れ磁化が 0 になる．このときの磁界の大きさ H_m を**保磁力**という．逆向きの磁界をさらに強めると，磁化は先程とは逆向きに飽和し，この状態から外部磁界を弱めてゆくと，戻りは曲線 c のようになる．このように，強磁性体の磁化は曲線は，b, c のように行き帰りで異なる経路を辿る．この現象を**磁気ヒステリシス**という．またこの 1 回りの曲線を**履歴曲線**（**ヒステリシスループ**）という．なお，曲線 a を辿るのは最初の 1 回だけであるので，a を**処女曲線**という．

永久磁石として使う際は，残留磁化および保持力が大きい物質が適している．一方，トランスの**コア**や磁気シールド材としては，飽和磁化が大きく，履歴が小さい（すなわち，残留磁化や保磁力が小さい）物質が適している．

たとえば，トランスのコアの場合，交流の電流によりコアを通る磁束はその周波数

で反転するが，その際，履歴曲線で囲まれる面積

$$\mu_0 \oint \boldsymbol{H} \cdot d\boldsymbol{M} \tag{10.25}$$

は，1周期あたりのエネルギー損失を与え，このエネルギーは熱になって散逸する．これを**ヒステリシス損**という．

なお，トランスのコアのエネルギー損失として，**渦電流損**と呼ばれるものもある．これは，磁界が変化することにより電磁誘導によりコア内に渦電流が生じ，そのジュール熱によるエネルギーの散逸である．このため，鉄心は薄い鉄板を絶縁して張り合わせた構造になっており，渦電流の発生を抑えている．

10.4.2 磁気シールド

磁界の侵入を防ぐことを**磁気シールド**という．その1つの方法は，図10.5(a)のようにまわりを高透磁率の磁性体で囲むことである．これにより外部磁界の磁束は磁性体の中を通り，空洞内部に入る磁束をかなり減らすことができる．たとえば鉄のような強磁性金属で囲めば，静電シールドも兼ねる**電磁シールド**を行うことができる．

もう1つの方法は，図10.5(b)のように，まわりを超伝導体で囲むことである．超伝導体は**マイスナー効果**により**完全反磁性**となり，磁束を一切通さないので，臨界磁界までの磁界であれば，完全に電磁界をシールドすることができる．ただし，不純物等の空洞があると，冷却して超伝導体になった際に，押しやられた磁束がその空洞に集められてしまう（**磁束トラップ**）．

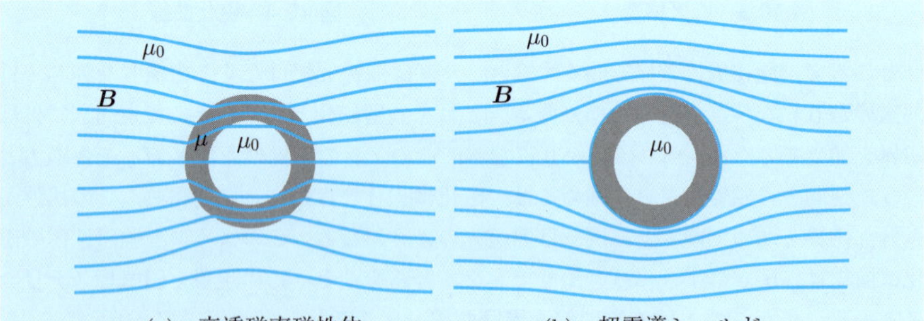

(a) 高透磁率磁性体　(b) 超電導シールド

図 10.5 磁気シールド

10.4.3 永久磁石

永久磁石は，自発磁化の向きが揃った状態の強磁性体である．強力なパルス磁界により磁化を飽和させて作る．表 10.2 に代表的な永久磁石を挙げる．

表 10.2 代表的な永久磁石

種類	説明	磁束密度	キュリー点
六方晶フェライト *	酸化鉄に Ba, St などを混ぜて焼結したもの（$AFe_{12}O_{19}$, A=Ba, St）．安価で錆びない．	∼0.4 T	450°C
アルニコ	Al, Ni, Co などを鋳造したもの．キュリー点は高いが，減磁しやすい．	∼1.2 T	800°C
サマリウムコバルト	Sm と Co などを焼結したもの（$SmCo_5$（1-5 系），（Sm_2Co_{17}（2-17 系））．錆びにくく，キュリー点も高いが，割れやすい．	∼1 T	800°C
ネオジム	Fe, Nd, B などを焼結したもの（$Nd_2Fe_{14}B$）．永久磁石では磁束密度が最も高い．錆びやすいのでメッキが必要．キュリー点がやや低い．	∼1.5 T	310°C

*スピネルフェライト（AFe_2O_4, A=Mn, Ni, Cu, Zn など）は主にコアに用いられる．

磁化電流による扱い

磁化は，それと等価な磁化電流に置き換えることができ，一様に磁化した棒磁石を考えると，その磁化電流はソレノイドコイルと同じである．すなわち，この場合，磁石による磁束密度 $\boldsymbol{B}$ は，図 10.6(a) のようになる．

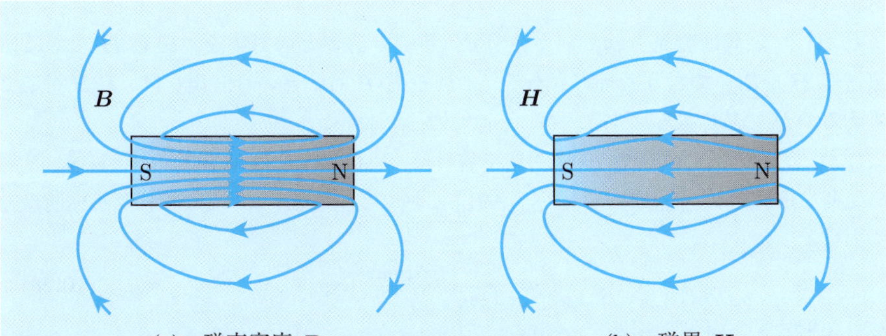

(a) 磁束密度 $\boldsymbol{B}$　　(b) 磁界 $\boldsymbol{H}$

図 10.6 棒磁石のまわりの磁界

磁荷による扱い

磁化によって棒磁石の端面に磁荷が生じたと考えると，磁石による磁界 $\boldsymbol{H}$ は，図10.6(b) のようになる．

このように，磁性体の外部では，磁束密度（磁束線）と磁界（磁力線）は一致するが，磁性体内部においては，両者は大きさも向きも異なる．

10.4.4 磁石に働く力

磁石のまわりの磁界は，磁極の付近が強く，これを**磁極**という．磁石同士に働く力は，この磁極間に働く力で説明することができる．すなわち，N 極，S 極の磁荷をそれぞれ $+q_{\mathrm{m}1}$[Am], $-q_{\mathrm{m}2}$[Am] とおくと，距離 r[m] だけ離れた磁極間には，

$$F = \frac{\mu_0}{4\pi}\frac{q_{\mathrm{m}1}q_{\mathrm{m}2}}{r^2}\,[\mathrm{N}] \tag{10.26}$$

の引力が働く（E-B 対応）．これを**磁荷に関するクーロンの法則**という．また，磁荷 q_{m}[Am] は，磁界 B[T] から

$$F = q_{\mathrm{m}}B\,[\mathrm{N}] \tag{10.27}$$

の磁力を受ける．現在のところ，磁荷（磁気単極）は発見されていないので，これらは便宜的な考え方であるが，電流で考えるよりも扱いやすい．

参考 $\boldsymbol{E}$-$\boldsymbol{B}$ 対応と $\boldsymbol{E}$-$\boldsymbol{H}$ 対応

上の説明は，E-B 対応に基づいているが，本来，磁荷という概念は E-H 対応に基づくものである．すなわち，電界 $\boldsymbol{E}$ が電荷 q から生じるように，磁界 $\boldsymbol{H}$ は磁荷 q_{m} から生じると考えると，電界と磁界は非常によく対応する．このような考え方を E-H 対応という．

しかし，磁荷は発見されていないので，電界と磁界との対応を，磁界 $\boldsymbol{H}$ でなく磁束密度 $\boldsymbol{B}$ を用いて行う考え方もある．これを E-B 対応という．現在は，E-B 対応で考えるのが主流である．

なお，先程と同じ説明を E-H 対応で書けば，磁荷の単位は Wb であり，N 極，S 極の磁荷をそれぞれ $+q_{\mathrm{m}1}$[Wb], $-q_{\mathrm{m}2}$[Wb] とおくと，距離 r[m] だけ離れた磁極間に働く力は

$$F = \frac{1}{4\pi\mu_0}\frac{q_{\mathrm{m}1}q_{\mathrm{m}2}}{r^2}\,[\mathrm{N}] \tag{10.28}$$

で与えられる．また，磁荷 q_{m}[Wb] が，磁界 $H\,[\mathrm{A\cdot m^{-1}}]$ から受ける力は

$$F = q_{\mathrm{m}}H\,[\mathrm{N}] \tag{10.29}$$

となる．

例題 10.4 棒磁石に働く力

直径 $d = 0.80\,\mathrm{cm}$，長さ $L = 10\,\mathrm{cm}$ の同じ棒磁石を，互いに反平行に距離 L だけ離して並べたところ，棒磁石同士に $F = 1.0\,\mathrm{mN}$ の力が働いた．この磁石の磁極付近の磁束密度の大きさを求めよ．

解答 E-B 対応で考え，磁極の磁荷を $q_\mathrm{m}\,[\mathrm{Am}]$ とおくと，棒磁石間に働く力は，磁荷に関するクーロンの法則より，

$$F = \left(-\frac{\mu_0}{4\pi}\frac{q_\mathrm{m}^2}{L^2} + \frac{\mu_0}{4\pi}\frac{q_\mathrm{m}^2}{(\sqrt{2}L)^2} \times \frac{1}{\sqrt{2}}\right) \times 2 = -\frac{\mu_0}{4\pi}\frac{q_\mathrm{m}^2}{L^2}\left(2 - \frac{\sqrt{2}}{2}\right) \tag{10.30}$$

である．負号は引力を表すが，いまは大きさを問題にしているので負号を取って考えると，

$$q_\mathrm{m} = \sqrt{\frac{L^2 F(4+\sqrt{2}) \times 10^7}{7}} = 8.8\,\mathrm{Am} \tag{10.31}$$

である．よって，磁界の強さは，断面積を S とすると

$$H = \frac{q_\mathrm{m}}{S} = \frac{8.8}{0.4^2\pi \times 10^{-4}}\,\mathrm{A \cdot m^{-1}} \tag{10.32}$$

よって，磁束密度の大きさは

$$B = \mu_0 H = \frac{4\pi \times 10^{-7} \times 8.8}{0.4^2\pi \times 10^{-4}} = 0.22\,\mathrm{T} \tag{10.33}$$

別解 **(E-H 対応)** 磁極の磁荷を $q_\mathrm{m}\,[\mathrm{Wb}]$ とおくと，棒磁石間に働く力は，

$$F = \left(-\frac{1}{4\pi\mu_0}\frac{q_\mathrm{m}^2}{L^2} + \frac{1}{4\pi\mu_0}\frac{q_\mathrm{m}^2}{(\sqrt{2}L)^2} \times \frac{1}{\sqrt{2}}\right) \times 2 = -\frac{1}{4\pi\mu_0}\frac{q_\mathrm{m}^2}{L^2}\left(2 - \frac{\sqrt{2}}{2}\right) \tag{10.34}$$

であるから，

$$\begin{aligned} q_\mathrm{m} &= \sqrt{\frac{4\pi\mu_0 L^2 F(4+\sqrt{2})}{7}} \\ &= 4\pi \times 10^{-5} \times 0.1 = 3.5\pi \times 10^{-6}\,\mathrm{Wb} \end{aligned} \tag{10.35}$$

である．よって，断面積を S とすれば，磁束密度は

$$B = \frac{q_\mathrm{m}}{S} = \frac{3.5\pi \times 10^{-6}}{0.4^2\pi \times 10^{-4}} = 0.22\,\mathrm{T} \tag{10.36}$$

練習問題

問題 10.7 例題 10.4 で，2 本の棒磁石を互いに平行に並べた場合に働く磁力を求めよ．

問題 10.8 例題 10.4 で，2 本の棒磁石を同一直線上に同じ向きに距離 L だけ隔てて置いた場合に働く力を求めよ．

第 10 章演習問題

[1]　(電子の軌道磁気モーメント)　図 10.1 のように，原子核を中心に，電子が半径 r の等速円運動している原子模型を考える．電子の質量は原子核に比べて十分に小さいとする．この軌道運動している電子をループ電流と見なせば，電子の軌道磁気モーメントの大きさ μ は，

$$\mu = \frac{e}{2m_{\mathrm{e}}}L \tag{10.37}$$

と表されることを示せ．ただし，e, m_{e} は，それぞれ電子の電気量および質量であり，L は電子の軌道角運動量の大きさである．

[2]　(ラーモアの歳差運動)　磁束密度 $\boldsymbol{B}$ のもとに置かれた磁気双極子モーメント $\boldsymbol{\mu}$ の磁気双極子を考える．このときの磁気双極子の運動について説明せよ．

[3]　(永久磁石の保管)　棒磁石を保管する際，右図のように 2 本の棒磁石を用意し，互いに N 極と S 極を合わせておくとよい．また，馬蹄形磁石の場合，鉄などをつけておいた方がよい（これを保磁子という）．それはどのような理由からか．

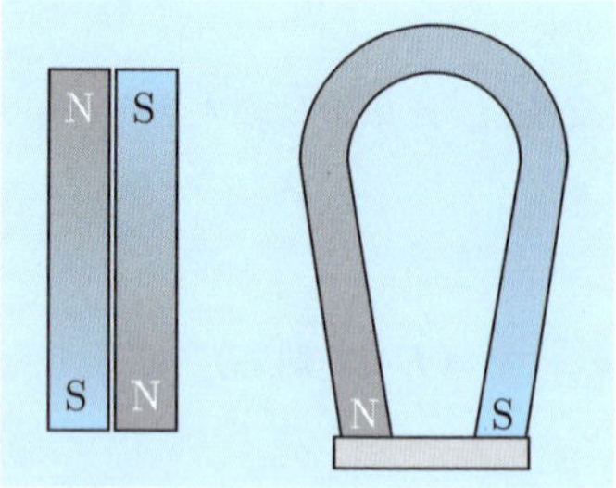

[4]　(磁化電流)　右図のような底面半径 $a = 2\,[\mathrm{mm}]$，高さ $h = 1\,[\mathrm{mm}]$ で，高さ方向に一様に磁化した円柱状磁石がある．この磁石の底面の中心の磁束密度を計測したところ 1000 G（ガウス）（$= 0.1\,\mathrm{T}$）であった．このとき，円柱側面を流れる磁化電流 I はおよそ何 A に相当するか．なお，円柱側面の電流が中心軸上に作る磁界は，第 8 章の演習問題 [6] の有限長のソレノイドコイルが中心軸上に作る磁界の式を利用して求めることができる．

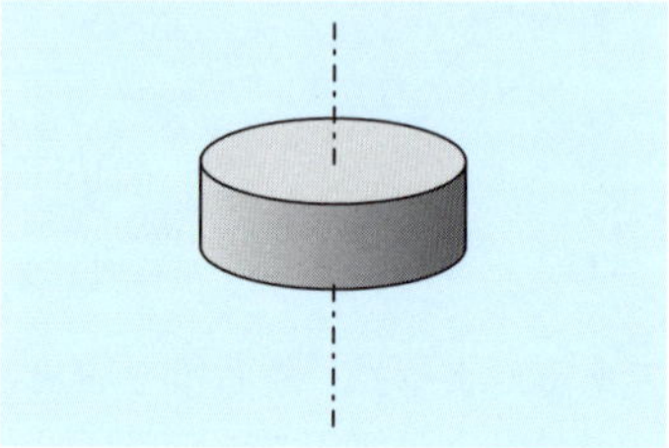

[5] (トランスの鉄心) トランスの鉄心(コア)の材料として,次の定数は大きい方がよいか,小さい方がよいか.簡単な理由と共に答えよ.

(1) 保持力

(2) 残留磁化

(3) 磁化率

(4) 飽和磁化

[6] (磁界についての境界条件) 2 つの磁性体 A, B が面を境界にして接している.

(1) 境界面近傍での磁性体 1, 2 内の磁界をそれぞれ $\boldsymbol{H}_1$, $\boldsymbol{H}_2$ としたとき,境界面に真電流がなければ,

$$(\boldsymbol{H}_1 - \boldsymbol{H}_2) \times \boldsymbol{n} = 0 \tag{10.38}$$

であること,すなわち,磁界 $\boldsymbol{H}$ の接線成分は境界面で連続であることを示せ.ここで,$\boldsymbol{n}$ は境界面の法線ベクトルである.

(2) 境界面近傍での磁性体 1, 2 内の磁束密度をそれぞれ $\boldsymbol{B}_1$, $\boldsymbol{B}_2$ としたとき,

$$(\boldsymbol{B}_1 - \boldsymbol{B}_2) \cdot \boldsymbol{n} = 0 \tag{10.39}$$

であること,すなわち,磁束密度 $\boldsymbol{B}$ の法線成分は,境界面で連続であることを示せ.

[7] (磁性体中の磁束密度と磁界の強さ) 一様に磁化した磁性体がある.この磁性体内の磁束密度は,磁化に垂直に開けた薄い空洞内の磁束密度に等しいことを示せ.また,この磁性体内の磁界 H は,磁化に平行に開けた細い空洞内の磁界 H に等しいことを示せ.

第11章
電磁誘導

この章では，いわゆる「電磁誘導」について学ぶ．またそれを空間に拡張し，磁界の変化が電界を生むことを理解する．いままでは静的な電磁界を考えてきたが，この章以降は，時間的に変化する電磁界が対象になる．

11.1 電磁誘導の法則

図 11.1 のように，磁石の移動などによりコイル内の磁束が変化すると，コイルに電流（**誘導電流**）が流れる．これを**電磁誘導**といい，ファラデーにより発見された．

誘導電流が流れると，第 8 章で学んだようにコイル内に磁界が発生するが，その磁界は，誘導電流の原因となった磁束の変化を妨げる向きである．これを**レンツの法則**という．すなわち，

『コイル内の磁束が変化すると，それを妨げるような誘導電流が流れる．』

さて誘導電流が流れるのは，電磁誘導によってコイルに何らかの起電力が生じるためと考えられる．この起電力を**誘導起電力**という．ノイマンは，その誘導起電力 V は，コイルの中を貫く磁束 $\varPhi_\mathrm{m}$ の時間変化で決まり，

$$V = -n\frac{d\varPhi_\mathrm{m}}{dt} \tag{11.1}$$

に従うと考えた．これを**電磁誘導の法則**という．ここで n はコイルの巻き数であり，$n\varPhi_\mathrm{m}$ を**鎖交磁束**という．符号のマイナスはレンツの法則を反映したものである．式 (11.1) より，磁束の単位 Wb は V･s に等しいことが分かる．

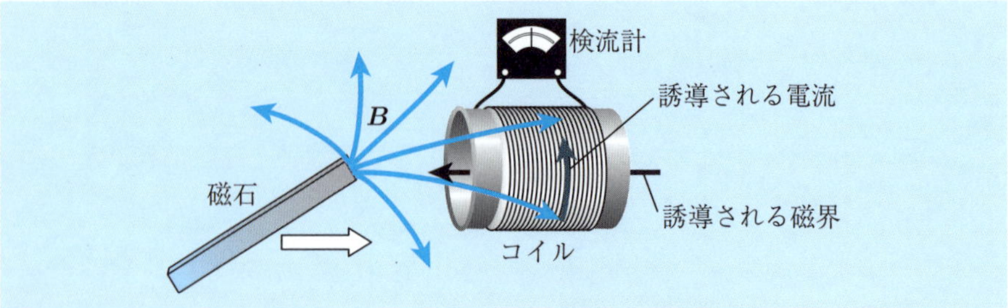

図 11.1 ファラデーの電磁誘導の法則

例題 11.1　電磁誘導

右図のように，鉛直上向きで一様な磁束密度の大きさ B の磁界中に，間隔 l で水平に置かれた 2 本のレール AB, CD がある．BD 間を抵抗値 R の抵抗でつなぎ，レール上に導体棒 PQ を置き，それを図の矢印の向きに一定の速さ v で動かすとき，

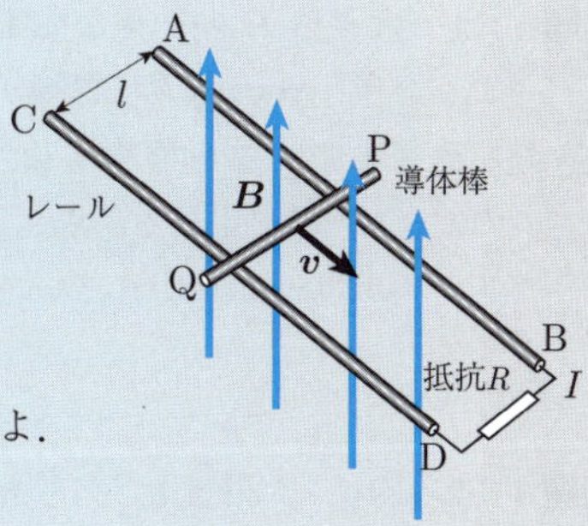

(1)　抵抗に流れる電流の大きさと向きを求めよ．

(2)　導体棒を動かすのに必要な力を求めよ．

(3)　抵抗で生じるジュール熱と，導体棒に与える仕事が等しいことを示せ．

解答　(1)　閉回路 PBDQ をコイルと考え，その中を通過する磁束 Φ_{m} の変化を考える．いま，時間 Δt におけるコイル PBDQ の面積の増加は $\Delta S = -v\Delta tl$ であるから，Φ_{m} の増加量 $\Delta\Phi_{\mathrm{m}}$ は

$$\Delta\Phi_{\mathrm{m}} = B\Delta S = -Bvl\Delta t \tag{11.2}$$

である．よって，電磁誘導の法則より，誘導される起電力は

$$V = -\frac{d\Phi_{\mathrm{m}}}{dt} = -\lim_{\Delta t \to 0}\frac{\Delta\Phi_{\mathrm{m}}}{\Delta t} = Bvl \tag{11.3}$$

である．したがって，求める電流は

$$I = \frac{V}{R} = \frac{Bvl}{R} \tag{11.4}$$

である．向きはレンツの法則により，上向きの磁界を増加させるように反時計回りの電流が流れるので，抵抗 R には，D から B の向きに電流が流れる．

(2)　フレミングの左手の法則に従い，図の左向きに

$$F = IlB = \frac{B^2vl^2}{R} \tag{11.5}$$

の力が働く．

(3)　単位時間あたりの仕事（仕事率）で考えると，抵抗で生じるジュール熱は

$$P = IV = \frac{B^2v^2l^2}{R} \tag{11.6}$$

であり，一方，導体棒に与える仕事は

$$P = Fv = \frac{B^2v^2l^2}{R} \tag{11.7}$$

であるから，両者は互いに等しい．

練習問題

問題 11.1　大きさ B の一様な磁束密度中で，右図のような半径 a の円環状導線が，磁束密度に垂直な直径のまわりを角速度 ω で回転している．このとき，円環に生じる誘導起電力を求めよ．ただし，円環は一部が切れていて電流は流れないとする．

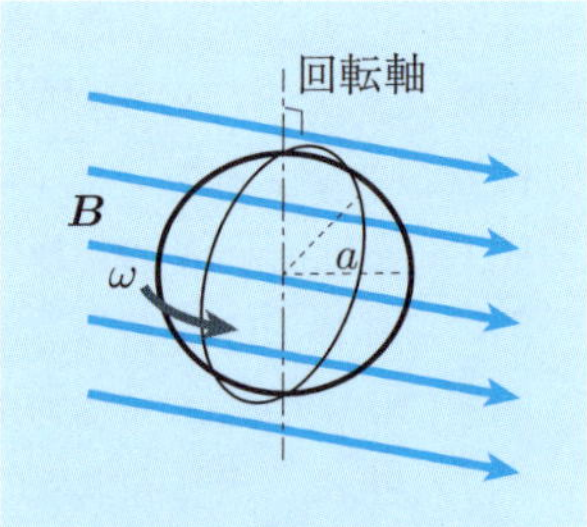

問題 11.2　内径 a，外径 b，高さ h の矩形断面をもつ円形のトロイダルコイル（巻き数 N，コアの透磁率 μ）に交流電流 $I = I_0 \sin \omega t$ を流す．そこに，右図のように1巻のコイルを巻くとき，このコイルに生じる誘導起電力を求めよ．

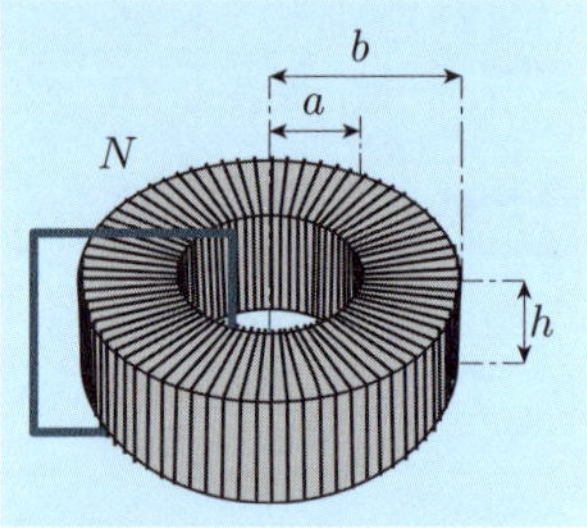

問題 11.3　一様な磁界中に，一辺 $a = 1\,\mathrm{cm}$ の正方形コイル（$n = 100$ 回巻）を磁界に垂直に置き，その磁束密度の大きさ B を右図のように時間変化させた．この正方形コイルに生じる起電力の時間変化をグラフで表せ．ただし，起電力の向きは，磁界の向きを向いたとき，コイルの右回りを正とする．

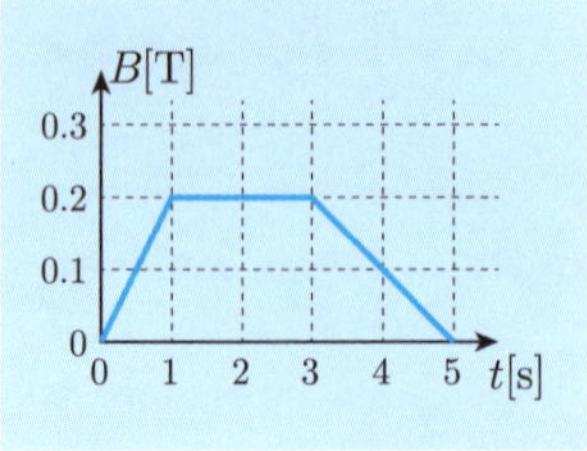

例題 11.2　発電機

図のように，縦横 $a \times b$ の矩形コイルを，一様な磁束密度 B の中で，角速度 ω で回転させ，コイル両端の端子 u, v の電圧をオシロスコープ観察した．

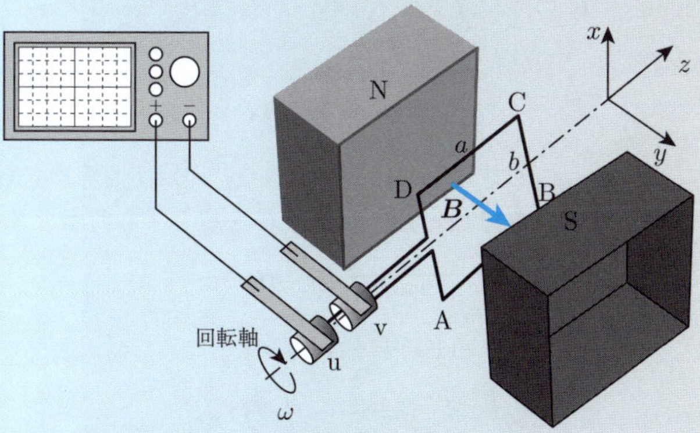

(1)　コイルが磁束密度 $\boldsymbol{B}$ と垂直な状態を時刻 t の原点として，オシロスコープで観測される電圧を求めよ．

(2)　コイルを角速度 ω で回転させるために必要な力のモーメントを求めよ．

解答　(1)　図のように座標軸をとり，z 軸について右ねじ回りを正の回転の向きとすると，時刻 t において，縦横 $a \times b$ の矩形コイル ABCD の中を通過する磁束は，$\Phi_{\mathrm{m}} = Bab\cos\omega t$ である．よって，コイルに発生する起電力は，電磁誘導の法則より，

$$V = -\frac{d\Phi_{\mathrm{m}}}{dt} = Bab\omega\sin\omega t \tag{11.8}$$

である．この電圧波形がオシロスコープで観測される．

(2)　オシロスコープは電流をほとんど流さずに電圧を計測するので，コイルに電流は流れない．よって，コイルは磁界によって力を受けることはない．すなわち，回転させるのに力は必要ない．

練習問題

問題 11.4　例題 11.2 において，オシロスコープの代わりに，端子 u, v 間に抵抗値 R の電気抵抗を接続した．このとき，コイルを角速度 ω で回転させるために必要な力のモーメントを求めよ．

問題 11.5　抵抗でジュール熱として失われる電力を求めよ．またそれはコイルを回転させるために行った仕事の仕事率に等しいことを示せ．

11.2 誘導電界

一般に，導体に電位差 V が生じている場合，導体内部には電界 $\boldsymbol{E}$ が存在し，電位差 V はその内部電界 $\boldsymbol{E}$ の線積分で与えられる．したがって，1 巻きコイルに誘導起電力 V が生じた場合，V と内部電界 $\boldsymbol{E}$ は

$$V = \oint_{\mathrm{C}} \boldsymbol{E} \cdot d\boldsymbol{l} \tag{11.9}$$

という関係で結ばれる．ここで C はコイルに沿った経路（閉曲線）である．一方，コイルを通過する磁束は，磁束密度を $\boldsymbol{B}$，閉曲線 C を縁とする曲面を S とすれば，

$$\Phi_{\mathrm{m}} = \int_{\mathrm{S}} \boldsymbol{B} \cdot d\boldsymbol{S} \tag{11.10}$$

である．したがって，これらを (11.1) に代入すると，

$$\oint_{\mathrm{C}} \boldsymbol{E} \cdot dl = -\frac{d}{dt} \int_{\mathrm{S}} \boldsymbol{B} \cdot d\boldsymbol{S} \tag{11.11}$$

という関係式を得る．これは，電磁誘導の法則 (11.1) を電界 $\boldsymbol{E}$ と磁束密度 $\boldsymbol{B}$ の関係に置き換えたものであるが，この式において，閉曲線 C はもはや導線に沿ったものである必要はなく，(11.11) は任意の閉曲線 C で成り立つ．

ところで，磁束密度 $\boldsymbol{B}$ は一般に座標 (x, y, z) および時間 t の関数であるが，S が時間変化せず $\boldsymbol{B}$ が時間 t について連続で微分可能な場合，(11.11) の右辺の時間微分と積分の順番は入れ替えてもよい．ただし，d/dt を積分の中に入れた場合は，$\boldsymbol{B}\ (x, y, z, t)$ を時間 t のみで微分することを明示するために，偏微分記号 $\partial/\partial t$ を用いる．すなわち

$$\oint_{\mathrm{C}} \boldsymbol{E} \cdot d\boldsymbol{l} = -\int_{\mathrm{S}} \frac{\partial \boldsymbol{B}}{\partial t} \cdot d\boldsymbol{S} \tag{11.12}$$

となる．さらに，左辺をストークスの法則を用いて $\mathrm{rot}\,\boldsymbol{E}$ の面積分に置き換えると，両辺共に同じ面積分になるが，これが恒等的に成り立つためには，被積分関数同士が等しくなければならない．したがって，

$$\mathrm{rot}\,\boldsymbol{E} = -\frac{\partial \boldsymbol{B}}{\partial t} \tag{11.13}$$

を得る．これは，(11.11) の微分形であり，空間の各点における電磁誘導を表す．この式より，空間の磁界 $\boldsymbol{B}$ の時間変化に応じて，そこにループ状の電界 $\boldsymbol{E}$ が発生することが分かる．この電界を**誘導電界**という．このように電界 $\boldsymbol{E}$ と磁界 $\boldsymbol{B}$ は別のものではなく，電磁誘導を通して互いに結びついている．

点電荷が作る電界（静電界）は放射状であり，渦なし（保存場）であったのに対し，(11.11) の電界（誘導電界）はループ状（ソレノイダル場）であり，湧き出し点はない．しかし，どちらも同じ電界であって，点電荷 q にクーロン力 $\boldsymbol{F} = q\boldsymbol{E}$ を及ぼす．

表 11.1 に，静電界と誘導電界の性質をまとめる．

表 11.1　静電界と誘導電界の比較

	発散性	回転性	源
静電界	あり（$\mathrm{div}\,\boldsymbol{E} = \dfrac{\rho}{\varepsilon_0}$）	なし（$\mathrm{rot}\,\boldsymbol{E} = \boldsymbol{0}$）	電荷
誘導電界	なし（$\mathrm{div}\,\boldsymbol{E} = 0$）	あり（$\mathrm{rot}\,\boldsymbol{E} = -\dfrac{\partial \boldsymbol{B}}{\partial t}$）	磁束密度の時間変化

11.3　電磁ポテンシャルとゲージ対称性

第 9 章で示したように，磁束密度 $\boldsymbol{B}$ は (9.42) のようにベクトルポテンシャル $\boldsymbol{A}$ を用いて表すことができた．これをファラデーの法則 (11.13) に代入すれば，

$$\mathrm{rot}\,\boldsymbol{E} + \frac{\partial}{\partial t}\mathrm{rot}\,\boldsymbol{A} = 0 \tag{11.14}$$

となるが，$\boldsymbol{A}$ が連続関数かつ微分可能であれば，空間微分 rot と時間微分 $\partial/\partial t$ の順序を入れ替えることができるので，

$$\mathrm{rot}\left(\boldsymbol{E} + \frac{\partial \boldsymbol{A}}{\partial t}\right) = 0 \tag{11.15}$$

となる．したがって，ベクトル解析の公式 (9.40) より，あるスカラー関数 ϕ を用いて，

$$\boldsymbol{E} = -\,\mathrm{grad}\,\phi - \frac{\partial \boldsymbol{A}}{\partial t} \tag{11.16}$$

のように書くことができる．ここで右辺第 1 項は，静電界における電界と電位の式 (2.34) なので，第 2 項が誘導電界を表す．すなわち誘導電界は，ベクトルポテンシャル $\boldsymbol{A}$ の時間微分で表現できる．一般の電界は，このように電位 ϕ およびベクトルポテンシャル $\boldsymbol{A}$ の 4 元のポテンシャル (ϕ, A_x, A_y, A_z) で記述できる．この 4 元ポテンシャルを**電磁ポテンシャル**という．

(11.16) より，任意のスカラー関数 χ を用いて，新しくスカラーポテンシャル ϕ' およびベクトルポテンシャル $\boldsymbol{A}'$ を

$$\phi' = \phi - \frac{\partial \chi}{\partial t}, \qquad \boldsymbol{A}' = \boldsymbol{A} + \mathrm{grad}\,\chi \tag{11.17}$$

と定義しても，電場 $\boldsymbol{E}$，磁場 $\boldsymbol{B}$ に影響ないことが分かる（章末の演習問題 [3]）．これを**ゲージ対称性**という．また，このような変換を**ゲージ変換**という．

例題 11.3 誘導電界

ある領域内において，磁界が $\boldsymbol{B} = B_0 \cos(k_x x - \omega t)\boldsymbol{k}$ で与えられている．ここで，$\boldsymbol{k}$ は z 軸の基本ベクトルである．この領域の誘導電界を求めよ．

解答 (11.13) より

$$\mathrm{rot}\,\boldsymbol{E} = -\frac{\partial \boldsymbol{B}}{\partial t} = -\omega B_0 \sin(k_x x - \omega t)\boldsymbol{k} \tag{11.18}$$

であるから，$\boldsymbol{E} = (E_x, E_y, E_z)$ とおくと，

$$\begin{aligned} &\frac{\partial E_z}{\partial y} - \frac{\partial E_y}{\partial z} = 0, \qquad \frac{\partial E_x}{\partial z} - \frac{\partial E_z}{\partial x} = 0, \\ &\frac{\partial E_y}{\partial x} - \frac{\partial E_x}{\partial y} = -\omega B_0 \sin(k_x x - \omega t) \end{aligned} \tag{11.19}$$

が成り立つ．ここで対称性より $\boldsymbol{E}$ は y, z 方向の依存性はないので，式 (11.19) は

$$-\frac{\partial E_z}{\partial x} = 0, \qquad \frac{\partial E_y}{\partial x} = -\omega B_0 \sin(k_x x - \omega t) \tag{11.20}$$

のようになる．また，電荷がないので，ガウスの法則より $\partial E_x / \partial x = 0$ である．これらを積分し，誘導電界なので定数は 0 とおくと

$$E_x = 0, \qquad E_y = c B_0 \cos(k_z z - \omega t), \qquad E_z = 0 \tag{11.21}$$

を得る．ここで，$c = \omega / k_z$ である．

練習問題

問題 11.6 例題 11.3 を，ベクトルポテンシャルを用いて解け．

11.4　自己誘導と相互誘導

11.4.1　自己誘導と自己インダクタンス

図 11.2 のようにコイルに電流 I [A] を流すと，それによってコイル内部に磁束 Φ_{m} [Wb] が作られる．コイルの巻数が n なら鎖交磁束は $n\Phi_{\mathrm{m}}$ になるが，重ね合わせの原理より，発生した磁束は電流 I に比例する．すなわち

$$n\Phi_{\mathrm{m}} = LI \tag{11.22}$$

と書くことができる．この比例定数 L を**自己インダクタンス**という．自己インダクタンス L は，そのコイルが磁束を発生させる能力と考えられる．

磁束の単位は Wb（ウェーバー），電流の単位は A（アンペア）であるから，自己インダクタンスの単位は $\mathrm{Wb \cdot A^{-1}}$ であるが，これを H（ヘンリー）と表す．

自己インダクタンス L [H] のコイルに時間的に変化する電流 $I(t)$ [A] を流すと，電磁誘導の法則 (11.1) によって

$$V = -L\frac{dI}{dt} \tag{11.23}$$

で与えられる誘導起電力 V [V] が生じる．そしてその誘導起電力は，電流の変化（すなわち磁束の変化）を妨げる向きに生じる（レンツの法則）．

11.4.2　相互誘導と相互インダクタンス

図 11.3 のように，自己インダクタンス L_1, L_2 の 2 つのコイル 1, 2（巻き数 n_1, n_2）を考える．コイル 1 に電流 I_1 を流すと，それによって作られた磁束の一部はコイル 2 と交わる．その磁束を Φ_{21} とすると，鎖交磁束 $n_1\Phi_{21}$ はコイル 1 の電流 I_1 に比例する．すなわち，M_{21} を比例定数として

$$n_2\Phi_{21} = M_{21}I_1 \tag{11.24}$$

と書くことができる．この比例定数 M_{21} を**相互インダクタンス**という．単位は H で

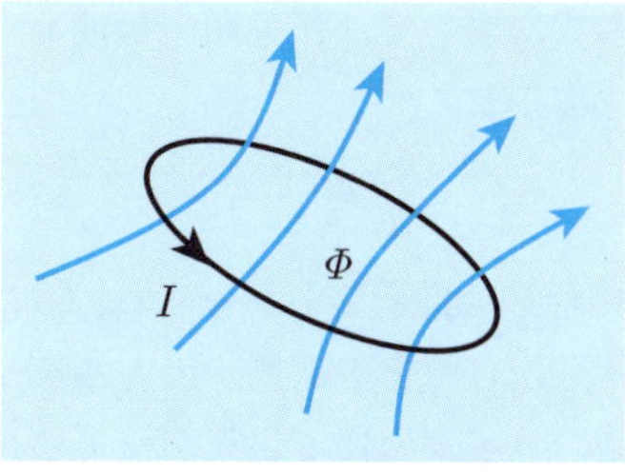

図 11.2　自己誘導

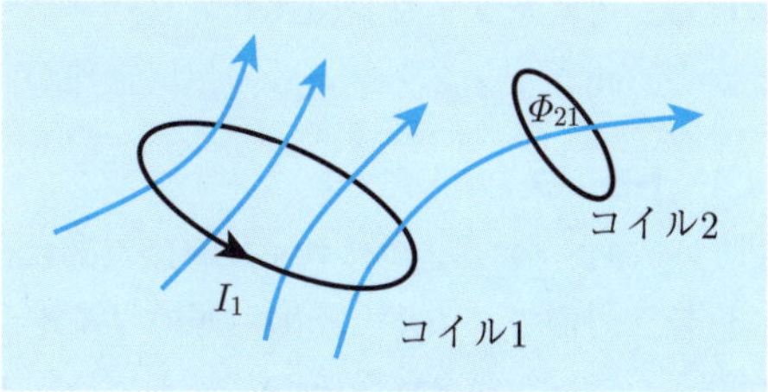

図 11.3　相互誘導

ある．また逆に，コイル 2 に電流 I_2 を流すと，それによって作られた磁束の一部はコイル 1 と交わる．その磁束を Φ_{12} とすると，鎖交磁束 $n_1\Phi_{12}$ はコイル 2 の電流 I_2 に比例する．すなわち，M_{12} を比例定数として

$$n_1\Phi_{12} = M_{12}I_2 \tag{11.25}$$

と書くことができる．ところで，M_{12} と M_{21} は別のものであるが，次に示すように，

$$M_{12} = M_{21} \equiv M \tag{11.26}$$

である．これは，いわゆる**相反定理**の一例である．すなわち，相互インダクタンスは M だけ考えればよい．以上より，コイル 1, 2 にそれぞれ電流 I_1, I_2 を流したとき，コイル 1, 2 と鎖交する磁束をそれぞれ $n_1\Phi_1$, $n_2\Phi_2$ とすると，

$$n_1\Phi_1 = L_1I_1 + MI_2 \tag{11.27}$$

$$n_2\Phi_2 = MI_1 + L_2I_2 \tag{11.28}$$

である．また一般に

$$L_1L_2 \geq M^2 \tag{11.29}$$

が成り立つ．したがって，

$$k = \frac{M}{\sqrt{L_1L_2}} \quad (0 \leq k \leq 1) \tag{11.30}$$

は 0 と 1 の間の値をとり，コイル 1, 2 間で磁束の漏がなければ $k = 1$ になる．これを**結合係数**といい，k が 0 に近い場合を**疎結合**，k が 1 に近い場合を**密結合**という．

11.4.3 ノイマンの式

2 つの回路 C_1, C_2 の間の相互インダクタンス M は，

$$M = \frac{\mu_0}{4\pi}\oint_{C_2}\oint_{C_1}\frac{d\boldsymbol{l}_1 \cdot d\boldsymbol{l}_2}{r} \tag{11.31}$$

と書ける．これを**ノイマンの式**という．ノイマンの式において，積分順序は問わないことから，相互インダクタンスの相反定理が直ちに導かれる．

11.4.4 トランス

図 11.4 のように，2 つのコイルを磁気的に密に結合した素子を**トランス**という．通常，信号入力側のコイルと，出力側のコイルがあり，入力側を 1 次側，出力側を 2 次側という．特に，結合係数 k が 1，すなわち 1 次側のコイルの作る磁束が全て 2 次側コイルと鎖交するようなトランスは，**理想トランス**と呼ばれる．

1 次側の巻き数を n_1，2 次側の巻き数を n_2 とした場合，理想トランスでは，1 次側のの電圧 V_1 と 2 次側の電圧 V_2 の比は，巻き数比に等しい．すなわち，

$$\frac{V_1}{V_2} = \frac{n_1}{n_2} \tag{11.32}$$

が成り立つ．また，理想トランスの 2 次側に負荷をつないだとき，1 次側，2 次側に加わる電圧および 1 次側，2 次側に流れる電流の実効値を V_1, V_2 および I_1, I_2 とすれば，エネルギー保存の法則より，

$$V_1 I_1 = V_2 I_2 \tag{11.33}$$

が成り立つ．すなわち，1 次側に入力される電力は，2 次側で消費される電力に等しくなる．(11.32) 式と (11.33) 式を用いれば，

$$\frac{I_1}{I_2} = \frac{n_2}{n_1} \tag{11.34}$$

となる．すなわち，理想トランスに流れる電流は巻き数に反比例する．

(11.1) および (11.27)，(11.28) より，コイル 1, 2 に生じる誘導起電力 V_1, V_2 は，

$$V_1 = -L_1 \frac{dI_1}{dt} - M \frac{dI_2}{dt} \tag{11.35}$$

$$V_2 = -M \frac{dI_1}{dt} - L_2 \frac{dI_2}{dt} \tag{11.36}$$

のように与えられる．

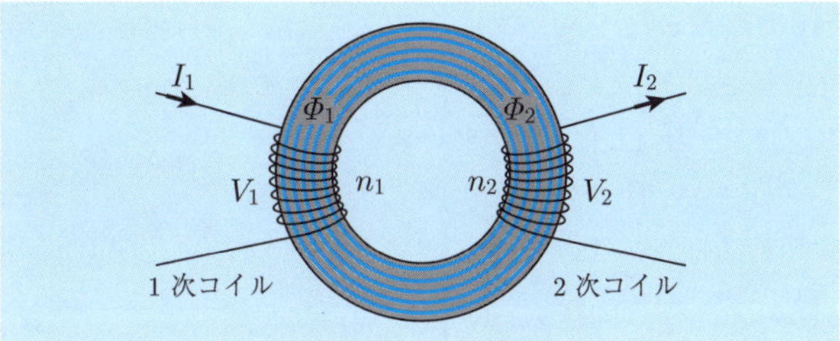

図 11.4　トランス

例題 11.4 ソレノイドの自己インダクタンス

長さ l, 単位長さあたりの巻き数 n の十分に長いソレノイドの自己インダクタンスを求めよ.

解答 ソレノイド内部の磁束密度は,

$$B = \mu_0 n I \tag{11.37}$$

であるから（第9章の練習問題3.1), ソレノイドのソレノイドと鎖交する磁束 Φ_{m} は,

$$\Phi_{\mathrm{m}} = B \times nS = \mu_0 n^2 IS \tag{11.38}$$

となる. したがって, 自己インダクタンス L は,

$$L = \frac{\Phi_{\mathrm{m}}}{I} = \mu_0 n^2 S \tag{11.39}$$

となる.

練習問題

問題 11.7 右図のような半径 a, b $(a < b)$ の十分に長い2重ソレノイド A, B を考える. A, B の巻き数は, それぞれ N_{A}, N_{B} であり, 長さは共に l である. それぞれのソレノイドの自己インダクタンスおよびソレノイド A, B 間の相互インダクタンスを求めよ.

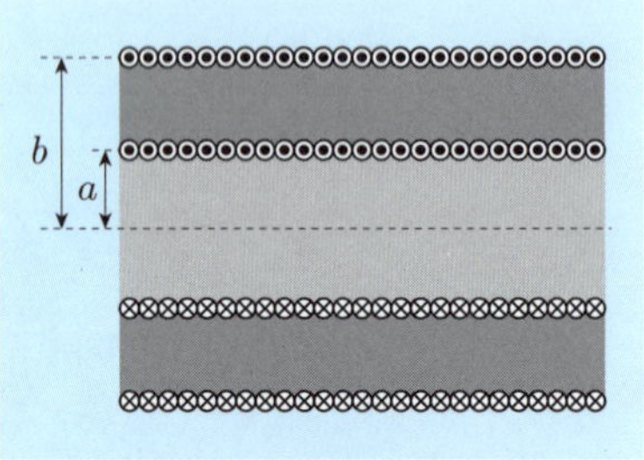

問題 11.8 右図のような, 内径 a, 外径 b, 高さ h の矩形断面をもつ円形のトロイダルコイル（巻き数 N）の自己インダクタンスを求めよ. なお, コイルの内部は透磁率 μ の物質で満たされているとする.

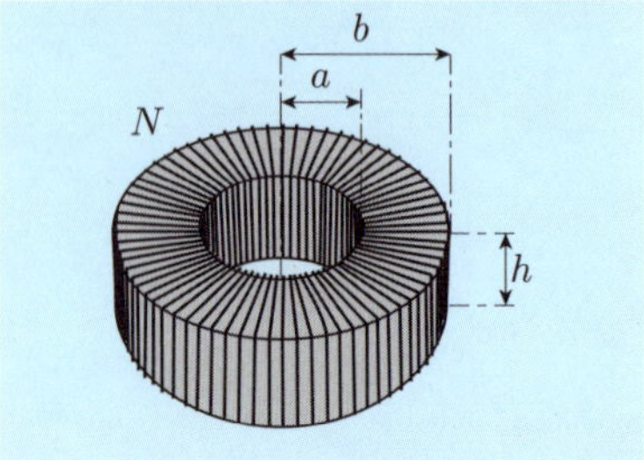

例題 11.5　自己インダクタンスと相互インダクタンス

自己インダクタンス L_1, L_2 の 2 つのコイルの相互インダクタンスを M とするとき，

$$L_1 L_2 \geq M^2 \tag{11.40}$$

の関係が成り立つことを示せ．

解答　自己インダクタンス L_1, L_2 のコイルの巻き数をそれぞれ n_1, n_2 とし，またそこにそれぞれ電流 I_1, I_2 を流したとき，コイル i 内にコイル j が作る磁束を Φ_{ij} とすると，

$$n_1 \Phi_{11} = L_1 I_1 \tag{11.41}$$

$$n_2 \Phi_{22} = L_2 I_2 \tag{11.42}$$

$$n_1 \Phi_{12} = M I_2 \tag{11.43}$$

$$n_2 \Phi_{21} = M I_1 \tag{11.44}$$

が成り立つ．また磁束の漏れがあるため，一般に

$$\Phi_{11} \geq \Phi_{21} \tag{11.45}$$

$$\Phi_{22} \geq \Phi_{12} \tag{11.46}$$

となる．よって，(11.41)〜(11.44) を (11.45)，(11.46) に代入して

$$\frac{L_1}{n_1} \geq \frac{M}{n_2} \tag{11.47}$$

$$\frac{L_2}{n_2} \geq \frac{M}{n_1} \tag{11.48}$$

を得る．この 2 つの不等式の辺々をかけると，

$$L_1 L_2 \geq M^2 \tag{11.49}$$

を得る．

練習問題

問題 11.9　理想トランスでは，(11.40) は等号になることを示せ．

問題 11.10　理想トランスの 1 次側および 2 次側の自己インダクタンスはそれぞれ 3 mH と 12 mH であった．1 次側と 2 次側の間の相互インダクタンスは何 mH か．

問題 11.11　巻き数比が 1 : 10 の理想トランスがある．このトランスの 1 次側に振幅 10 V の正弦波交流をかけた．2 次側に現れる電圧の振幅は何 V か．

11.5 磁気エネルギー

時間 Δt の間に，自己インダクタンス L のコイルの電流を I から ΔI だけ増加させようとすると，それを妨げる向きに，起電力 $V = L(dI/dt)$ が生じるので，Δt あたり，$\Delta W = IV\Delta t$ の仕事が必要になる．よって，電流を 0 から I まで増加させるのに必要な仕事は，それに要する時間を T とすると，

$$W = \int_0^T VIdt = L\int_0^T I\frac{dI}{dt}dt = L\int_0^I IdI = \frac{1}{2}LI^2 \qquad (11.50)$$

になる．エネルギー損失がない場合，このエネルギーはコイルに蓄えられるので，電流 I が流れているコイルには，

$$U = \frac{1}{2}LI^2 \qquad (11.51)$$

の磁気エネルギーが蓄えられると考えられる．

なお，コイルに蓄えられる磁気エネルギーは，上述のように電流の形で蓄えられるが，電流は磁界を作るので，磁界の形で表すこともできる．この場合，コイルが作る磁界が H（$= B/\mu_0$）の点には，単位体積あたり

$$u = \frac{1}{2}\mu_0 H^2 \qquad (11.52)$$

の磁気エネルギーが蓄えられることが導かれる（練習問題 11.12）．

たとえば十分に長いソレノイドコイルでは，磁束はコイル内部のみに存在するので，磁気エネルギーはソレノイド内部の空間に，上式で与えられるエネルギー密度で蓄えられると考えることもできる．

例題 11.6　電流による磁気エネルギー

図のように，断面積 S，長さ l，巻線密度 n の長いソレノイドコイルがある．このコイルに電流 I を流したとき，コイルに蓄えられる磁気エネルギーを求めよ．

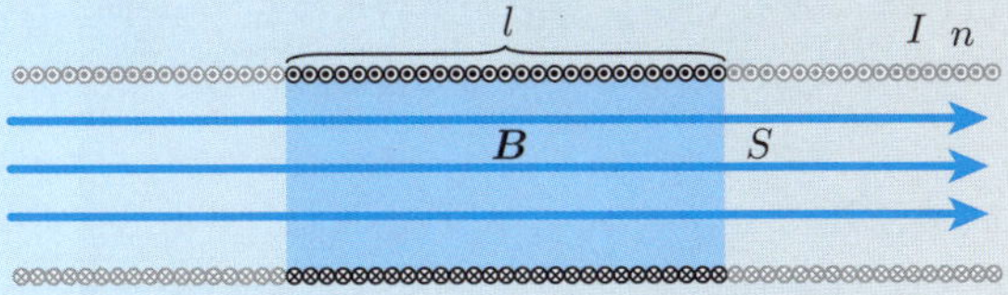

解答　このコイルに電流 I を流すと，内部の磁束密度は $B = \mu_0 nI$ であり，また，全巻き数は $N = nl$ であるから，鎖交磁束は $\Phi_m = NSB = \mu_0 n^2 lSI$ である．したがって，自己インダクタンスは $L = \Phi_m/I = \mu_0 n^2 lS$ なので，(11.51) より，蓄えられる磁気エネルギーは

$$U = \frac{1}{2}\mu_0 n^2 I^2 Sl \tag{11.53}$$

である．

練習問題

問題 11.12　例題 11.6 において，エネルギーがコイル内部の空間に蓄えられると考えた場合，そのエネルギー密度は，磁界 $H = B/\mu_0$ を用いて

$$u = \frac{1}{2}\mu_0 H^2 \tag{11.54}$$

で与えられることを示せ．

問題 11.13　右図のように，間隔 d の隙間をあけた周長 l，断面積 S のリング状磁性体（透磁率 μ）に，コイルを N 回巻いた電磁石がある．これに電流 I を流したとき，この電磁石に蓄えられる磁気エネルギーを求めよ．ただし，リング状磁性体側面からの磁束の漏れはないとし，また，断面内で磁束密度は一様とする．

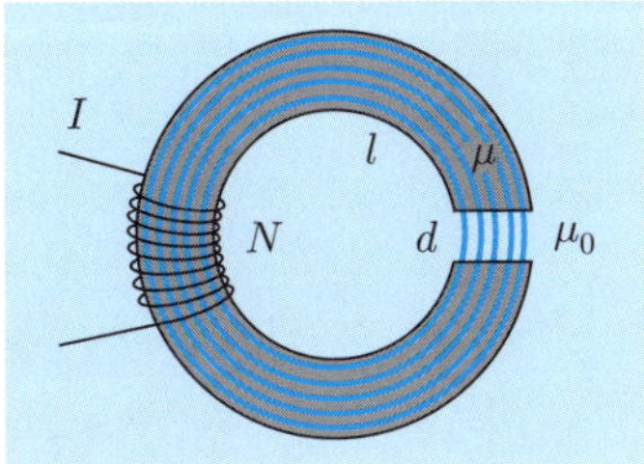

第11章演習問題

[1]（磁束の単位） 磁束の単位 Wb は，磁束密度の単位と面積の単位の積 $\mathrm{T\cdot m^2}$ であるが，これは (11.1) により $\mathrm{V\cdot s}$ に等しい．Wb と $\mathrm{V\cdot s}$ が同じ次元であることを，(11.1) を用いず，ローレンツ力とクーロン力の定義式から示せ．

[2]（ソレノイド内に置かれたコイル） 半径 a，単位長さあたりの巻き数 n の十分に長いソレノイドとこれと同軸な半径 b $(b < a)$，巻き数 N のコイルがある．ソレノイドに流す電流を単位時間あたり α の一定の割合で増加させていったとき，コイルに発生する誘導起電力の大きさを求めよ．

[3]（ゲージ対称性） スカラー関数 $\chi(\boldsymbol{r},t)$ を用いてスカラーポテンシャル ϕ' およびベクトルポテンシャル $\boldsymbol{A}'$ を新たに

$$\phi' = \phi - \frac{\partial \chi}{\partial t}, \qquad \boldsymbol{A}' = \boldsymbol{A} + \operatorname{grad}\chi \tag{11.55}$$

と定義しても，電場 $\boldsymbol{E}$ および磁場 $\boldsymbol{B}$ に影響ないことを示せ．

[4]（ローレンツゲージ） 上問において，スカラーポテンシャル ϕ' およびベクトルポテンシャル $\boldsymbol{A}'$ を

$$\operatorname{div}\boldsymbol{A}' + \frac{1}{c^2}\frac{\partial \phi'}{\partial t} = 0 \tag{11.56}$$

を満足するように選んだ場合，これを**ローレンツゲージ**という．この場合に，スカラー関数 χ の満たす条件を求めよ．

[5]（単極誘導） 右図のような大きさ B の一様な磁束密度の中で，磁束密度に垂直に置かれた導体円板が角速度 ω で回転している．円板の中心軸と外周との間に生じる起電力を求めよ．

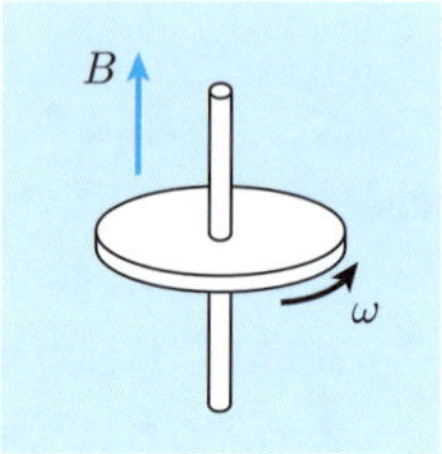

[6]（反磁性のメカニズム） 質量 m，電気量 $-e$ の電子が中心力を受けて半径 a の円運動をしている．電子の運動面に垂直に磁束密度を大きさ 0 から B まで徐々に増加したとき，磁気モーメントの変化を求めよ．

[7] （トランス） 5000 V の電圧を 100 V に変換する理想トランスがある．2 次コイルには 10 Ω の負荷抵抗がつないである．このトランスの 1 次コイルに 5000 V の電圧を加えたとき，1 次側に流れる電流を求めよ．

[8] （ベータトロン） ベータトロンは変動磁界による誘導起電力を利用して，磁界に垂直な面内で円運動する電子を加速する装置である．電子が加速しても同一の円軌道上を運動し続けるためには，半径 R の円軌道上の磁束密度の変化 $\varDelta B$ と，円を貫く磁束の変化 $\varDelta\varPhi_{\mathrm{m}}$ が次の関係を満たせばよいことを示せ．

$$\varDelta\varPhi_{\mathrm{m}} = 2\pi R^2 \varDelta B \tag{11.57}$$

第12章

交流回路

第7章で，定常電流が流れる直流回路を考えた．この章では，電流が時間的に変化する**交流回路**を取り扱う．交流回路における電流や電圧は，大きさだけでなく「位相」を考える必要があるが，これは複素数を利用することにより扱いが容易になる．

12.1 正弦波交流

一般に，時間的に変動する電流を**交流**（alternating current, AC）という．そのうち最も単純な交流は，図12.1のような**正弦波交流**である．正弦波交流は同じ波形を繰り返す．この繰り返しの最小時間 T[s] を**周期**（period）という．また，その逆数

$$f = \frac{1}{T} \tag{12.1}$$

は1秒間の繰り返しの回数を与える．この f を**周波数**（frequency）という．周波数の単位は s^{-1} であるが，通常Hz（ヘルツ）で表す．

正弦波は，図12.1左のような等速円運動の射影と考えることができ，この場合，横軸 t は動径の回転角 $\theta = \omega t\,[\mathrm{rad \cdot s^{-1}}]$ に相当する．この θ を**位相**（phase）という．$\omega\,[\mathrm{rad \cdot s^{-1}}]$ は回転の角速度であるが，1 Hzに対する角速度は $\omega = 2\pi\,[\mathrm{rad \cdot s^{-1}}]$ なので，

$$\omega = 2\pi f \tag{12.2}$$

の関係がある．これを**角周波数**という．したがって，正弦波交流は

$$E(t) = E_0 \sin \omega t = E_0 \sin 2\pi f t \tag{12.3}$$

のように表せる．このとき，E_0 を**振幅**（amplitude）という．

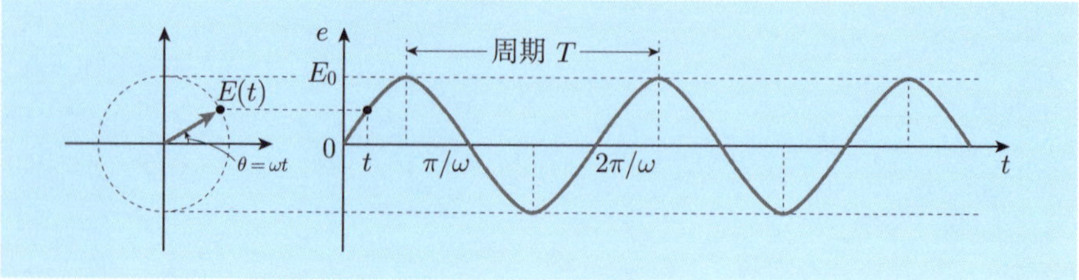

図12.1 交流電圧

12.2　インピーダンス

(12.3) の電圧 $E(t)$ を回路素子に加えると，素子には

$$I(t) = I_0 \sin(\omega t + \alpha) \tag{12.4}$$

のような電流が流れ，一般に電流と電圧には位相差 α が生じる．(12.4) を円運動で考えれば，電流 $I(t)$ の動径は，電圧 $E(t)$ に対して常に α だけ先を行くので，この場合，「電流の位相は電圧に対して α だけ進んでいる」という．また，

$$Z = \frac{E_0}{I_0} \tag{12.5}$$

で定義される Z は交流における「電流の流れにくさ」を表し，**インピーダンス** (impedance) と呼ばれる．インピーダンスは，いままで扱ってきた電気抵抗（純抵抗）の他，エネルギー損失を伴わない電流の流れにくさも表す．インピーダンスの単位は，電気抵抗と同じく Ω（オーム）である．インピーダンスは，一般に周波数 f（角周波数 ω）によって大きく変化する．

12.2.1　抵抗成分

図 12.2 のように，電気抵抗 $R[\Omega]$ の抵抗に (12.3) で与えられる電圧を加えたとき，流れる電流を $I(t)$ とすると，

$$I(t) = \frac{E_0}{R} \sin \omega t \tag{12.6}$$

である．すなわち，抵抗成分のインピーダンスは，

$$Z_R = R\,[\Omega] \tag{12.7}$$

で与えられ，また，電流と電圧の位相差は生じない．

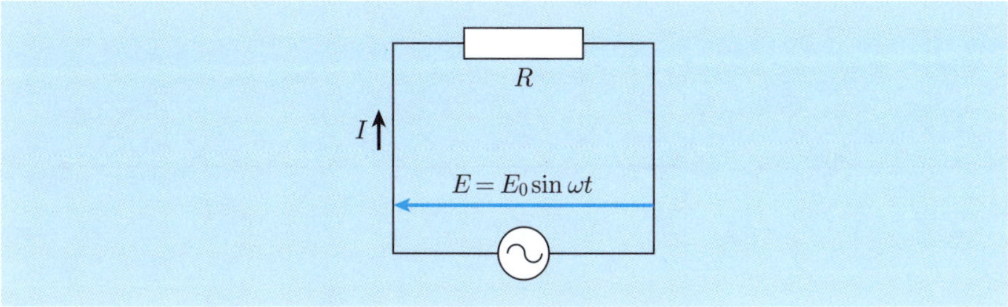

図 12.2　電気抵抗を接続した場合

12.2.2 誘導成分

図 12.3 のように，自己インダクタンス L[H] のコイルに (12.3) で与えられる電圧を加えたとき，回路に流れる電流を $I(t)$ とすると，変化を妨げる向きに誘導起電力

$$V(t) = -L\frac{dI}{dt} \tag{12.8}$$

が生じるので，キルヒホッフの第 2 法則より，

$$E_0 \sin \omega t - L\frac{dI}{dt} = 0 \tag{12.9}$$

が成り立つ．よってこれを時間 t で積分して

$$I(t) = -\frac{E_0}{\omega L}\cos \omega t = \frac{E_0}{\omega L}\sin\left(\omega t - \frac{\pi}{2}\right) \tag{12.10}$$

を得る．したがって，自己インダクタンス L[H] のコイルのインピーダンスは

$$Z_L = \omega L\,[\Omega] \tag{12.11}$$

のように求まる．図 12.4 のように，電流の位相は電圧に対して $\pi/2$ だけ遅れる．

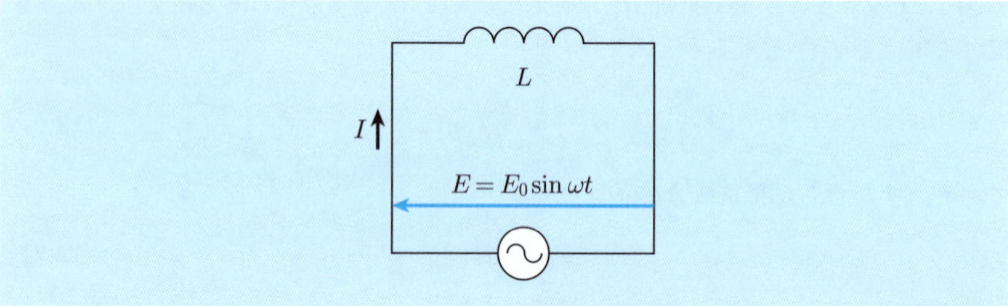

図 12.3 コイルを接続した場合

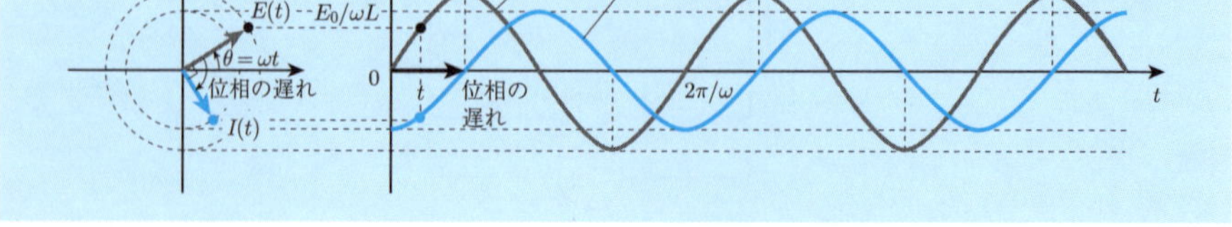

図 12.4 コイルの電流電圧特性

12.2.3　容量成分

図 12.5 のように，電気容量 C[F] のコンデンサに，(12.3) で与えられる電圧を加えたとき，蓄えられる電荷は，

$$Q(t) = CE(t) = CE_0 \sin \omega t \tag{12.12}$$

であるから，回路に流れる電流は

$$I(t) = \frac{dQ(t)}{dt} = \omega CE_0 \cos \omega t = \omega CE_0 \sin\left(\omega t + \frac{\pi}{2}\right) \tag{12.13}$$

である．したがって，電気容量 C[F] のコンデンサのインピーダンスは

$$Z_C = \frac{1}{\omega C}\,[\Omega] \tag{12.14}$$

になる．また，図 12.6 のように電流の位相は電圧に対して $\pi/2$ だけ進む．

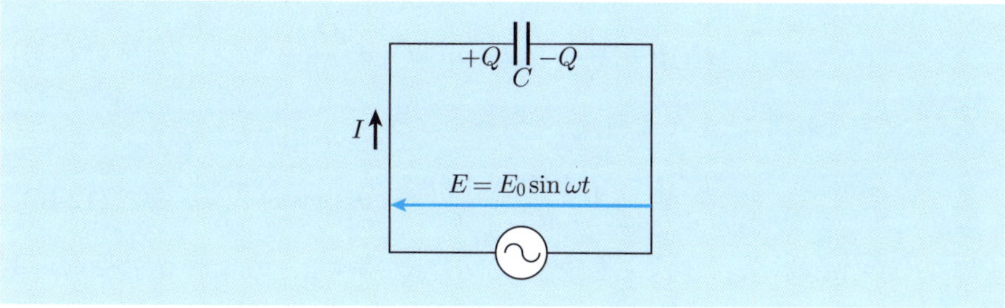

図 12.5　コンデンサを接続した場合

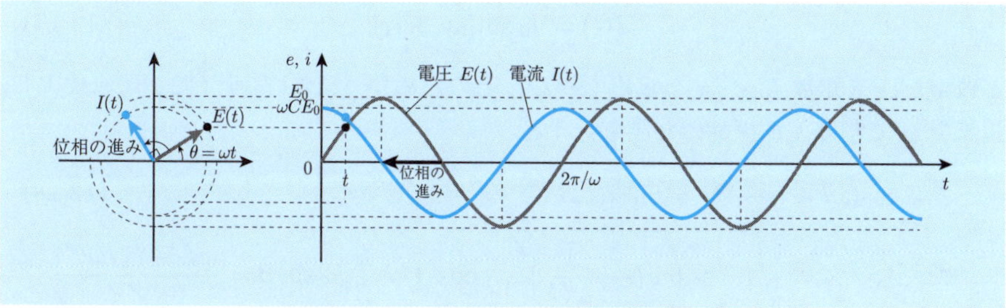

図 12.6　コンデンサの電流電圧特性

例題 12.1 RLC 直列回路

図のように，抵抗値 R の抵抗，自己インダクタンス L のコイル，電気容量 C のコンデンサを直列に接続し，それに，$E(t) = E_0 \sin \omega t$ の正弦波交流電圧をかけた．電源から流れ出る電流 $I(t)$ を求めよ．

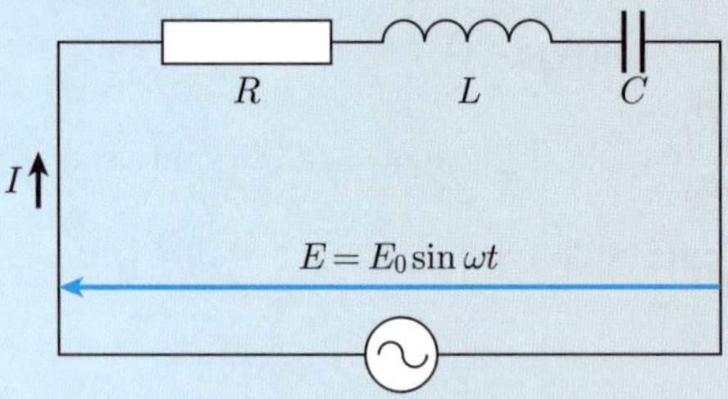

解答 各素子で電流は共通である．また，コンデンサの電荷を $Q(t)$ とすると，キルヒホッフの第 2 法則により

$$I(t)R + \frac{Q(t)}{C} = E_0 \sin \omega t - L\frac{dI(t)}{dt} \tag{12.15}$$

である．これを時間について 1 回微分し整理すると

$$L\frac{d^2I(t)}{dt^2} + R\frac{dI(t)}{dt} + \frac{I(t)}{C} = \omega E_0 \cos \omega t \tag{12.16}$$

を得る．(12.16) は $I(t)$ に関する 2 階常微分方程式であり，その解は，右辺=0 の一般解に特殊解を加えたものになるが，一般解の方はよく知られた減衰曲線なので，定常状態においては特殊解のみが残る．そこで，その特殊解（定常解）を

$$I(t) = I_0 \sin(\omega t + \alpha) \tag{12.17}$$

と仮定し，未知数 I_0 と α を求めてみる．そのために，(12.17) を (12.16) に代入し，辺々を ω で割り，単振動の合成を行うと

$$I_0 Z \cos(\omega t + \alpha - \beta) = E_0 \cos \omega t \tag{12.18}$$

$$\text{ただし}\quad Z = \sqrt{R^2 + \left(\omega L - \frac{1}{\omega C}\right)^2},\quad \cos\beta = \frac{R}{Z},\quad \sin\beta = \frac{\omega L - (1/\omega C)}{Z} \tag{12.19}$$

を得る．(12.18) は，$I_0 = E_0/Z$，$\alpha = \beta$ とすれば恒等的に成り立つので，(12.17) の仮定は妥当であり，(12.19) より，

$$I_0 = \frac{E_0}{\sqrt{R^2 + (\omega L - (1/\omega C))^2}} \tag{12.20}$$

$$\alpha = \tan^{-1} \frac{\omega L - (1/\omega C)}{R} \quad \left(|\alpha| < \frac{\pi}{2}\right) \tag{12.21}$$

である．これを式 (12.17) に代入したものが求める電流である．

単振動の合成

同じ周期の正弦波（$\sin\theta$ や $\cos\theta$）を合成したものは，やはり同じ周期の正弦波であり，たとえば，A と B を定数として

$$A\cos\theta + B\sin\theta = \sqrt{A^2 + B^2}\cos(\theta - \alpha) \tag{12.22}$$

のように表すことができる．ただし，位相 α（$-\pi \leq \alpha \leq \pi$）は

$$\cos\alpha = \frac{A}{\sqrt{A^2 + B^2}}, \qquad \sin\alpha = \frac{B}{\sqrt{A^2 + B^2}} \tag{12.23}$$

で与えられる．これを**単振動の合成**という．これは，三角関数の加法定理により直ちに証明される．

練習問題

問題 12.1　例題 12.1 の RLC を 1 つと見たときの合成インピーダンス Z_{T} を求めよ．

問題 12.2　10 H の自己インダクタンスをもつコイルに振幅 100 V，周波数 50 Hz の交流電圧を加えたとき，回路に流れる電流の振幅 I_0 および電圧に対する位相を求めよ．

問題 12.3　1.0 μF の電気容量をもつコンデンサに振幅 100 V，周波数 50 Hz の交流電圧を加えたとき，回路に流れる電流の振幅 I_0 および電圧に対する位相を求めよ．

12.2.4 複素インピーダンス

図12.7のような抵抗 R，コイル L，コンデンサ C が直列に接続された RLC 直列回路を考える．この回路において各素子を流れる電流は共通であるので，それを

$$I(t) = I_0 \sin \omega t \tag{12.24}$$

とおくと，

- R の電圧の振幅は $V_R = RI_0$ で，位相は電流と同じ，
- L の電圧の振幅は $V_L = \omega LI_0$ で，位相は電流に対して $\pi/2$ だけ進み，
- C の電圧の振幅は $V_C = I_0/\omega C$ で，位相は電流に対して $\pi/2$ だけ遅れる．

したがって，それぞれの素子の両端の電圧 $v_R(t)$, $v_L(t)$, $v_C(t)$ は図12.8のような波形で変化し，それらは図12.8左の動径で表すことができる．

このように各電圧は位相がずれているので，全体の電圧 V は，各素子の電圧 V_R, V_L, V_C の単なる和ではなく，その3本の矢印のベクトル的な和によって与えられる．

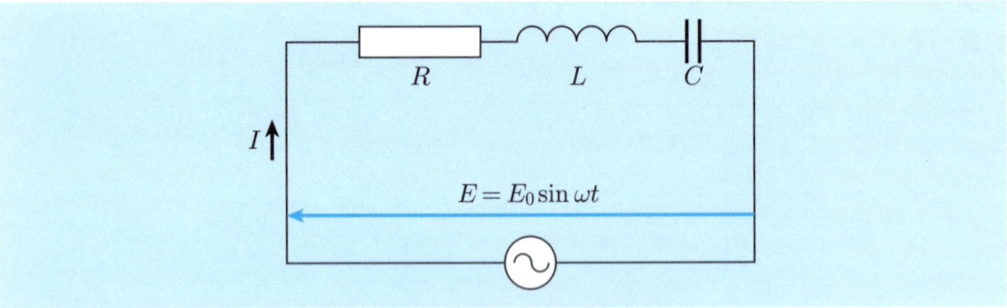

図 12.7 RLC 直列回路

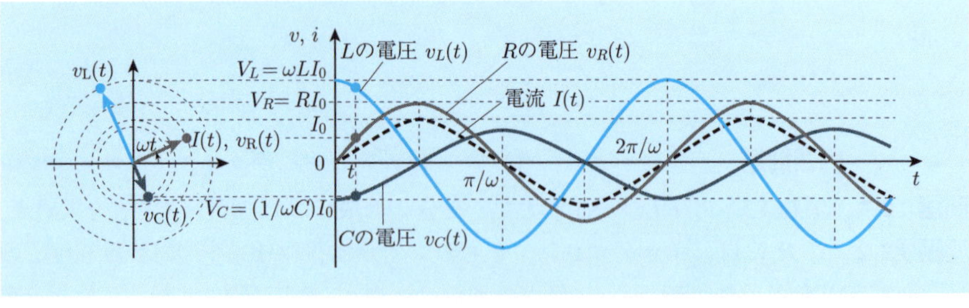

図 12.8 RLC 回路の各端子に加わる電圧

ところで，上述のベクトル計算は，図 12.9 のように抵抗を実軸とする複素平面に置き換えると便利である．このとき，抵抗成分，誘導成分，容量成分の各インピーダンス Z_R, Z_L, Z_C は

$$Z_R = R \tag{12.25}$$

$$Z_L = i\omega L \tag{12.26}$$

$$Z_C = \frac{1}{i\omega C} \tag{12.27}$$

と考えることができる．これらは**複素インピーダンス**と呼ばれる．

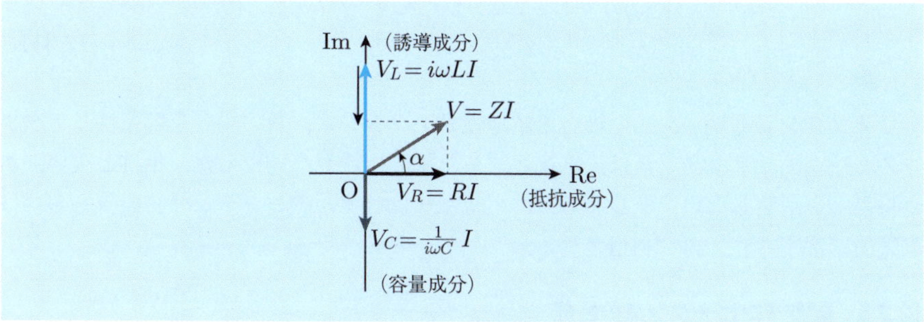

図 12.9　複素平面

以上をまとめると，表 12.1 のようになる．

表 12.1　各素子のインピーダンス

素子名	物理量	定義	関係式	複素インピーダンス	性質
電気抵抗	R [Ω]	$V = RI$	—	$Z_R = R$ [Ω]	純抵抗，電力消費
コイル	L [H]	$\Phi = LI$	$V = -\frac{d\Phi}{dt}$	$Z_L = i\omega L$ [Ω]	誘導性リアクタンス 電力消費なし
コンデンサ	C [F]	$Q = CV$	$I = \frac{dQ}{dt}$	$Z_C = \frac{1}{i\omega C}$ [Ω]	容量性リアクタンス 電力消費なし

複素インピーダンスを用いると，図 12.7 の全体の電圧は，$V = V_R + V_L + V_C$ から機械的に求まり，

$$V = (Z_R + Z_L + Z_C)I = \left(R + i\omega L + \frac{1}{i\omega C}\right) I \tag{12.28}$$

である．また，RLC 直列回路の合成インピーダンス $Z\,[\Omega]$ は複素数で

$$Z = \frac{V}{I} = Z_R + Z_L + Z_C = R + i\left(\omega L - \frac{1}{\omega C}\right) \tag{12.29}$$

と書くことができる．そして，合成インピーダンスの大きさおよび位相の進みは，複素インピーダンスの絶対値 $|Z|$ および偏角 α（$-\pi/2 \leq \alpha \leq \pi/2$）で与えられる．

$$|Z| = \sqrt{R^2 + \left(\omega L - \frac{1}{\omega C}\right)^2}, \qquad \tan\alpha = \frac{\omega L - (1/\omega C)}{R} \tag{12.30}$$

なお，複素インピーダンスの虚部

$$X = \omega L - \frac{1}{\omega C} \tag{12.31}$$

を**リアクタンス**といい，正の場合を**誘導性リアクタンス**，負の場合を**容量性リアクタンス**と呼ぶ．リアクタンスは，抵抗と同じく電流の流れを妨げるが，抵抗と違い，エネルギーを消費しない．すなわち，エネルギーはコイルやコンデンサに磁気あるいは電気的に蓄えられ，再び利用される．

12.2.5　複素インピーダンスの合成

このように複素インピーダンスにおいては，合成インピーダンス Z の計算に，直流回路で考えた合成抵抗の公式がそのまま利用できる．すなわち，複素インピーダンス Z_1, Z_2 が直列接続されているときの複素合成インピーダンス Z は，

$$Z = Z_1 + Z_2 \tag{12.32}$$

で与えられる．また，並列接続の場合の複素合成インピーダンス Z は，

$$\frac{1}{Z} = \frac{1}{Z_1} + \frac{1}{Z_2} \tag{12.33}$$

で与えられる．このとき，位相のずれは，複素数計算の中で自動的に処理される．そして，実際の振幅および位相のずれは，複素合成インピーダンスを計算後，その絶対値および偏角から求めることができる．

例題 12.2　複素インピーダンス

右図のように，抵抗値 R の抵抗，静電容量 C のコンデンサが，振幅 E_0，角周波数 ω の正弦波交流電源に接続されている．電源から流れる電流の振幅と電圧に対する位相を，複素合成インピーダンスを利用して求めよ．

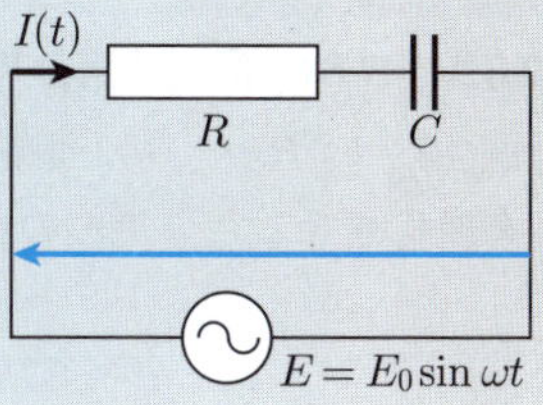

解答　抵抗，コンデンサの複素インピーダンスはそれぞれ $Z_R = R$, $Z_C = 1/(i\omega C)$ である．よって複素合成インピーダンスは

$$Z = Z_R + Z_C = R + \frac{1}{i\omega C} \tag{12.34}$$

であり，求める電流は，

$$I = \frac{E_0}{Z} = \frac{i\omega C}{1 + i\omega CR} E_0 = \frac{\omega C E_0}{1 + \omega^2 C^2 R^2}(\omega CR + i) \tag{12.35}$$

である．したがって，電流の振幅 I_0 および位相の進みを α とすると

$$I_0 = \frac{\omega C E_0}{1 + \omega^2 C^2 R^2}\sqrt{1 + \omega^2 C^2 R^2} = \frac{\omega C E_0}{\sqrt{1 + \omega^2 C^2 R^2}} \tag{12.36}$$

$$\tan \alpha = \frac{1}{\omega CR} \tag{12.37}$$

である．

練習問題

問題 12.4　右図のような回路の電流（振幅，位相）を求めよ．

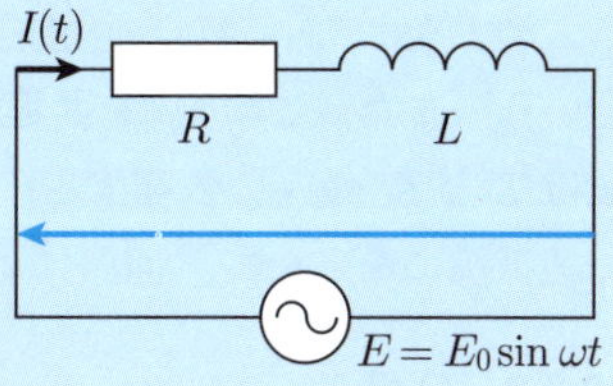

問題 12.5　電気容量 64.0 μF のコンデンサと，抵抗値 100 Ω の抵抗を直列につなぎ，両端に振幅 100 V，周波数 50.0 Hz の交流電圧を加えた．このとき回路に流れる電流の最大値および，電流に対する電圧の位相の進みを求めよ．

問題 12.6　自己インダクタンス 0.320 H のコイルと，抵抗値 100 Ω の抵抗を直列につなぎ，両端に振幅 100 V，周波数 50.0 Hz の交流電圧を加えた．このとき回路に流れる電流の最大値および，電流に対する電圧の位相の進みを求めよ．

12.3 共 振

12.3.1 RLC 直列回路の共振

図 12.7 の RLC 直列回路において，電源電圧の最大値 E_0 を一定にして，角周波数 ω を変化させると，電流の振幅は，

$$I = \frac{E_0}{\sqrt{R^2 + (\omega L - (1/\omega C))^2}} \tag{12.38}$$

であるから，リアクタンス成分が 0，すなわち

$$\omega = \omega_0 = \frac{1}{\sqrt{LC}} \tag{12.39}$$

のときに電流は最大（$I = E_0/R$）になる．図 12.10 に $E_0 = 1\,\mathrm{V}$，$R = 10\,\Omega$，$L = 100\,\mathrm{mH}$，$C = 1000\,\mu\mathrm{F}$ の場合の共振曲線を示す．

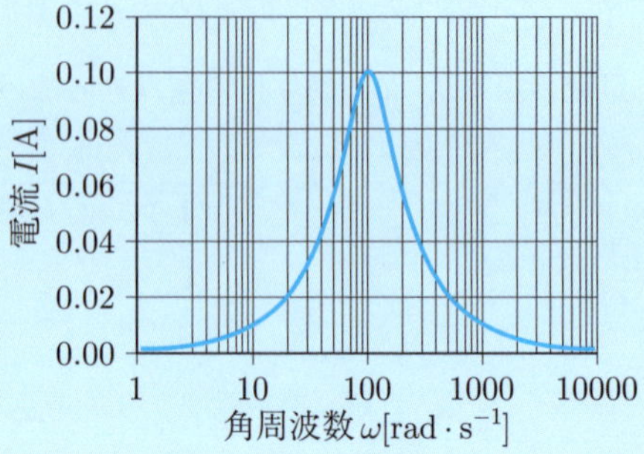

図 12.10 共振曲線

このように，ある特定の周波数 ω_0 で振幅が非常に大きくなる現象を**共振**（resonance）という．また，この ω_0 を**共振角周波数**，$f_0 = \omega_0/2\pi$ を**共振周波数**という．共振周波数は L と C のみに依存する．共振状態でのインピーダンスはリアクタンス成分がなく純抵抗になるので，回路に流れる電流は，回路に加えた電圧と同位相になる．

12.3.2 Q 値

共振の鋭さを示す指標に

$$Q = \frac{\omega_0}{\omega_2 - \omega_1} \tag{12.40}$$

がある．これを **Q 値**という．ここで ω_1, ω_2 は，それぞれエネルギーが半分（すなわ

ち電流の振幅が $1/\sqrt{2}$）になる角周波数であり，$\Delta\omega = \omega_2 - \omega_1$ を**半値幅**という．

ところで，電流が最大値 $I = E_0/R$ の $1/\sqrt{2}$ になるのは，(12.38) の根号内で

$$\left(\omega L - \frac{1}{\omega C}\right)^2 = R^2 \tag{12.41}$$

のときである．この ω についての複 2 次式の正の 2 根の差をとると，$\Delta\omega = R/L$ なので，

$$Q = \frac{\omega_0}{\Delta\omega} = \frac{\omega_0 L}{R} = \frac{1}{R}\sqrt{\frac{L}{C}} \tag{12.42}$$

が示される．これより，抵抗成分 R が小さい方が Q が大きくなり，共振曲線が鋭くなることが分かる．

12.3.3 *RLC* 並列回路の共振

図 12.11 のような RLC 並列回路の場合，複素合成インピーダンスは

$$Z = \frac{1}{(1/R) + (1/i\omega L) + i\omega C} \tag{12.43}$$

であり，その絶対値は，

$$Z = \frac{1}{\sqrt{(1/R^2) + ((1/\omega L) - \omega C)^2}} \tag{12.44}$$

である．したがって，この場合，

$$\omega = \omega_0 = \frac{1}{\sqrt{LC}} \tag{12.45}$$

のときにインピーダンスが最大になる（このとき電流は最小になる）．

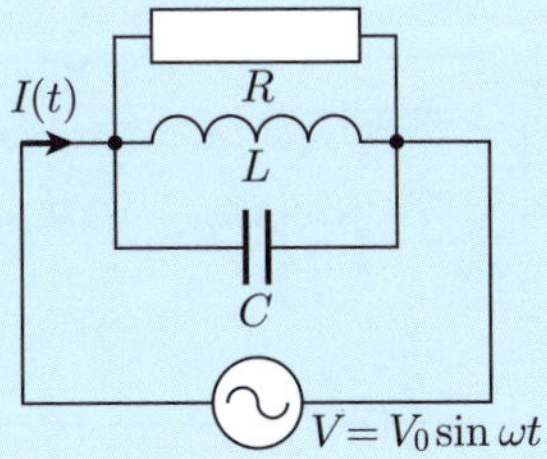

図 12.11　*RLC* 並列回路

例題 12.3　共振回路

図に示すような直並列回路がある．この回路の共振周波数を求めよ．またそのときの電流を求めよ．

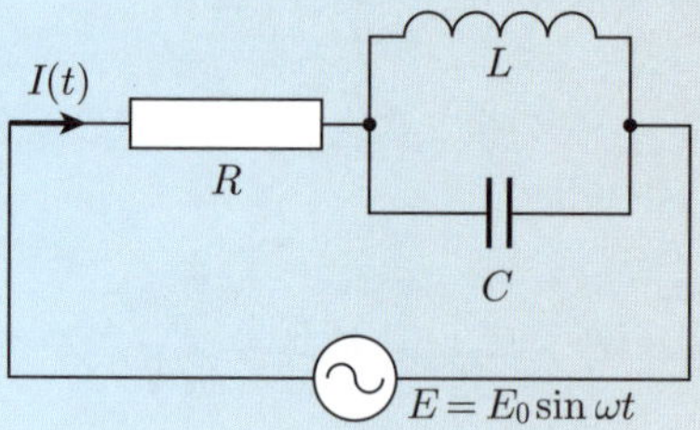

解答　複素合成インピーダンスは

$$Z = R + \frac{1}{(1/i\omega L) + i\omega C} = R + i\frac{\omega L}{1 - \omega^2 LC} \qquad (12.46)$$

である．よって，共振周波数（角周波数）は

$$\omega = \frac{1}{\sqrt{LC}} \qquad (12.47)$$

であり，そのとき，インピーダンスは無限大になるので，電流は 0 になる．

練習問題

問題 12.7　図 12.11 に示す RLC 並列共振回路の Q 値を，R, L, C で表せ．

問題 12.8　図に示すような直並列回路のインピーダンスは，R が小さい場合，ほぼ $\omega = 1/\sqrt{LC}$ で極大になることを示せ．

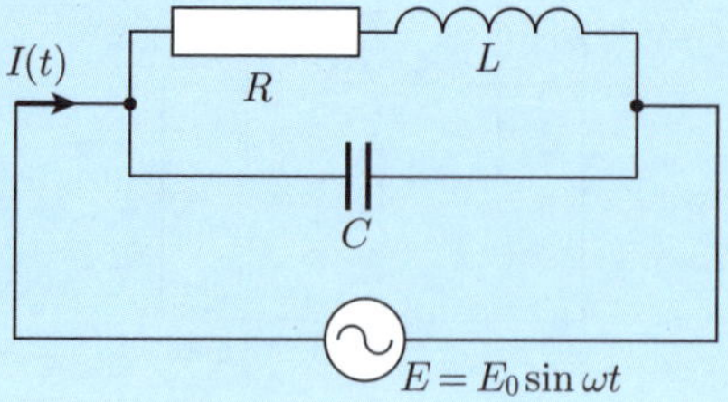

12.4 電　力

12.4.1 力率

交流における電力は，電圧と電流が (12.3) と (12.4) で与えられる場合，

$$P(t) = I(t)E(t) = I_0 E_0 \sin(\omega t - \alpha) \sin \omega t \tag{12.48}$$

である．これは時間的に変動する瞬時電力であるので，これを周期 T にわたって積分した平均の電力 P を考えると，

$$P = \frac{1}{T}\int_0^T P(t)dt = \frac{1}{2} I_0 E_0 \cos\alpha \tag{12.49}$$

になる．このとき，$\cos\alpha$ を**力率**という．この式より，負荷で消費される電力は，そこの電流と電圧が同位相（$\alpha = 0$）のとき最大になり，位相差 α が $\pi/2$ のときは，電力は消費されないことが分かる．すなわち，負荷が純抵抗の場合，電力消費は最大であり，逆に抵抗成分のないコイルやコンデンサでは，電力消費がないことが分かる．モータなどの場合，モータが仕事をしていない場合は，電流と電圧の位相差は $\pi/2$ であり，電力を消費しないが，モータに負荷を与えると，電流と電圧の位相差 $\pi/2$ から変化し，電力が消費される．そして理想的には，モータの仕事率は，その消費電力に等しくなる（エネルギー保存）．すなわち，力率は，「電力を消費する割合」あるいは「電気的エネルギーをどれだけ取り出して，熱や仕事に利用できるかの割合」を表している．

12.4.2 瞬時値と実効値

交流の電流・電圧は時間的に変化するので，その大きさを表す平均的な量を考えると便利である．そして，そのような量として実効値がある．交流の電流・電圧の実効値は，その電力が等しくなる直流の電流・電圧によって定義される．すなわち，純抵抗 R を考えると，そこで消費される電力は，

$$P(t) = I(t)E(t) = \frac{E(t)^2}{R} \tag{12.50}$$

であるから，平均電力は，

$$P = \frac{1}{T}\int_0^T P(t)dt = \frac{1}{T}\int_0^T \frac{\{E(t)\}^2}{R} dt \tag{12.51}$$

である．一方，これに直流電圧 E_{e} をかけて電流 I_{e} を流した場合の消費電力は

$$P = I_{\mathrm{e}} E_{\mathrm{e}} = \frac{E_{\mathrm{e}}^2}{R} \tag{12.52}$$

であるから，この両電力を等しいとおくと，

$$E_{\mathrm{e}} = \sqrt{\frac{1}{T}\int_0^T \{E(t)\}^2 dt} \tag{12.53}$$

を得る．すなわち，この E_{e} が電圧の**実効値**である．このように，実効値は，2乗平均の平方根（Root Mean Square, RMS）によって与えられる．

特に，電圧 $E(t)$ が (12.3) のような正弦波で与えられる場合，(12.53) は

$$E_{\mathrm{e}} = E_0\sqrt{\frac{1}{T}\int_0^T \sin^2\omega t dt} = \frac{E_0}{\sqrt{2}} \tag{12.54}$$

となる．電流も同様であり，結局

$$I_{\mathrm{e}} = \frac{I_0}{\sqrt{2}}, \qquad E_{\mathrm{e}} = \frac{E_0}{\sqrt{2}} \tag{12.55}$$

を得る．したがって，平均の電力は，(12.49) を用いると

$$P = I_{\mathrm{e}} E_{\mathrm{e}} \cos\alpha \tag{12.56}$$

のように与えられる．特に純抵抗の場合，$P = I_{\mathrm{e}} E_{\mathrm{e}}$ のように，直流の場合と同じ式になる．このように，実効値を用いると，直流での公式が交流にも当てはまる．なお，家庭用の AC100 V のコンセントは，正弦波交流であり，その電圧 $E(t)$ は，周波数 $f = 50\,\mathrm{Hz}$ あるいは 60 Hz の正弦波に従って正負に変動しているが，この 100 V 実効値であって，実際の電圧の振幅は $E_0 = 100\sqrt{2} \fallingdotseq 141\,\mathrm{V}$ である．

12.4.3 有効電力

式 (12.56) の電力は，熱や光のエネルギー，力学的エネルギーに変換され，我々が利用できるので，これを**有効電力**という．また，このとき

$$P = I_{\mathrm{e}} E_{\mathrm{e}} \tag{12.57}$$

は，取り出せない電力を含む全体の電力を表すと考えられ，これを**皮相電力**といい，取り出せない電力の成分

$$P = I_{\mathrm{e}} E_{\mathrm{e}} \sin\alpha \tag{12.58}$$

を**無効電力**という．

例題 12.4　実効値

振幅 E_0 の正弦波交流の実効値は，$E_\mathrm{e} = E_0/\sqrt{2}$ であることを示せ．

解答　実効値の定義式 (12.53) に，正弦波交流の式 $E(t) = E_0 \sin \omega t$ を代入すると，

$$E_\mathrm{e} = \sqrt{\frac{1}{T}\int_0^T \{E(t)\}^2 dt} = \sqrt{\frac{1}{T}\int_0^T \sin^2 \omega t dt} \tag{12.59}$$

であるが，三角関数の半角公式 $\sin^2\theta = (1-\cos 2\theta)/2$ を用いると，根号内は

$$\begin{aligned}\frac{1}{T}\int_0^T E_0 \sin^2 \omega t dt &= \frac{1}{T}\int_0^T E_0 \frac{1-\cos 2\omega t}{2} dt \\ &= \frac{1}{T}\frac{E_0}{2}\int_0^T dt = \frac{E_0}{2}\end{aligned} \tag{12.60}$$

のように変形できる．ここで $\cos 2\omega t$ を周期 T にわたって積分すると 0 になることを用いてる．よって，$E_\mathrm{e} = E_0/\sqrt{2}$ である．

練習問題

問題 12.9　RLC 直列回路で，回路に流れる電流および電源電圧の実効値が，それぞれ 5 A, 200 V であり，電流が電圧より，45° だけ進んでいる．この回路の抵抗値および，リアクタンスの値を求めよ．

第12章演習問題

[1]（合成インピーダンス） 図のような回路における合成インピーダンスを求めよ．

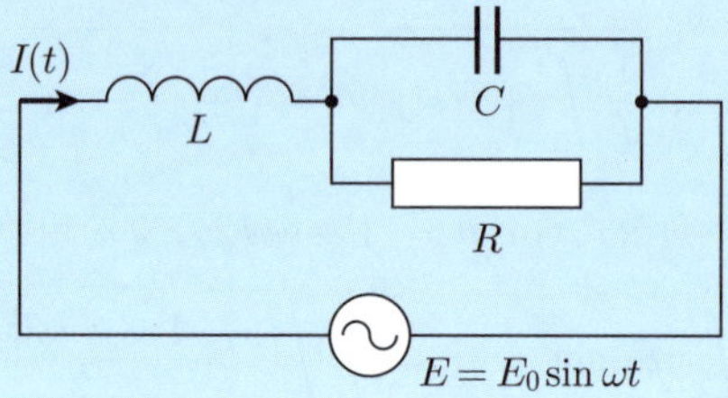

[2]（RLC 直列回路） 図 12.7 の RLC 直列回路において，抵抗 R，コイル L，コンデンサ C の両端の電圧（実効値）を測定したところ，それぞれ 40 V, 30 V, 60 V であった．電源の電圧（実効値）は何 V か．

[3]（RLC 直列回路） 図 12.7 の RLC 直列回路において，周波数 50 Hz における各素子のインピーダンスを測定したところ抵抗は 40 Ω，コイルは 30 Ω，コンデンサは 60 Ω であった．

(1) この回路の電源電圧を 100 V とすると，回路に流れる電流は何 A か．

(2) このとき，コンデンサの両端にかかる電圧は，最大何 V になるか．

(3) 電源電圧はそのままにして周波数を 100 Hz とした．回路に流れる電流は何 A か．

[4]（トランス） 図のように，巻き数比 $n_1 : n_2$ のトランスの 1 次側に電源 E [V] を接続し，2 次側に負荷抵抗 R [Ω] を接続した．

(1) 2 次側に流れる電流 I_2 を求めよ．

(2) 1 次側に流れる電流 I_1 を求めよ．

(3) 1 次側から見た負荷抵抗のインピーダンスを求めよ．

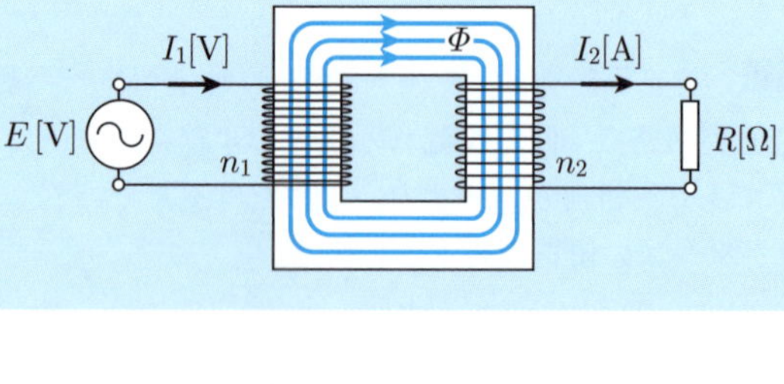

[5] （インピーダンス整合）

(1) 内部インピーダンス Z_0 をもつ交流電源に，インピーダンス Z の負荷回路を接続する．このとき，インピーダンスが $Z = Z_0$ のときに，負荷回路での消費電力が最大になることを示せ．

(2) $R = 1000\,[\Omega]$ の内部抵抗をもつ交流電源に，抵抗値 $10\,\Omega$ の負荷抵抗に最大電力を伝達するために，トランスを用いる．トランスが理想トランスであるとして，トランスの巻き数比を求めよ．

[6] （瞬間の電力と平均の電力） ある交流回路に流れる電流および電力がそれぞれ，$I = I_0 \cos(\omega t)$ および $V = V_0 \cos(\omega t + \alpha)$ で与えられるとき，この回路に供給される瞬間の電力は，

$$P_{瞬間} = IV = (I_0 \cos(\omega t)) \times (V_0 \cos(\omega t + \alpha)) \tag{12.61}$$

で与えられる．これを時間平均すると，(12.56) になることを示せ．

第13章
マクスウェルの方程式

マクスウェルは，電界および磁束密度に関するガウスの法則，アンペールの法則，ファラデーの電磁誘導の法則を，電磁界の基礎方程式として整理した．その際，時間的に変化する系では，アンペールの法則が電荷保存則に矛盾することに気づき，変位電流という新しい概念を導入した．その結果，電磁界は波動として空間を伝播しうることを見出した．この章では，そのマクスウェルの方程式について理解を深める．

13.1 変位電流

磁界の強さ $\boldsymbol{H}$ に関するアンペールの法則 (10.8) によれば，磁界 $\boldsymbol{H}$ をある閉曲線 C について線積分したものは，その閉曲線 C を縁にもつ曲面 S を貫く真電流に等しい．すなわち，真電流密度を $\boldsymbol{j}$ とすると，

$$\oint_{\mathrm{C}} \boldsymbol{H} \cdot d\boldsymbol{l} = \int_{\mathrm{S}} \boldsymbol{j} \cdot d\boldsymbol{S} \tag{13.1}$$

が成り立つ．ここで，閉曲線 C を縁にもつ曲面 S はどう選んでもよいので，たとえば図 13.1 のような平行板コンデンサを含む回路を考えると，閉曲線 C を縁とする面として，曲面 S_1 と S_2 のどちらを考えてもアンペールの法則が成り立つ．すなわち，以下が成り立つ．

$$\oint_{\mathrm{C}} \boldsymbol{H} \cdot d\boldsymbol{l} = \int_{\mathrm{S}_1} \boldsymbol{j} \cdot d\boldsymbol{S} = \int_{\mathrm{S}_2} \boldsymbol{j} \cdot d\boldsymbol{S} \tag{13.2}$$

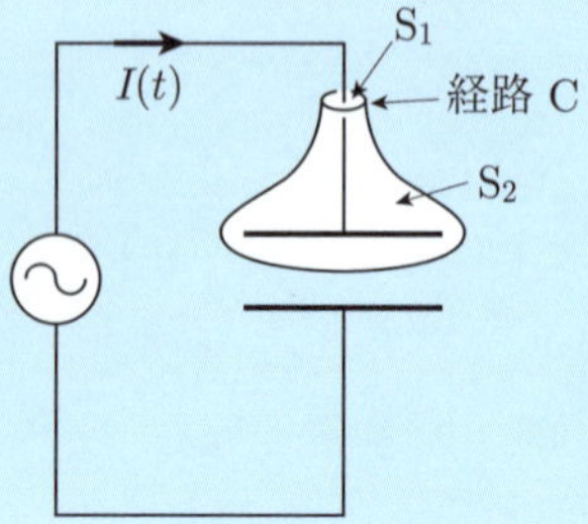

図 13.1　アンペールの法則の面の選び方

ところで，この 2 つの曲面 S_1, S_2 を合わせると 1 つの閉曲面になる．そこで，それを S として，S についての面積分を考える．閉曲面から外に出る向きを正とすれば，S_1 と S_2 では面積分の符号が互いに異なり，また (13.2) より両積分の値は互いに等しいので，結局，閉曲面 S についての面積分は

$$\oint_{\mathrm{S}} \boldsymbol{j} \cdot d\boldsymbol{S} = \int_{\mathrm{S}_1} \boldsymbol{j} \cdot d\boldsymbol{S} - \int_{\mathrm{S}_2} \boldsymbol{j} \cdot d\boldsymbol{S} = 0 \tag{13.3}$$

となる．しかしながら，たとえば導線を通して閉曲面 S から電流が流れ出た場合，(13.3) の積分は 0 のはずはなく，電荷保存則を考えれば，

$$\oint_{\mathrm{S}} \boldsymbol{j} \cdot d\boldsymbol{S} = -\frac{dQ}{dt} \tag{13.4}$$

になるはずである．すなわち，(13.3) は電荷保存則に矛盾することが分かる．

ところで，閉曲面 S 内部の電気量は，S 内部の体積 V における電荷密度 ρ を積分したものになるが，そこに電束密度 $\boldsymbol{D}$ に関するガウスの法則を用いると，

$$Q = \int_{\mathrm{V}} \rho dV = \int_{\mathrm{V}} \mathrm{div}\, \boldsymbol{D} dV = \oint_{\mathrm{S}} \boldsymbol{D} \cdot d\boldsymbol{S} \tag{13.5}$$

になる．ここで最後の変形はガウスの法則である．したがって，(13.4) は

$$\oint_{\mathrm{S}} \boldsymbol{j} \cdot d\boldsymbol{S} = -\frac{d}{dt} \oint_{\mathrm{S}} \boldsymbol{D} \cdot d\boldsymbol{S} = -\oint_{\mathrm{S}} \frac{\partial \boldsymbol{D}}{\partial t} \cdot d\boldsymbol{S} \tag{13.6}$$

と変形できる．よって，

$$\oint_{\mathrm{S}} \left(\boldsymbol{j} + \frac{\partial \boldsymbol{D}}{\partial t} \right) \cdot d\boldsymbol{S} = 0 \tag{13.7}$$

が成り立つ．(13.7) を見ると，(13.1) を

$$\oint_{\mathrm{C}} \boldsymbol{H} \cdot d\boldsymbol{l} = \int_{\mathrm{S}} \left(\boldsymbol{j} + \frac{\partial \boldsymbol{D}}{\partial t} \right) \cdot d\boldsymbol{S} \tag{13.8}$$

のようにすれば，(13.3) と (13.4) との矛盾が解消されることが分かる．$\partial \boldsymbol{D}/\partial t$ はマクスウェルによって提案されたもので，電流密度 $\boldsymbol{j}$ と同じ次元をもつので，**変位電流**と呼ばれている．これらを，**拡張されたアンペールの法則**あるいは**マクスウェル–アンペールの法則**という．また，(13.8) をストークスの定理により微分形にすると，

$$\mathrm{rot}\, \boldsymbol{H} = \boldsymbol{j} + \frac{\partial \boldsymbol{D}}{\partial t} \tag{13.9}$$

である．マクスウェル–アンペールの法則は，電流はループ状の磁界を生じさせるだけでなく，変位電流すなわち電界の時間変化も生じさせると考えることができる．

例題 13.1 マクスウェル–アンペールの法則と連続の式

電荷保存の式 (13.4) の微分形は

$$\mathrm{div}\,\boldsymbol{j} + \frac{\partial \boldsymbol{\rho}}{\partial t} = 0 \tag{13.10}$$

のように与えられる．マクスウェル–アンペールの法則の微分形 (13.9) から (13.10) が導かれることを示せ．ただし，任意のベクトル $\boldsymbol{A}$ について $\mathrm{div}\,(\mathrm{rot}\,\boldsymbol{A}) \equiv 0$ であることを使ってよい．

解答 マクスウェル–アンペールの法則の両辺の発散を取れば，

$$\mathrm{div}(\mathrm{rot}\,\boldsymbol{H}) = \mathrm{div}\left(\boldsymbol{j} + \frac{\partial \boldsymbol{D}}{\partial t}\right) \tag{13.11}$$

となる．ここで，ベクトル解析の公式より，$\mathrm{div}(\mathrm{rot}\,\boldsymbol{H}) = 0$ であるから，

$$\mathrm{div}\,\boldsymbol{j} + \mathrm{div}\left(\frac{\partial \boldsymbol{D}}{\partial t}\right) = 0 \tag{13.12}$$

となる．さらに，空間微分 div と時間微分 $\partial/\partial t$ の順序を入れ替えることができるのでそれを入れ替えて，電束密度に関するガウスの法則，$\mathrm{div}\,\boldsymbol{D} = \rho$ を用いれば，

$$\mathrm{div}\,\boldsymbol{j} + \frac{\partial \rho}{\partial t} = 0 \tag{13.13}$$

を得る．すなわち，マクスウェル–アンペールの法則 (13.9) から電荷保存則 (13.10) が導かれる．

なお，(13.4) あるいは (13.10) の型の方程式を一般に**連続の式**という．連続の式は保存則と深い関係がある．

練習問題

問題 13.1 $\mathrm{div}\,\mathrm{rot}\,\boldsymbol{A} \equiv 0$ を示せ（xyz 座標について示せばよい）．

問題 13.2 微分形の連続の式 (13.10) を積分形 (13.4) から導け．（**ヒント**：ガウスの発散定理を利用する．）

13.2 マクスウェルの方程式

13.2.1 マクスウェルの方程式

いままでに導かれた法則を整理すると，

$$\oint_{\mathrm{S}} \boldsymbol{D} \cdot d\boldsymbol{S} = \int_{\mathrm{V}} \rho dV \qquad \text{(電束密度に関するガウスの法則)} \tag{13.14}$$

$$\oint_{\mathrm{S}} \boldsymbol{B} \cdot d\boldsymbol{S} = 0 \qquad \text{(磁束密度に関するガウスの法則)} \tag{13.15}$$

$$\oint_{\mathrm{C}} \boldsymbol{E} \cdot d\boldsymbol{l} = -\int_{\mathrm{S}} \frac{\partial \boldsymbol{B}}{\partial t} \cdot d\boldsymbol{S} \qquad \text{(ファラデーの電磁誘導の法則)} \tag{13.16}$$

$$\oint_{\mathrm{C}} \boldsymbol{H} \cdot d\boldsymbol{l} = \int_{\mathrm{S}} \left(\boldsymbol{j} + \frac{\partial \boldsymbol{D}}{\partial t} \right) \cdot d\boldsymbol{S} \qquad \text{(拡張されたアンペールの法則)} \tag{13.17}$$

である．ただし，$\boldsymbol{D}$ は電束密度，$\boldsymbol{E}$ は電界，$\boldsymbol{B}$ は磁束密度，$\boldsymbol{H}$ は磁界の強さであり，

$$\boldsymbol{D} = \varepsilon \boldsymbol{E} \tag{13.18}$$

$$\boldsymbol{B} = \mu \boldsymbol{H} \tag{13.19}$$

の関係がある．ここで ε は誘電率，μ は透磁率である．

また (13.14)〜(13.17) を微分形で表せば，

$$\mathrm{div}\, \boldsymbol{D} = \rho \qquad \text{(電束密度に関するガウスの法則)} \tag{13.20}$$

$$\mathrm{div}\, \boldsymbol{B} = 0 \qquad \text{(磁束密度に関するガウスの法則)} \tag{13.21}$$

$$\mathrm{rot}\, \boldsymbol{E} = -\frac{\partial \boldsymbol{B}}{\partial t} \qquad \text{(ファラデーの電磁誘導の法則)} \tag{13.22}$$

$$\mathrm{rot}\, \boldsymbol{H} = \boldsymbol{j} + \frac{\partial \boldsymbol{D}}{\partial t} \qquad \text{(拡張されたアンペールの法則)} \tag{13.23}$$

である．これら 4 つの方程式を**マクスウェルの方程式**という．マクスウェルの方程式は，空間と時間に関する偏微分方程式であり，境界条件や初期条件を与えることにより，その空間の電磁界の問題を解くことができる．すなわち，マクスウェルの方程式は，力学におけるニュートンの運動方程式に相当する電磁界の基礎方程式である．

13.2.2 平面波

マクスウェル方程式の最も典型的な解に**平面波解**がある．すなわち，電磁界は波動として空間を伝播することを理論的に示すことができる．この当時，電磁波はまだ発見されておらず，マクスウェルは変位電流を導入することにより，電磁波の存在を予言したわけである．そしてそれは，ヘルツにより実験的に確認され，人類は電磁波を利用できるようになった．

さて，平面波解を求めるために，まず電荷も電流もない真空を考えよう．この場合，マクスウェルの方程式は，

$$\mathrm{div}\,\boldsymbol{D} = 0 \tag{13.24}$$

$$\mathrm{div}\,\boldsymbol{B} = 0 \tag{13.25}$$

$$\mathrm{rot}\,\boldsymbol{E} = -\frac{\partial \boldsymbol{B}}{\partial t} \tag{13.26}$$

$$\mathrm{rot}\,\boldsymbol{H} = \frac{\partial \boldsymbol{D}}{\partial t} \tag{13.27}$$

となる．また，

$$\boldsymbol{D} = \varepsilon_0 \boldsymbol{E} \tag{13.28}$$

$$\boldsymbol{B} = \mu_0 \boldsymbol{H} \tag{13.29}$$

の関係がある．ここで ε_0 は真空の誘電率，μ_0 は真空の透磁率である．

いま，座標系として直交座標系 xyz をとり，xy 面内では電界 $\boldsymbol{E}$ と磁界 $\boldsymbol{B}$ は一様とすると，$\partial/\partial x$ および $\partial/\partial y$ は 0 になるので，(13.24), (13.25) より

$$\frac{\partial E_z}{\partial z} = 0 \tag{13.30}$$

$$\frac{\partial B_z}{\partial z} = 0 \tag{13.31}$$

を得る．したがって，(13.26), (13.27) より，それぞれ

$$-\frac{\partial E_y}{\partial z} = -\frac{\partial B_x}{\partial t}, \qquad \frac{\partial E_x}{\partial z} = -\frac{\partial B_y}{\partial t}, \qquad 0 = -\frac{\partial E_z}{\partial t} \tag{13.32}$$

$$-\frac{\partial B_y}{\partial z} = \varepsilon_0\mu_0\frac{\partial E_x}{\partial t}, \quad \frac{\partial B_x}{\partial z} = \varepsilon_0\mu_0\frac{\partial E_y}{\partial t}, \quad 0 = \frac{\partial B_z}{\partial t} \tag{13.33}$$

を得る．ここで，(13.32), (13.33) より，初期条件として，電界 $\boldsymbol{E}$ と磁界 $\boldsymbol{B}$ の z 成分を 0 にしておけば，常に $E_z = 0$, $B_z = 0$ であることが分かる．また，(13.32) を z で，(13.33) を t で偏微分し，$\partial^2 B_y/\partial t\partial z = \partial^2 B_y/\partial z\partial t$ に注意すると，

$$\frac{\partial^2 E_x}{\partial z^2} = \varepsilon_0\mu_0\frac{\partial^2 E_x}{\partial t^2} \tag{13.34}$$

が得られる．ここで，

$$c = \frac{1}{\sqrt{\varepsilon_0\mu_0}} \tag{13.35}$$

とおくと，(13.34) は

$$\frac{\partial^2 E_x}{\partial z^2} = \frac{1}{c^2}\frac{\partial^2 E_x}{\partial t^2} \tag{13.36}$$

になる．(13.36) は，**波動方程式**と呼ばれる微分方程式であり，その一般解は，

$$E_x = f(z - ct) + g(z + ct) \tag{13.37}$$

になる．これは，波形 $E_x = f(z)$ を保ったまま z 軸の正の向きに速度 c で移動する波と，波形 $E_x = g(z)$ を保ったまま z 軸の負の向きに速度 c で移動する波を合成したものである．ここで，z の正の向きに進む進行波

$$E_x = f_1(z - ct) \tag{13.38}$$

を考えると，(13.32) より

$$B_y = \frac{1}{c} f_1(z - ct) \tag{13.39}$$

が得られる．すなわち，図 13.2 のように E_x と B_y は対になって空間を速さ c で z 軸の正の向きに伝播する．同様に，E_y と B_x についても進行波を考えれば，

$$E_y = f_2(z - ct) \tag{13.40}$$

$$B_x = -\frac{1}{c} f_2(z - ct) \tag{13.41}$$

のように書くことができる．このように電界は $\boldsymbol{E} = (E_x, E_y, 0)$，磁界は $\boldsymbol{B} = (B_x, B_y, 0)$ となるが，(13.38)〜(13.41) より，その内積は $\boldsymbol{E}\cdot\boldsymbol{B} = E_x B_x + E_y B_y = 0$ であるから，電界 $\boldsymbol{E}$ と磁界 $\boldsymbol{B}$ は互いに直交することが分かる．また，z 成分がないので，この波は横波である．

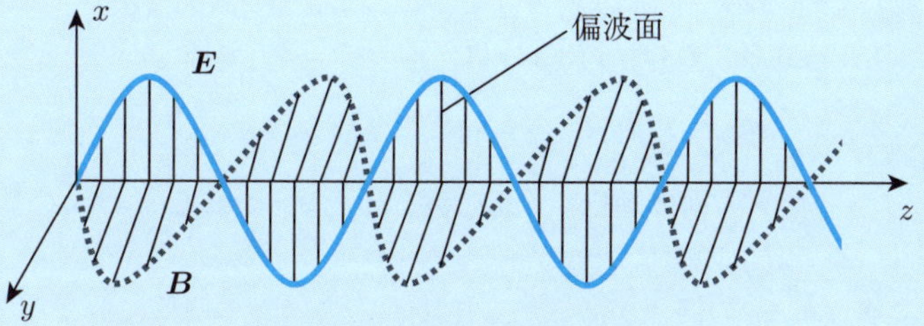

図 13.2 電磁波（直線偏波）

ところで，電磁波の伝播速度を実際に計算すると，

$$c = \frac{1}{\sqrt{\varepsilon_0 \mu_0}} = 3.0 \times 10^8\ \mathrm{m/s} \tag{13.42}$$

になり，光速度の実測値にほぼ一致する．そこで，光は電磁波の一種であると考えられるようになった．

例題 13.2　波動方程式の一般解

波動方程式

$$\frac{\partial^2 E_x}{\partial z^2} = \frac{1}{c^2}\frac{\partial^2 E_x}{\partial t^2} \tag{13.43}$$

の一般解が

$$E_x = f(z - ct) + g(z + ct) \tag{13.44}$$

という形で書けることを示せ．

解答　(13.44) を (13.43) の左辺および右辺に代入すると，

$$\begin{aligned}(\text{左辺}) &= \frac{\partial^2 E_x}{\partial z^2} \\ &= \frac{\partial}{\partial z}(f'(z - ct) + g'(z + ct)) \\ &= f''(z - ct) + g''(z + ct) \end{aligned} \tag{13.45}$$

$$\begin{aligned}(\text{右辺}) &= \frac{\partial^2 E_x}{\partial t^2} \\ &= \frac{1}{c}\frac{\partial}{\partial z}(-f'(z - ct) + g'(z + ct)) \\ &= f''(z - ct) + g''(z + ct) \end{aligned} \tag{13.46}$$

であるので，(13.44) は (13.43) を満たす．ただし，$f'(\cdot)$ は z に関する微分を表す．よって，(13.44) は波動方程式 (13.43) の一般解である．

なお，関数 $f(z)$, $g(z)$ は波形を表し，たとえば $f(z)$ を波長 λ，振幅 E_0 の正弦波とすれば，$f(z) = E_0 \cos kz$ のように書ける．ここで $k = 2\pi/\lambda$ であり，これを波数という．また $g(z) = 0$ とすれば，(13.44) は

$$E_x = E_0 \cos(k(z - ct)) = E_0 \cos(kz - \omega t) \tag{13.47}$$

のような，速さ c で z 方向に進行する正弦波を与える．ただし ω は角振動数であり，振動数 f とは $\omega = 2\pi f$ の関係がある．

(13.47) より $\omega = kc$ の関係があるが，これは，$c = f\lambda$ の関係に他ならない．

練習問題

問題 13.3　$+z$ 方向に進む電磁波があり，ある瞬間の電磁波の電場の向きが $+x$ 方向のとき，磁場の方向はどちら方向か．

13.3 電 磁 波

13.3.1 電磁波の分類

マクスウェルによって理論的に導かれた電磁波は，ヘルツによって実証され，現在では図 13.3 に示すように様々な波長の電磁波が利用されている．このように，いわゆる電波以外に，可視光線や紫外線・赤外線，X 線，γ 線なども電磁波の一種である．

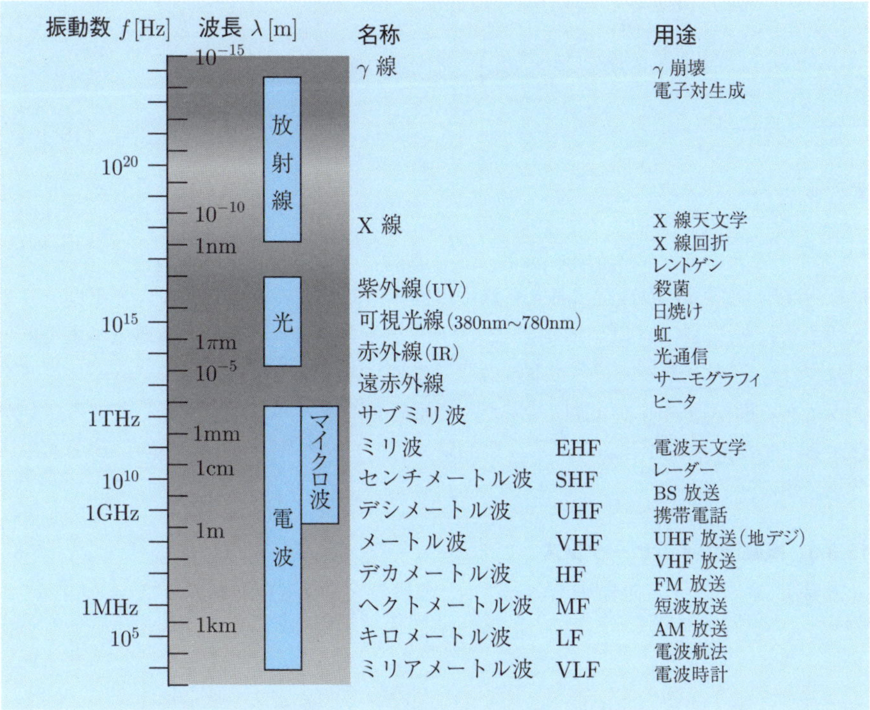

図 13.3 電磁波の分類と用途

13.3.2 電磁波のエネルギー

電磁波は電気的なエネルギーと磁気的なエネルギーを交互に交換しながら空間を伝わるが，その単位時間，単位面積あたりに流れる電磁エネルギーは

$$\boldsymbol{S} = \boldsymbol{E} \times \boldsymbol{H} \tag{13.48}$$

で与えられる．ここで，$\boldsymbol{E}$ と $\boldsymbol{H}$ はそれぞれ電界および磁界である．このベクトル $\boldsymbol{S}$ をポインティングベクトル（Poynting vector）という．Poynting は考案者の名であり，指し示す意味の pointing ではない．

ところで，真空においてポインティングベクトル $\boldsymbol{S}$ の発散を計算すると，

$$\begin{aligned}
\operatorname{div}\boldsymbol{S} &= \operatorname{div}(\boldsymbol{E}\times\boldsymbol{H}) \\
&= \boldsymbol{H}\cdot\operatorname{rot}\boldsymbol{E}-\boldsymbol{E}\cdot\operatorname{rot}\boldsymbol{H} && \text{（ベクトル解析の公式）} \\
&= \boldsymbol{H}\cdot\left(-\frac{\partial\boldsymbol{B}}{\partial t}\right)-\boldsymbol{E}\cdot\frac{\partial\boldsymbol{D}}{\partial t} && \text{（ファラデーの法則，アンペールの法則）} \\
&= -\mu_0\boldsymbol{H}\cdot\frac{\partial\boldsymbol{H}}{\partial t}-\varepsilon_0\boldsymbol{E}\cdot\frac{\partial\boldsymbol{E}}{\partial t} \\
&= -\frac{\partial}{\partial t}\left(\frac{1}{2}\mu_0 H^2+\frac{1}{2}\varepsilon_0 E^2\right) && \text{（内積の微分公式）} \\
&= -\frac{\partial u}{\partial t}
\end{aligned} \tag{13.49}$$

を得る．ここで

$$u=\frac{1}{2}\varepsilon E^2+\frac{1}{2}\mu H^2 \tag{13.50}$$

は電界 $\boldsymbol{E}$，磁界 $\boldsymbol{H}$ の真空に蓄えられる単位体積あたりの電磁気的なエネルギーである．すなわち，(13.49) はエネルギー保存則を表しており，ある点の電磁気エネルギーの減少は，ポインティングベクトルの発散に等しい．すなわち，ポインティングベクトルはある面を通過する単位面積あたりの電磁気的なエネルギーを表していることが分かる．また，このことからポインティングベクトルの単位は $\mathrm{J\cdot s^{-1}\cdot m^{-2}}$ であることが分かる．

13.3.3　電磁波のインピーダンス

電界 $E\,[\mathrm{V\cdot m^{-1}}]$ と磁界 $H\,[\mathrm{A\cdot m^{-1}}]$ との比の次元は $[\Omega]$ であるので，

$$Z=\frac{E}{H} \tag{13.51}$$

を**電磁波のインピーダンス**という．ここで，たとえば平面波 (13.38), (13.39) を考えると，

$$Z=\frac{E}{H}=\mu\frac{E_x}{B_y}=\mu c=\sqrt{\frac{\mu}{\varepsilon}} \tag{13.52}$$

である．特に真空の場合，

$$Z=\sqrt{\frac{\mu_0}{\varepsilon_0}}=376.7\,\Omega \tag{13.53}$$

である．これを**真空のインピーダンス**という．

例題 13.3 エネルギー伝搬速度

z 方向に伝わる正弦電磁波

$$E_x = E_0 \cos(kz - \omega t), \qquad B_y = \frac{1}{c} E_0 \cos(kz - \omega t) \tag{13.54}$$

を考えよう．このときポインティングベクトルの周期 T での時間平均 $\overline{\boldsymbol{S}}$ について，

$$\overline{\boldsymbol{S}} = \left(c \left(\overline{\frac{1}{2}\varepsilon_0 E^2} + \overline{\frac{1}{2}\frac{B_y^2}{\mu_0}} \right) \right) \boldsymbol{k} \tag{13.55}$$

が成り立つことを示せ．これは電磁波のエネルギーは光速で運ばれているということを表している．

解答 ポインティングベクトルは，

$$\boldsymbol{S} = \frac{1}{c} E_0^2 \cos^2(kz - \omega t) \boldsymbol{k} \tag{13.56}$$

となる．ここで，ポインティングベクトルを周期 T での時間平均は，

$$\overline{\boldsymbol{S}} = \frac{1}{T} \int_0^T \boldsymbol{S} dt = \frac{1}{2} \frac{E_0^2}{\mu_0} \boldsymbol{k} = c\varepsilon_0 E_0^2 \boldsymbol{k} \tag{13.57}$$

一方で，

$$\overline{\frac{1}{2}\varepsilon_0 E_x^2} = \frac{1}{4}\varepsilon_0 E_0^2 \tag{13.58}$$

$$\overline{\frac{1}{2}\frac{B_y^2}{\mu_0}} = \frac{1}{4}\frac{E_0^2}{\mu_0 c^2} = \frac{1}{4}\varepsilon_0 E_0^2 \tag{13.59}$$

であるから，(13.55) が成り立つ．

練習問題

問題 13.4 半径 r，長さ l，抵抗値 R の一様な円筒状抵抗に定常電流 I を流すとき，この導線に対するポインティングベクトルの大きさを S とすると，

$$2\pi r l S = I^2 R \tag{13.60}$$

が成り立つことを示せ．すなわち，抵抗表面から放出されるエネルギーは，抵抗で消費されるエネルギーに等しくなる．

第 13 章演習問題

[1]（変位電流の次元） 変位電流が電流密度と同じ次元をもつことを示せ.

[2]（等速直線運動する点電荷による変位電流） 速さ v で等速直線運動する電気量 q の点電荷がある. この点電荷による変位電流を求めよ.

[3]（ポテンシャルと波動方程式） 電界 $\boldsymbol{E}$ および磁界 $\boldsymbol{B}$ は, スカラーポテンシャル ϕ およびベクトルポテンシャル $\boldsymbol{A}$ を用いて

$$\boldsymbol{E} = -\operatorname{grad}\phi - \frac{\partial A}{\partial t} \tag{13.61}$$

$$\boldsymbol{B} = \operatorname{rot}\boldsymbol{A} \tag{13.62}$$

という形で書けた. ここで, ベクトルポテンシャルの不定性を用いてゲージを

$$\operatorname{div}\boldsymbol{A} = -\frac{1}{c^2}\frac{\partial\phi}{\partial t} \tag{13.63}$$

と選んだとき（これをローレンツゲージという）, $\boldsymbol{A}$ および ϕ が,

$$\nabla^2\boldsymbol{A} - \frac{1}{c^2}\frac{\partial^2\boldsymbol{A}}{\partial t^2} = -\mu\boldsymbol{j}, \qquad \nabla^2\boldsymbol{\phi} - \frac{1}{c^2}\frac{\partial^2\boldsymbol{\phi}}{\partial t^2} = -\frac{\rho}{\varepsilon} \tag{13.64}$$

を満たすことを示せ. 特に電荷も電流もない空間では, これは波動方程式になる.

[4]（偏光） z 軸の正の向きに進む電磁場を,

$$E_x = E_{0x}\cos(kx - \omega t + \theta_x), \qquad E_y = E_{0y}\cos(kx - \omega t + \theta_y) \tag{13.65}$$

とする. 以下の場合について, 振幅ベクトル $\boldsymbol{E}_0 = (E_{0x}, E_{0y}, 0)$ の振動面がどのようになるかを説明せよ.

(1) $E_{0x} = E_{0y},\ \theta_x = \theta_y$　　(2) $E_{0x} = E_{0y},\ \theta_x = \theta_y + \pi$

(3) $E_{0x} = E_{0y},\ \theta_x = \theta_y + \pi/2$　　(4) $E_{0x} = E_{0y},\ \theta_x = \theta_y - \pi/2$

[5]（コンデンサから放出される電磁波） 右図のようなインダクタンス L, 静電容量 C の LC 直列回路において, はじめコンデンサに電荷が蓄えられているとする. スイッチを入れた後で, コンデンサから放射される電磁波の波長を求めよ.

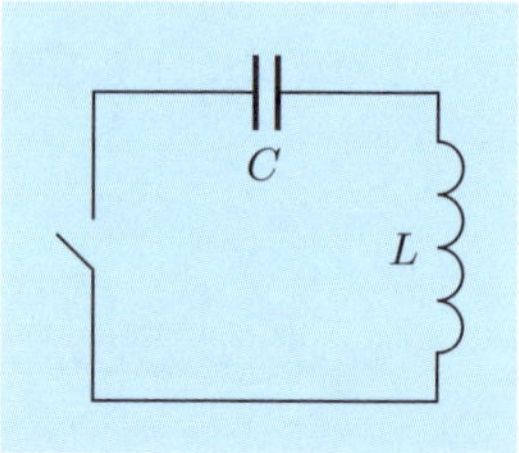

問題解答

第1章の解答

練習問題

問題 1.1　アボガドロ数は $N_{\mathrm{A}} = 6.02 \times 10^{23}$ なので，$eN_{\mathrm{A}} = 96300\,\mathrm{C}$

問題 1.2　$n = \frac{1}{e} = 6.25 \times 10^{18}$ 個 $= 10.4\,\mu\mathrm{mol}$

問題 1.3　$Q = Q_1 - Q_2 = 3 \times 10^{-6}\,\mathrm{C}$

問題 1.4　$F = 9 \times 10^9 \times 1 \times \frac{1}{1^2} = 9 \times 10^9\,\mathrm{N}$（斥力）

問題 1.5　距離 r が 2 倍になったので，クーロン力 F は $\frac{1}{2^2} = \frac{1}{4}$ 倍.

問題 1.6　一方の電荷が 2 倍で他方はそのままなので，クーロン力 F は 2 倍になる．作用反作用の法則により，どちらに働く力の大きさも 2 倍になる．

問題 1.7　辺 BC に垂直で A から遠ざかる向き，大きさは $\sqrt{3}$ 倍すなわち $F = \frac{\sqrt{3}kq^2}{a^2}$.

問題 1.8　電界の大きさは $E = \frac{\lambda}{2\pi\varepsilon_0 r}$ （r に反比例），向きは直線電荷に垂直である．

問題 1.9　電界の大きさは $E = \frac{\sigma}{2\varepsilon_0}$ （h に関係なく一定），向きは平面電荷に垂直である．

問題 1.10　大きさは，$r \geq a$ の場合，$E = \frac{1}{4\pi\varepsilon_0}\frac{Q}{r^2}$ （全電荷 Q が中心に集まった場合と同じ），$r \leq a$ の場合，$E = \frac{1}{4\pi\varepsilon_0}\frac{Q}{a^3}r$ （半径 r の球内の電荷のみ中心に集まった場合に同じ．その外側の電荷は，電界に寄与しない）．向きはどちらも中心から半径が伸びる向きである．

問題 1.11　$t = 0$ で $x = 0$, $y = 0$ の初期条件のもとで (1.26) を t について積分すると，$x = v_0 t$, $y = \frac{qE}{2m}t^2$．ここから t を消去すると，$y = \frac{qE}{2mv_0^2}x^2$．これは放物線である（証明終わり）．

問題 1.12　進む向きを x 軸，初期位置を $x{=}0$ とすると，運動方程式は $m\frac{dv}{dt} = eE$．これを初速 0 の条件で解くと，$v = \frac{eE}{m}t$, $x = \frac{eE}{2m}t^2$ である．よって，d だけ進む時間は $t = \sqrt{\frac{2md}{eE}}$ であるから，そのときの速度は，$v = \sqrt{\frac{2eEd}{m}}$.

演習問題

［**1**］ (1)　$F = 9.0 \times 10^9 \times \frac{(1.6\times10^{-19})^2}{(0.05\times10^{-9})^2} = 9.2 \times 10^{-8}\,\mathrm{N}$

(2)　$F = 9.0 \times 10^9 \times \frac{(1.6\times10^{-19})^2}{(3.8\times10^{-15})^2} = 1.6 \times 10^1\,\mathrm{N}$

［**2**］ $0.8 = 9 \times 10^9 \times 2q \times \frac{q}{0.3^2}$ より，$q = 2 \times 10^{-6}\,\mathrm{C}$．よって，電気量は $2 \times 10^{-6}\,\mathrm{C}$ と $4 \times 10^{-6}\,\mathrm{C}$.

［**3**］ (1)　$x = 2$

(2)　$q' = 4q$

(3)　たとえば，q' の位置を $x = 2$ から δx だけずらすと，働く力は $F = k(\frac{16q^2}{(2+\delta x)^2} - \frac{4q^2}{(1+\delta x)^2}) = 4kq^2(-\delta x + 2\delta x) \approx 4kq^2\delta x$ であるから，より変位を増加する向きに力が働く（復元力でない）．よって，この配置は不安定である．

［**4**］ λ_1 から距離 d の点の電界は $E = \frac{\lambda_1}{2\pi\varepsilon_0 d}$ であるから，λ_2 が単位長さあたり受ける力は，$F = \lambda_2 E = \frac{\lambda_1\lambda_2}{2\pi\varepsilon_0 d}$.

［5］ $v = \sqrt{\frac{rF}{m}} = \sqrt{\frac{0.05\times10^{-9}\times9.2\times10^{-8}}{9.1\times10^{-31}}} = 2.2\times10^{6}\,\mathrm{m\cdot s^{-1}}$

［6］ 30° でつり合うので，電荷間の距離は 1 m である．また，糸の張力の水平成分は，重力を mg とすれば $mg\tan30°$ であるから，両者のつり合いから，$9\times10^{9}\times\frac{(\frac{Q}{2})^2}{1^2} = 0.01\times9.8\times\frac{1}{\sqrt{3}}$ である．よって，$Q = 5.0\times10^{-6}\,\mathrm{C}$.

［7］ 下向きを正として，浮力を考慮した重力と，空気抵抗とのつり合いより $0 = \frac{4}{3}\pi a^3(\rho-\rho_0)g - 6\pi\eta a v_0$，次に電圧 V（上を正）をかけると，下向きに $\frac{V}{d}$ の電界が生じるので，クーロン力と，浮力を考慮した重力と，空気抵抗のつり合いより $0 = \frac{qV}{d} + \frac{4}{3}\pi a^3(\rho-\rho_0)g - 6\pi\eta a v_+$ である．最初の式より，球の半径は $a = \sqrt{\frac{9\eta v_0}{2(\rho-\rho_0)g}}$ のように求まり，2 番目と合わせて，求める電荷は $q = \frac{6\pi\eta a d}{V}(v_+ - v_0)$ で与えられる．

第 2 章の解答

練習問題

問題 2.1 $W_{\mathrm{C}_1} = -qEa,\ W_{\mathrm{C}_2} = -qEa,\ W_{\mathrm{C}_3} = -qEa$

問題 2.2 円弧 AB 上で x 軸から角度 θ の位置において，$d\boldsymbol{l}$ と $\boldsymbol{E}$ とのなす角は $\theta+\frac{\pi}{2}$ である．また，$dl = a d\theta$ である．よって円弧 C_4 に沿った A→B の仕事は $W_{\mathrm{C}_4} = -\int_{\mathrm{A}}^{\mathrm{B}} q\boldsymbol{E}\cdot d\boldsymbol{l} = -qE\int_{\theta}^{\pi/2}\cos(\theta+\frac{\pi}{2})a d\theta = qEa\int_{\theta}^{\pi/2}\sin\theta d\theta = qEa$.

問題 2.3 $r > a$ の場合は，$\phi = -\int_{-\infty}^{r} E dr = \frac{1}{4\pi\varepsilon_0}\frac{Q}{r}$ である．また，$r \le a$ の場合は $\phi = -\int_{-\infty}^{r} E dr = -\int_{-\infty}^{a} E dr - \int_{a}^{r} E dr = \frac{1}{4\pi\varepsilon_0}\frac{Q}{a}$ であり，例題の結果と一致する．

問題 2.4 中心を通り平面電荷に垂直に z 軸を取り，z 軸上で平面から距離 h の点 P の電位を考える．平面上で中心から距離 r の円環 $2\pi r dr$ の電荷は $dq = 2\sigma\pi r dr$ であるから，この dq による点 P の電位は $d\phi = \frac{1}{4\pi\varepsilon_0}\frac{2\sigma\pi r dr}{\sqrt{h^2+r^2}}$ である．よって，半径 a の平面電荷全体による電位は，$\phi = \frac{\sigma}{2\varepsilon_0}\int_0^a \frac{r dr}{\sqrt{h^2+r^2}} = \frac{\sigma}{2\varepsilon_0}[\sqrt{h^2+r^2}]_0^a = \frac{\sigma}{2\varepsilon_0}(\sqrt{h^2+a^2}-h)$.

問題 2.5 同電位の点に戻るので，仕事は 0.

問題 2.6 点 C の電位は 1.5 V であるから，1.0 V の等電位面との位置エネルギーの差は $U = qV = 1\,\mathrm{mJ}$ である．これが運動エネルギー K になるので，$K = 1\,\mathrm{mJ}$．よって求める速さは $v = \sqrt{\frac{2K}{m}} = 20\,\mathrm{m\cdot s^{-1}}$.

問題 2.7 この問題では，電界は電荷 Q から放射状，等電位面は電荷 Q を中心とする球面となる．よって電界と等電位面は半径と球面の関係にあるので直交する．

問題 2.8 円筒座標の式を用いると，

$$\boldsymbol{E} = -\operatorname{grad}\phi = -\left(\frac{\partial\phi}{\partial r}\boldsymbol{e}_r + \frac{1}{r}\frac{\partial\phi}{\partial\theta}\boldsymbol{e}_\theta + \frac{\partial\phi}{\partial z}\boldsymbol{e}_z\right) = E_0\frac{\partial}{\partial r}r\boldsymbol{e}_r = E_0\boldsymbol{e}_r$$

を得る．すなわち，z 軸に垂直で放射状の電界であり，その大きさは E_0 で一定である．

問題 2.9 $E = \frac{V}{d} = \frac{10}{1\times10^{-2}} = 1\times10^{3}\,\mathrm{V\cdot m^{-1}}$

問題 2.10 球座標で考えると，球外部の電界は (2.20) より $\boldsymbol{E} = -\operatorname{grad}\phi = -\frac{\partial\phi}{\partial r}\boldsymbol{e}_r = \frac{1}{4\pi\varepsilon_0}\frac{Q}{r^2}$．球内部の電界は，(2.21) より電位 ϕ は一定なので $\boldsymbol{E} = -\operatorname{grad}\phi = \boldsymbol{0}$.

問題 2.11 陽子の電荷は $q = 1.6\times10^{-19}\,\mathrm{C}$，陽子間の距離は $r = 3.8\times10^{-15}\,\mathrm{m}$ であるから，静電エネルギーは，$U = \frac{1}{4\pi\varepsilon_0}\frac{q^2}{r} = 6.0\times10^{-14}\,\mathrm{J}$ である．

問題 2.12 電荷分布が面状なので，その面電荷密度を σ とすると，(2.44) は $U = \frac{1}{2}\int \phi dQ = \frac{1}{2}\int_S \phi\sigma dS$ である．ここで σ 一定であり，ϕ は微小な電荷 σdS 以外の電荷による電位で，例題 2.2 より，それは球の中心に電荷 Q がある場合の半径 a の球面の電位に等しいので，$\phi = \frac{1}{4\pi\varepsilon_0}\frac{Q}{a}$=一定である．よって，$U = \frac{1}{2}\phi\int_S \sigma dS = \frac{1}{2}\phi Q = \frac{1}{8\pi\varepsilon_0}\frac{Q^2}{a}$.

演習問題

[**1**] 電荷 e を電位差 V の間移動するのに必要な仕事は $W = eV$ である．よって，それによって得られる運動エネルギーは $K = eV$ である.

[**2**] 直線電荷に沿って z 軸をとり，中点を原点とする．z 軸上の位置 z における線素 dz の電荷は $dq = \lambda dz$ であるから，この dq による点 P の電位は $d\phi = \frac{1}{4\pi\varepsilon_0}\frac{\lambda dz}{\sqrt{z^2+r^2}}$ である．線電荷全体による電位は，これを z について $-l$ から l まで積分すれば求まるが，この積分は 0 から l までの積分の 2 倍であるから $\phi = \frac{\lambda}{2\pi\varepsilon_0}\int_0^l \frac{dz}{\sqrt{z^2+r^2}} = \frac{\lambda}{2\pi\varepsilon_0}[\log(z+\sqrt{z^2+r^2})]_0^l = \frac{\lambda}{2\pi\varepsilon_0}\log\frac{l+\sqrt{l^2+r^2}}{r}$ である.

[**3**] 第 1 章の練習問題 1.10 で求めた電界を，(2.14) を用いて ∞ から r（$r \leq a$）まで積分すれば求まり，$r > a$（球外部）の場合，$\phi = \frac{Q}{4\pi\varepsilon_0}\frac{1}{a}$ である．また，$r \leq a$（球内部）の場合，$\phi = \frac{Q}{4\pi\varepsilon_0}(\frac{1}{a} - \frac{r^2}{2a^3} + \frac{1}{2a}) = \frac{Q}{8\pi\varepsilon_0 a^3}(3a^2 - r^2)$ である.

[**4**] 右図の通り．電界は等電位面に垂直で電位が下がる向き．大きさは電位の勾配なので，等電位面の間隔が密な方が大きい．したがって，大きさは A > B > C の順である.

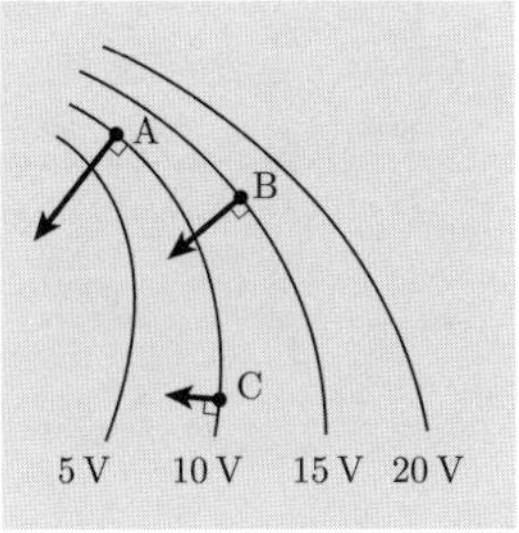

[**5**] (1) $\boldsymbol{E} = -\,\mathrm{grad}\,\phi = (-ky, -kx, 0)$

(2) $\boldsymbol{E} = -\,\mathrm{grad}\,\phi = \frac{k}{r^2}\boldsymbol{e}_r$（$\boldsymbol{e}_r$ は半径方向の単位ベクトル）

[**6**] (1) x 成分を考えると，$\{\mathrm{grad}(\phi\psi)\}_x = \frac{\partial\phi\psi}{\partial x} = \frac{\partial\phi}{\partial x}\psi + \phi\frac{\partial\psi}{\partial x}$ である．他の成分も同様に求め，まとめると，$\mathrm{grad}(\phi\psi) = (\frac{\partial\phi}{\partial x}\psi + \phi\frac{\partial\psi}{\partial x}, \frac{\partial\phi}{\partial y}\psi + \phi\frac{\partial\psi}{\partial y}, \frac{\partial\phi}{\partial z}\psi + \phi\frac{\partial\psi}{\partial z}) = (\mathrm{grad}\,\phi)\psi + \phi\,\mathrm{grad}\,\psi$.

(2) x 成分を考えると，$\{\mathrm{grad}(\boldsymbol{p}\cdot\boldsymbol{r})\}_x = \frac{\partial}{\partial x}(p_x x + p_y y + p_z z)) = p_x$ である．他の成分も同様に求め，まとめると，$\mathrm{grad}(\boldsymbol{p}\cdot\boldsymbol{r}) = (p_x, p_y, p_z) = \boldsymbol{p}$.

(3) 球座標で考えると，$\mathrm{grad}\,r^n = \frac{\partial r^n}{\partial r}\boldsymbol{e}_r = nr^{n-1}\boldsymbol{e}_r$ であるが，$\boldsymbol{e}_r$ は $\hat{\boldsymbol{r}}$ に他ならない.

(4) x 成分を考えると，$\{(\boldsymbol{A}\cdot\nabla)\boldsymbol{r}\}_x = (A_x\frac{\partial}{\partial x} + A_y\frac{\partial}{\partial y} + A_z\frac{\partial}{\partial z})x = A_x$ である．他の成分も同様に求め，まとめると，$(\boldsymbol{A}\cdot\nabla)\boldsymbol{r} = (A_x, A_y, A_z) = \boldsymbol{A}$.

[**7**] 最近接の電荷（立方体の隣り合う頂点）同士の電荷は異符号であり，電気量の絶対値は q であるから，この電荷による静電エネルギーは $U_1 = -\frac{1}{4\pi\varepsilon_0}\frac{q^2}{a}$ である．また，第 2 近接（正方形の面の対角点）の電荷は同符号であるから，この静電エネルギーは $U_2 = \frac{1}{4\pi\varepsilon_0}\frac{q^2}{\sqrt{2}a} = -\frac{1}{\sqrt{2}}U_1$ である．さらに，第 3 近接（立方体の対角点）の電荷は異符号であるから，この静電エネルギーは $U_3 = \frac{1}{4\pi\varepsilon_0}\frac{q^2}{\sqrt{3}a} = \frac{1}{\sqrt{3}}U_1$ である.

全体の静電エネルギーは，U_1 が 12 個分，U_2 が 12 個分，U_3 が 4 個分であるから，
$U = 12U_1 + 12U_2 + 4U_3 = -\frac{1}{4\pi\varepsilon_0}\frac{q^2}{a}(12 - \frac{12}{\sqrt{2}} + \frac{4}{\sqrt{3}}) = -\frac{1}{4\pi\varepsilon_0}\frac{q^2}{a}(12 - 6\sqrt{2} + \frac{4}{3}\sqrt{3})$.

[**8**] (2.44) より $U = \frac{1}{2}\int \phi dQ = \frac{1}{2}\int_{\mathrm{V}} \phi\rho dV$ である．ここで ρ は一定であり，中心から距離 r にある微小電荷 $dQ = \rho dV$ の位置の電位は，第 2 章の演習問題 [3] より，$\phi = \frac{Q}{8\pi\varepsilon_0 a^3}(3a^2 - r^2)$ である．したがって，$U = \frac{1}{2}\int \phi\rho dV = \frac{1}{2}\int_0^a \phi\rho 4\pi r^2 dr = \frac{\rho Q}{4\varepsilon_0 a^3}\int_0^a (3a^2 - r^2) r^2 dr = \frac{\rho Q}{\varepsilon_0}(\frac{1}{5}a^2) = \frac{1}{4\pi\varepsilon_0}\frac{3Q^2}{5a}$.

[**9**] 円環コイル上に微小領域 dl を考えると，この微小領域の電荷は，λdl である．この微小領域の電荷が中心軸上，円の中心より z だけ離れた位置に作る電位は $d\phi = \frac{\lambda dl}{4\pi\varepsilon_0\sqrt{z^2+a^2}}$ となる．これより，この点での電荷全体による電位は $\phi = \frac{\lambda a}{2\varepsilon_0\sqrt{z^2+a^2}}$ と求まる．したがって，この点での電界は，電荷の中心軸に沿った方向を向いており，その大きさは，$E = -\frac{d\phi}{dz} = \frac{\lambda a z}{2\varepsilon_0(z^2+a^2)^{3/2}}$ となる．

[**10**] (1) 図 1.5(b) について考えると，点 P の電位は $\phi = \frac{1}{4\pi\varepsilon_0}(\frac{q}{r_{\mathrm{A}}} - \frac{q}{r_{\mathrm{B}}})$ であるが，$r \gg l$ の場合，$r_{\mathrm{A}} = r - \frac{1}{2}l\cos\theta$, $r_{\mathrm{B}} = r + \frac{1}{2}l\cos\theta$ であり，$\frac{1}{r_{\mathrm{A}}} = \frac{1}{r}(1 + \frac{1}{2}\frac{l}{r}\cos\theta)$, $\frac{1}{r_{\mathrm{B}}} = \frac{1}{r}(1 - \frac{1}{2}\frac{l}{r}\cos\theta)$ なので，$\phi = \frac{1}{4\pi\varepsilon_0}\frac{ql\cos\theta}{r^2} = \frac{1}{4\pi\varepsilon_0}\frac{p\cos\theta}{r^2} = \frac{1}{4\pi\varepsilon_0}\frac{\boldsymbol{p}\cdot\hat{\boldsymbol{r}}}{r^2}$.

(2) 勾配の球座標における表式 (2.31) に $\phi = \frac{1}{4\pi\varepsilon_0}\frac{p\cos\theta}{r^2}$ を代入すると，電界 $\boldsymbol{E}$ の (r, θ, ϕ) 成分は，$E_r = -\frac{\partial\phi}{\partial r} = \frac{2p\cos\theta}{4\pi\varepsilon_0 r^3}$, $E_\theta = -\frac{1}{r}\frac{\partial\phi}{\partial\theta} = \frac{p\sin\theta}{4\pi\varepsilon_0 r^3}$, $E_\phi = -\frac{1}{r\sin\theta}\frac{\partial\phi}{\partial\varphi} = 0$ である．

別解 ベクトル解析の公式 $\mathrm{grad}(\phi\psi) = (\mathrm{grad}\,\phi)\psi + \phi\,\mathrm{grad}\,\psi$（ただし，$\phi$, ψ はスカラー関数），$\mathrm{grad}\,r^n = nr^{n-1}\hat{\boldsymbol{r}}$（ただし，$n$ は整数，r は原点からの距離，$\hat{\boldsymbol{r}}$ は r 方向の単位ベクトル），$\mathrm{grad}(\boldsymbol{p}\cdot\boldsymbol{r}) = \boldsymbol{p}$（ただし，$\boldsymbol{p}$ は定ベクトル，$\boldsymbol{r}$ は位置ベクトル）を用いると，$\boldsymbol{E} = -\mathrm{grad}\,\phi = -\frac{1}{4\pi\varepsilon_0}\mathrm{grad}\,\frac{\boldsymbol{p}\cdot\boldsymbol{r}}{r^3} = -\frac{1}{4\pi\varepsilon_0}((\boldsymbol{p}\cdot\boldsymbol{r})\,\mathrm{grad}\,\frac{1}{r^3} + \frac{1}{r^3}\mathrm{grad}(\boldsymbol{p}\cdot\boldsymbol{r})) = -\frac{1}{4\pi\varepsilon_0}((-\boldsymbol{p}\cdot\boldsymbol{r})\frac{3}{r^4}\hat{\boldsymbol{r}} + \frac{1}{r^3}\boldsymbol{p})) = \frac{1}{4\pi\varepsilon_0}\frac{3(\boldsymbol{p}\cdot\hat{\boldsymbol{r}})\hat{\boldsymbol{r}} - \boldsymbol{p}}{r^3}$.

第 3 章の解答

練習問題

問題 3.1 対称性より，電界の向きは面 σ に垂直である．また，右図のように面 σ を含み，その面に平行で面からの距離が h の底面をもつ円柱面を考えると，底面上の電界は底面に垂直で，その大きさ E は一定である．よって，底面積を S とすれば，片方の底面を横切って外に出る電気力線の本数は SE である．また側面での出入りはないので，円柱の表面から出る電気力線の総数は，$\oint_{円柱面} \boldsymbol{E}\cdot d\boldsymbol{S} = 2SE$ である．

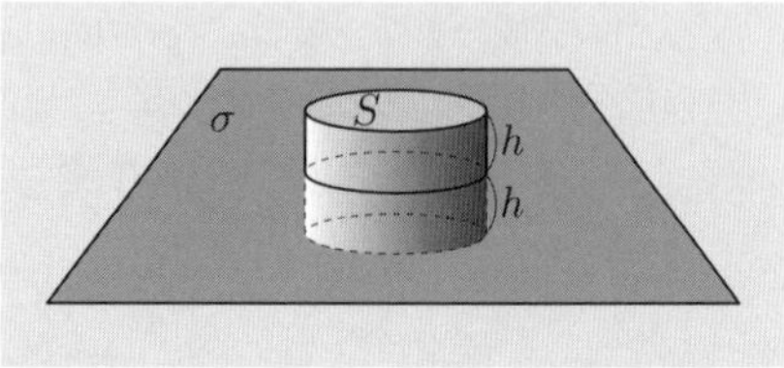

一方，円柱面内部に含まれる電荷は σS であるから，ガウスの法則により $2SE = \frac{\sigma S}{\varepsilon_0}$. よって，求める電界の大きさは $E = \frac{\sigma}{2\varepsilon_0}$ である．

問題 3.2　対称性より，電界の向きは直線 λ に垂直である．また右図のように線電荷を中心軸とし，底面の半径 r の円柱面を考えると，側面上の電界は側面に垂直で，その大きさ E は一定である．よって，円柱の高さを h とすれば，側面を横切って外に出る電気力線の本数は $2\pi rhE$ である．上下の底面での出入りはないので，円柱面から出る電気力線の総数は，$\oint_{\text{円柱面}} \boldsymbol{E}\cdot d\boldsymbol{S} = 2\pi rhE$ である．

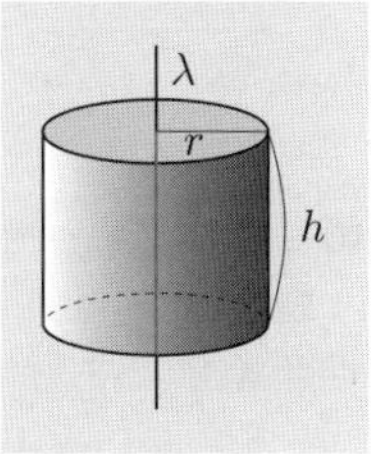

一方，円柱面内部に含まれる電荷は λh であるから，ガウスの法則により $2\pi rhE = \frac{\lambda h}{\varepsilon_0}$．よって，求める電界の大きさは $E = \frac{\lambda}{2\pi\varepsilon_0 r}$ である．

問題 3.3　(1)　$\operatorname{div}\boldsymbol{E} = 3k$

(2)　$\operatorname{div}\boldsymbol{E} = 0$

(3)　$E_r = 0,\ E_\theta = \frac{k}{r},\ E_z = 0$ より，$\operatorname{div}\boldsymbol{E} = 0$

問題 3.4　球座標での発散の式 (3.17) に点電荷による電界 $\boldsymbol{E}$ を代入すると，$\operatorname{div}\boldsymbol{E} = 0$．これは，電気力線は点電荷のみから湧き出すことに対応する．

問題 3.5　$\rho(r) = -\varepsilon_0 \triangle \phi = -\frac{q}{2a}\frac{\partial^2}{\partial x^2}e^{-x^2/a^2} = \frac{q}{a^3}(1-\frac{2x^2}{a^2})e^{-x^2/a^2}$

問題 3.6　$\rho(r) = -\varepsilon_0 \triangle \phi = -\frac{q}{4\pi}\frac{1}{r^2}\frac{\partial}{\partial r}(r^2\frac{\partial}{\partial r}\frac{e^{-r/\lambda}}{r}) = -\frac{q}{4\pi\lambda^2}\frac{e^{-r/\lambda}}{r}$．なお，これを $r=0$ から $r=\infty$ まで体積積分すると $\int_0^\infty \rho(r)4\pi r^2 dr = -q$ になる．一方，電界は $\boldsymbol{E} = -\operatorname{grad}\phi = \frac{q}{4\pi\varepsilon_0} = (1+\frac{r}{\lambda})\frac{e^{-r/\lambda}}{r^2}$ であり，半径 a の球面を貫く電気力線の本数は，$\oint_S \boldsymbol{E}\cdot d\boldsymbol{S} = \frac{q}{\varepsilon_0}(1+\frac{a}{\lambda})e^{-a/\lambda} \to 0$（$a\to\infty$）より，この球面内の電荷の合計は 0 の必要があり，それは原点に電荷 q があることを意味する．すなわち，この電荷分布は，原点に電荷 q のまわりを電荷密度 ρ で分布する電荷 $-q$ が取り巻く分布である．

演習問題

[**1**]　対称性より，電界の向きは半径方向である．大きさは $r \geq a$ の場合，$E = \frac{1}{4\pi\varepsilon_0}\frac{Q}{r^2}$（電荷 Q が中心に集まった場合と同じ）．$r \leq a$ の場合，$E = \frac{Q}{4\pi\varepsilon_0 a^3}r$．

[**2**]　対称性より，電界の向きは円筒の中心軸に垂直で半径方向である．大きさは $r \geq a$ の場合，$E = \frac{1}{2\pi\varepsilon_0}\frac{\lambda}{r}$（電荷が中心軸に集まった場合と同じ）．$r \leq a$ の場合，$E = \frac{\lambda}{2\pi\varepsilon_0 a^2}r$．

[**3**]　ガウスの法則の積分形 (3.7) にガウスの発散定理 (3.20) を適用すると，$\frac{1}{\varepsilon_0}\int_V \operatorname{div}\rho dV = \oint_S \boldsymbol{E}\cdot d\boldsymbol{S} = \int_V \operatorname{div}\boldsymbol{E}dV$ である．よって $\operatorname{div}\boldsymbol{E} = \frac{\rho}{\varepsilon_0}$ を得る．

[**4**]　(1)　$\operatorname{div}\boldsymbol{r} = 3$

(2)　$\operatorname{div}\frac{\boldsymbol{r}}{r^3} = 0$. なお，ディラックの δ 関数を用いれば，$r=0$ を含めて $\operatorname{div}\frac{\boldsymbol{r}}{r^3} = 4\pi\delta(r)$ と書くことができる．

[**5**]　(1)　$\operatorname{div}(\phi\boldsymbol{A}) = \frac{\partial}{\partial x}(\phi A_x) + \frac{\partial}{\partial y}(\phi A_y) + \frac{\partial}{\partial z}(\phi A_z) = \frac{\partial\phi}{\partial x}A_x + \frac{\partial\phi}{\partial y}A_y + \frac{\partial\phi}{\partial z}A_z + \phi\frac{\partial A_x}{\partial x} + \phi\frac{\partial A_y}{\partial y} + \phi\frac{\partial A_z}{\partial z} = \operatorname{grad}\phi\cdot\boldsymbol{A} + \phi\operatorname{div}\boldsymbol{A}$

(2)　$\operatorname{div}(\boldsymbol{J}\times\boldsymbol{r}) = \frac{\partial}{\partial x}(J_y z - J_z y) + \frac{\partial}{\partial y}(J_z x - J_x z) + \frac{\partial}{\partial z}(J_x y - J_y x) = 0$

(3)　$\triangle(\phi\psi) = \frac{\partial^2}{\partial x^2}(\phi\psi) + \frac{\partial^2}{\partial y^2}(\phi\psi) + \frac{\partial^2}{\partial z^2}(\phi\psi) = \psi\frac{\partial^2\phi}{\partial x^2} + 2\frac{\partial\phi}{\partial x}\frac{\partial\psi}{\partial x} + \phi\frac{\partial^2\psi}{\partial x^2} + \psi\frac{\partial^2\phi}{\partial y^2} + 2\frac{\partial\phi}{\partial y}\frac{\partial\psi}{\partial y} + \phi\frac{\partial^2\psi}{\partial y^2} + \psi\frac{\partial^2\phi}{\partial z^2} + 2\frac{\partial\phi}{\partial z}\frac{\partial\psi}{\partial z} + \phi\frac{\partial^2\psi}{\partial z^2} = \psi\triangle\phi + \phi\triangle\psi + 2(\nabla\phi)\cdot(\nabla\psi)$

[**6**]　円筒座標では，発散は (3.16) で与えられるので $\rho = \varepsilon_0\operatorname{div}\boldsymbol{E} = \varepsilon_0(0 - \frac{\sin\phi}{r^2} + 0) =$

$-\frac{\varepsilon_0 \sin\phi}{r^2}$.

[**7**] 球座標では，発散は (3.17) で与えられるので $\rho = \varepsilon_0 \frac{1}{r^2}\frac{\partial}{\partial r}(1-e^{-ar}) = \frac{a\varepsilon_0}{r^2}e^{-ar}$.

第 4 章の解答

練習問題

問題 4.1 外部導体の表面電荷は $Q+q$ であり，それが球面に一様に分布するので，表面の電界は $E = \frac{Q+q}{4\pi\varepsilon_0 a^2}$.

問題 4.2 外部導体内側の電荷 $-q$ と内部導体の電荷 q は中和して 0 になり，外部導体外側の電荷 $Q+q$ が残る．それが外側の球の表面に一様に分布する．

問題 4.3 内外の導体に単位長さあたり $\pm\lambda$ の電荷をそれぞれ与えると，導体の電位差は $V = \frac{\lambda}{2\pi\varepsilon_0}\ln\frac{b}{a}$ である．よって，単位長さあたりの静電容量は $C = \frac{\lambda}{V} = \frac{2\pi\varepsilon_0}{\ln\frac{b}{a}}$.

問題 4.4 コンデンサに蓄えられているエネルギーは，極板間隔 x の関数として $U = \frac{1}{2}\frac{Q^2}{C} = \frac{1}{2}\frac{Q^2}{\varepsilon_0 S}x$ のように表すことができる．よって，極板間に働く力は，(4.29) より $F = -\frac{dU}{dx} = -\frac{1}{2}\frac{Q^2}{\varepsilon_0 S}$ となる．F は負なので引力である．なお，極板間の電界は $E = \frac{Q}{\varepsilon_0 S}$ であるから $F = -\frac{1}{2}\varepsilon_0 E^2 S$ であり，単位面積あたり $\frac{1}{2}\varepsilon_0 E^2$ の張力が働くことが分かる（結局，例題と同じ張力である）．

問題 4.5 静電容量は $C = \varepsilon_0\frac{S}{d} = 8.85\times10^{-12}\times\frac{100\times10^{-4}}{1\times10^{-3}} = 8.85\times10^{-11}\,\mathrm{C}$ である．よって，静電エネルギーは，$U = \frac{1}{2}CV^2 = 1.77\times10^{-8}\,\mathrm{J}$ である．

別解　電界 $E = \frac{V}{d} = 2\times10^4\,\mathrm{V\cdot m^{-1}}$，体積 $V = Sd = 1\times10^{-5}\,\mathrm{m^3}$ であるから，静電エネルギーは $U = \frac{1}{2}\varepsilon_0 E^2 V = 1.77\times10^{-8}\,\mathrm{J}$ である．

問題 4.6 導体球の電位を ϕ_0 とすると，この境界条件は，球の中心に仮想的に電荷 q'' を配置しても実現される．よって，求める鏡像電荷は，例題で求めた q' と，中心の q'' との重ね合わせで与えられる．ところで，導体球の電荷は 0 なので，$q'' = -q'$ である．

働く力は，この 2 つの電荷から受けるクーロン力であるから，$F = \frac{1}{4\pi\varepsilon_0}\left(\frac{qq'}{(a-b)^2} - \frac{qq'}{a^2}\right) = -\frac{q^2}{4\pi\varepsilon_0 a^2}\frac{R}{a}\left(\frac{1}{(1-\frac{R}{a}^2)^2} - 1\right)$．この力は負なので引力である．

問題 4.7 まず，下側の 2 つの並列コンデンサの合成容量は $C_\mathrm{p} = C_2 + C_3$ である．求める合成容量は，これと C_1 との直列接続であるから，$C = \frac{C_1 C_\mathrm{p}}{C_1 + C_\mathrm{p}} = \frac{C_1(C_2+C_3)}{C_1+C_2+C_3}$.

問題 4.8 まず，左側の 2 つの直列コンデンサの合成容量は $C_\mathrm{s} = \frac{C_1C_2}{C_1+C_2}$ である．求める合成容量は，これと C_3 との並列接続であるから，$C = \frac{C_1C_2}{C_1+C_2} + C_3 = \frac{C_1C_2+C_2C_3+C_3C_1}{C_1+C_2}$.

演習問題

[**1**] 電気量は $Q = CV = 100\times10^{-6}\times100 = 0.01\,\mathrm{C}$．静電エネルギーは $U = \frac{1}{2}QV = 0.5\,\mathrm{J}$.

[**2**] $C = \varepsilon_0\frac{S}{d} = 8.85\times10^{-12}\times\frac{1\times10^{-4}}{1\times10^{-3}} = 8.85\times10^{-13} = 0.885\,\mathrm{pF}$

[**3**] $C = (n-1)\varepsilon_0\frac{S}{d}$

[**4**] 線電荷密度が $+\lambda$, $-\lambda$ となるように導線 A, B にそれぞれ電荷を与える．このとき，$d \gg a$ であるから，電荷は導線の表面に一様に分布すると考えてもよい．導線と垂直な面内，中心軸を結ぶ線分上，導線 A の中心軸から x（$x > a$）の位置での，これらの電

荷が作る電界の大きさ E は $E=\frac{\lambda}{2\pi\varepsilon_0}(\frac{1}{x}+\frac{1}{d-x})$ となるから，導線間の電位差 V は $V=\int_{d-a}^{a}(-E)dx=\frac{\lambda}{2\pi\varepsilon_0}\int_{a}^{d-a}(\frac{1}{x}+\frac{1}{d-x})dx=\frac{\lambda}{\pi\varepsilon_0}\ln\frac{d-a}{a}$ と求まる．したがって，単位長さあたりの静電容量 C は $C=\frac{\lambda}{V}=\frac{\pi\varepsilon_0}{\ln\frac{d-a}{a}}$ となる．

[**5**]　導体平面と導線との間の電位差は $V=\frac{1}{2}(\frac{\lambda}{\pi\varepsilon_0}\ln\frac{2h-a}{a})$ である．したがって，導線の単位長さあたりの，導体線と導体平面の間の静電容量 C は $C=\frac{\lambda}{V}=\frac{2\pi\varepsilon_0}{\ln\frac{2h-a}{a}}$ となる．

[**6**]　スイッチを閉じた後の PQ 間の電位差は，$V'=\frac{C_1-C_2}{C_1+C_2}Q$ となる．したがって，この系に蓄えられているエネルギー U' は，スイッチを閉じる前のエネルギーを U とすれば $U'=\frac{1}{2}C_1V'^2+\frac{1}{2}C_2V'^2=(\frac{C_1-C_2}{C_1+C_2})^2U$ となる．したがって，スイッチを閉じた後でエネルギーは小さくなる．

[**7**]　導体を挿入したことにより，挿入した導体から極板までの距離が d_1, d_2 となったとすれば，それは，2 つのコンデンサ C_1, C_2 を直列接続した回路と等価になる．ここでこの系の静電容量は $C=\frac{C_1C_2}{C_1+C_2}=\frac{\frac{1}{d_1d_2}}{\frac{1}{d_1}+\frac{1}{d_2}}\varepsilon_0S=\frac{\varepsilon_0S}{d_1+d_2}=\frac{\varepsilon_0S}{d-d'}$．したがって，この系に蓄えられているエネルギー U' は，導体挿入前のエネルギーを U とすれば $U'=\frac{1}{2}C'V^2=\frac{1}{2}\frac{\varepsilon_0S}{d-d'}V^2=\frac{d}{d-d'}U$ となる．

第 5 章の解答

練習問題

問題 5.1　静電容量は ε_{r} 倍になるので 10 倍になる．したがって，静電容量は 60 pF になる．

問題 5.2　誘電体が満たされた部分の容量は，$C_1=60\,\mathrm{pF}\times\frac{2}{3}=40\,\mathrm{pF}$ である．一方，誘電体が引き抜かれた部分の容量は，$C_2=6\,\mathrm{pF}\times\frac{1}{3}=2\,\mathrm{pF}$ である．よって，全体の容量は，$C=C_1+C_2=42\,\mathrm{pF}$ である．

問題 5.3　一様な電荷密度 ρ をもつ正負の電荷球が，微小間隔 $\delta\boldsymbol{l}$ だけずれて重なったものと考えられるが，これを球の外部から見ると，$\pm q$ の点電荷が微小間隔 $\delta\boldsymbol{l}$ で置かれた電気双極子 $\boldsymbol{p}=q\delta\boldsymbol{l}$ と同じである．ただし $q=\int_{\mathrm{V}}\rho dV=\rho V$ である．したがって，$\boldsymbol{p}=\rho\delta\boldsymbol{l}V=\boldsymbol{P}V=\frac{4\pi a^3}{3}\boldsymbol{P}$ である．

問題 5.4　球の内部の点 P を考え，中心 O から半径 OP=r の球 S を想定すると，点 P の電界は，球 S 内部の電荷が作る電界であり，電荷密度 $+\rho$ の電荷が作る電界は $\boldsymbol{E}_+=\frac{\rho}{3\varepsilon_0}\boldsymbol{r}_+$，電荷密度 $-\rho$ の電荷が作る電界は $\boldsymbol{E}_-=-\frac{\rho}{3\varepsilon_0}\boldsymbol{r}_-$ である．ここで，$\boldsymbol{r}_+$, $\boldsymbol{r}_-$ はそれぞれの電荷の中心から点 P に向かうベクトルであり，$\boldsymbol{r}_-=\boldsymbol{r}_++\delta\boldsymbol{l}$ である（右図）．よって，点 P の電界は $\boldsymbol{E}=\boldsymbol{E}_++\boldsymbol{E}_-=-\frac{\rho}{3\varepsilon_0}\delta\boldsymbol{l}=-\frac{\boldsymbol{P}}{3\varepsilon_0}$ である．

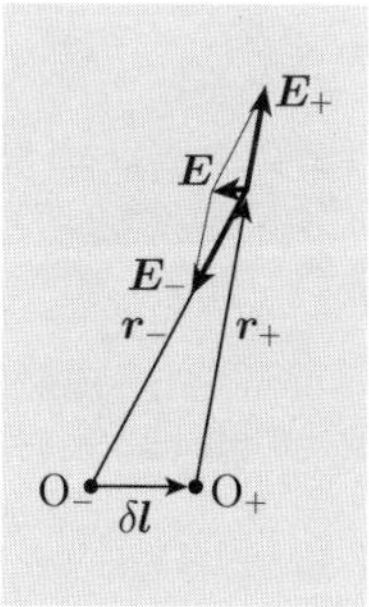

問題 5.5　電界は一様なので，分極も一様であり $P=D-\varepsilon_0E_1=D(1-\frac{\varepsilon_0}{\varepsilon})=(1-\frac{\varepsilon_0}{\varepsilon})\frac{Q}{S}$ である．したがって，分極電荷は誘電体表面に現れ，その電荷密度は $\sigma_P=P=(1-\frac{\varepsilon_0}{\varepsilon})\frac{Q}{S}$ である．

問題 5.6　反電界は，練習問題 5.5 で求めた分極電荷 σ_P による電界であり，その際，誘電体は取り去って考えるので，$E_\mathrm{d} = \frac{\sigma_P}{\varepsilon_0} = (\frac{1}{\varepsilon_0} - \frac{1}{\varepsilon})\frac{Q}{S}$ である．

なお，誘電体外部の電界は $E_0 = \frac{Q}{\varepsilon_0 S}$ なので，これを用いれば $E_\mathrm{d} = (1 - \frac{\varepsilon_0}{\varepsilon})E_0$ と書くこともできる．

問題 5.7 誘電体内部の電界 E は，外部電界 E_0 から反電界 E_d を引いたものであるから $E = E_0 - E_\mathrm{d} = (\frac{\varepsilon_0}{\varepsilon})E_0$ である．これは (5.17) に他ならない．

問題 5.8 コンデンサに蓄えられるエネルギーは，$U = \frac{1}{2}\frac{Q^2}{C}$ であるが，C は ε_r 倍なので，静電エネルギーは $\frac{1}{\varepsilon_\mathrm{r}}$ 倍になる．

問題 5.9 減少した静電エネルギーは，誘電体を引っ張り込むために使われ，力学的エネルギー（運動エネルギーや，ばねに結ばれていれば，ばねの弾性エネルギー）になるはずだが，この問題の場合，挿入後の誘電体の力学的エネルギーは 0 であるから，そのエネルギーは，何らかの形で熱エネルギーになって散逸している．

演習問題

［**1**］ 電荷 Q を与えて，電極間の電位差 V を求めれば，その比によって静電容量 C を求めることができる．いま，中心の導体球に電荷 Q，まわりの球殻に電荷 $-Q$ を与えると，中心から，距離 r （$a < r < b$）における電束密度の大きさは，電束密度に関するガウスの法則を用いれば簡単に求まり，

$$D = \frac{1}{4\pi}\frac{Q}{r^2} \qquad ①$$

である．したがって電界の強さは

$$E = \frac{D}{\varepsilon} = \frac{1}{4\pi\varepsilon}\frac{Q}{r^2} \qquad ②$$

であるから，内部導体の表面と外部導体の内面の間の電位差 V は，

$$V = \int_a^b E dr = \frac{Q}{4\pi\varepsilon}\left(\frac{1}{a} - \frac{1}{b}\right) \qquad ③$$

となる．よって，同心導体球の静電容量は，

$$C = \frac{Q}{V} = 4\pi\varepsilon\frac{ab}{a-b} \qquad ④$$

となる．

［**2**］ 誘電体に真電荷はないので，球内の電束密度は，上問と同じである．よって，中心から距離 r （$a < r < c$）における電界の強さは

$$E = \frac{D}{\varepsilon} = \frac{1}{4\pi\varepsilon}\frac{Q}{r^2} \qquad ①$$

距離 r （$c < r < b$）における電界の強さは

$$E = \frac{D}{\varepsilon_0} = \frac{1}{4\pi\varepsilon_0}\frac{Q}{r^2} \qquad ②$$

である．したがって内部導体の表面と外部導体の内面の間の電位差 V は，

$$V = \int_a^b E dr = \frac{Q}{4\pi\varepsilon}\left(\frac{1}{a} - \frac{1}{c}\right) + \frac{Q}{4\pi\varepsilon_0}\left(\frac{1}{c} - \frac{1}{b}\right) \qquad ③$$

となる．よって，同心導体球の静電容量は，

$$C=\frac{Q}{V}=\frac{4\pi}{\frac{1}{\varepsilon}\left(\frac{1}{a}-\frac{1}{c}\right)+\frac{1}{\varepsilon_0}\left(\frac{1}{c}-\frac{1}{b}\right)} \quad ④$$

となる．

［**3**］ 電荷を与えて，電極間の電位差 V を求めれば，その比によって静電容量 C を求めることができる．いま，同軸コンデンサの中心および円筒状の導体に，それぞれ単位長さあたり λ の電荷を与える．このとき，中心から，距離 r（$a<r<b$）における電界の強さは

$$E=\frac{1}{2\pi\varepsilon}\frac{\lambda}{r} \quad ①$$

であるから，内部導体の表面と外部導体の内面の間の電位差 V は，

$$V=\int_a^b E dr=\frac{\lambda}{2\pi\varepsilon}(\log b-\log a)=\frac{\lambda}{2\pi\varepsilon}\log\frac{b}{a} \quad ②$$

となる．よって，単位長さあたりの静電容量は

$$C=\frac{\lambda}{V}=\frac{2\pi\varepsilon}{\log\frac{b}{a}} \quad ③$$

となる．

［**4**］ 中心から，距離 r（$a<r<c$）における電界の強さは

$$E=\frac{1}{2\pi\varepsilon}\frac{\lambda}{r} \quad ①$$

距離 r（$c<r<b$）における電界の強さは

$$E=\frac{1}{2\pi\varepsilon_0}\frac{\lambda}{r} \quad ②$$

であるから，内部導体の表面と外部導体の内面の間の電位差 V は，

$$\begin{aligned}V&=\int_a^b E dr=\frac{\lambda}{2\pi\varepsilon}(\log c-\log a)+\frac{\lambda}{2\pi\varepsilon_0}(\log b-\log c)\\&=\frac{\lambda}{2\pi}\left(\frac{1}{\varepsilon}\log\frac{c}{a}+\frac{1}{\varepsilon_0}\log\frac{b}{c}\right)\end{aligned} \quad ③$$

となる．よって，単位長さあたりの静電容量は

$$C=\frac{\lambda}{V}=\frac{2\pi}{\frac{1}{\varepsilon}\log\frac{c}{a}+\frac{1}{\varepsilon_0}\log\frac{b}{c}} \quad ④$$

となる．

［**5**］ 挿入量が x のときの静電容量は $C=(\varepsilon_0(b-x)+\varepsilon x)\frac{a}{d}$ であり，一定電圧 V を与えたときの静電エネルギーは，$U=\frac{1}{2}CV^2$ である．働く力は，$F=\frac{dU}{dx}=\frac{d}{dx}\frac{1}{2}(\varepsilon_0(b-x)+\varepsilon x)\frac{a}{d}V^2=\frac{1}{2}(\varepsilon-\varepsilon_0)\frac{a}{d}V^2=\frac{1}{2}(\varepsilon-\varepsilon_0)E^2\cdot bd$ である．ただし $E=\frac{V}{d}$ である．

［**6**］ (1) 対称性により，境界面近傍での各誘電体における電気力線の方向は，境界面に垂直な同一の面内にあるが，その平面上に，図 (a) のような，境界面をまたぐ長方形の閉

曲線 ABCD を考え，この長方形に沿って電界の周回積分を考える．ここで辺 AB, BC の長さをそれぞれ dl_1, dl_2，長方形 A から B の方向の単位ベクトルを $\boldsymbol{t}$ とする．いまは境界面近傍を考えるので，dl_2 は十分に小さいとすれば，AB の部分の磁界の線積分は無視できる．ここで，電界の線積分は積分経路によらないので，周回積分の値は 0 になることを思い出せば，

$$\boldsymbol{E}_1 \cdot \boldsymbol{t} dl_1 - \boldsymbol{E}_2 \cdot \boldsymbol{t} dl_1 = 0 \qquad ①$$

が成り立つ．これを法線ベクトルで表現すれば，

$$(\boldsymbol{E}_1 - \boldsymbol{E}_2) \times \boldsymbol{n} = \boldsymbol{0} \qquad ②$$

を得る．

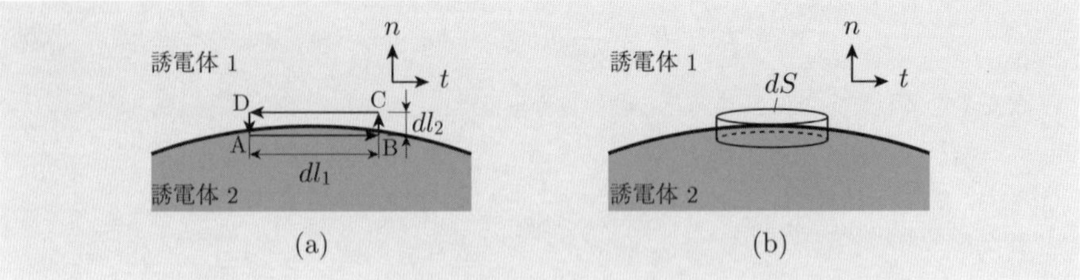

(2) 図 (b) のように，上底面が境界面に平行な底面積 dS の円筒を考え，この円筒面に電束密度に関するガウスの法則を適用する．いまは境界面近傍を考えるので，円筒は十分に薄いとすれば，その側面に関する電束密度の面積分は無視できる．したがって，電束密度に関するガウスの法則より，境界面に真電荷がなければ，$\boldsymbol{D} \cdot \boldsymbol{n} dS - \boldsymbol{D} \cdot \boldsymbol{n} dS = 0$ が成り立つ．すなわち $(\boldsymbol{D}_1 - \boldsymbol{D}_2) \cdot \boldsymbol{n} = 0$ を得る．

[7] 誘電体表面で電束密度の法線成分は連続なので，電束密度に垂直な境界での電束密度は連続である．よって，電束密度に垂直な薄い空洞内の電束密度は，誘電体内の電束密度に等しい．また，誘電体表面で電界の接線成分は連続なので，電界に接する境界での電界は連続である．よって，電界に平行な細い空洞内の電界は，誘電体内の電界に等しい．

第 6 章の解答

練習問題

問題 6.1 $v = \frac{I}{neS} = \frac{1}{5.9 \times 10^{28} \times 1.6 \times 10^{-19} \times 1 \times 10^{-6}} = 1.1 \times 10^{-4}\,\mathrm{m \cdot s^{-1}}$

問題 6.2 電流は，ある面を 1 秒間に通過する電気量であり，この問題では 1 秒間に 1 mol の電子が通過するので，アボガドロ数を $N_\mathrm{A} = 6.02 \times 10^{23}$，電子の電荷を $e = 1.6 \times 10^{-19}$ C とすると，電流は $I = N_\mathrm{A} e = 96320\,\mathrm{A} \fallingdotseq 96.3\,\mathrm{kA}$ である．

問題 6.3 電流 I は 1 秒間に通過する電荷であるから，$I = 1.6 \times 10^{-19}\,\mathrm{C} \times 7.0 \times 10^{15}\,\mathrm{Hz} = 1.1\,\mathrm{mA}$ である．

問題 6.4 長さは $\frac{1}{2}$ 倍，断面積は 2 倍になるので，抵抗は $\frac{1}{4}$ 倍になる．

問題 6.5 長さは 2 倍，断面積は 4 倍になるので，抵抗は $\frac{1}{2}$ 倍になる．

問題 6.6 半径は $r = 0.1\,\mathrm{mm} = 1 \times 10^{-4}\,\mathrm{m}$ なので，断面積は $S = \pi r^2 = 3.14 \times 10^{-8}\,\mathrm{m}^2$ である．よって，$R = 100\,\Omega$ の電気抵抗を作るための長さを $L\,[\mathrm{m}]$ とすると，(6.8) より，$L = \frac{SR}{\rho} = \frac{3.14\times10^{-8}\times100}{100\times10^{-8}} = 3.14\,\mathrm{m}$ である．

問題 6.7 $\frac{1200\,\mathrm{J}}{60\,\mathrm{s}} = 20\,\mathrm{W}$

問題 6.8 電流は $I = \frac{P}{V} = \frac{1000\,\mathrm{W}}{100\,\mathrm{V}} = 10\,\mathrm{A}$ であるから，電気抵抗は，$V = \frac{V}{I} = \frac{100\,\mathrm{V}}{10\,\mathrm{A}} = 10\,\Omega$ である．これを $10\,\mathrm{V}$ の電源に接続すると，流れる電流は $1\,\mathrm{A}$ であるから，消費電力は $P = IV = 10\,\mathrm{W}$ である．

演習問題

［**1**］ (1) $N = 1 \times 10^{20}$ 個の電子の電荷は，$Q = Ne = 16\,\mathrm{C}$ である．よって電流は $16\,\mathrm{A}$ である．

(2) $j = \frac{I}{S} = \frac{16\,\mathrm{A}}{10\times10^{-4}\,\mathrm{m}^2} = 1.6 \times 10^4\,\mathrm{A\cdot m^{-2}}$ である．

［**2**］ 1 秒間にある断面を通過する回数は，$f = \frac{\omega}{2\pi} = 2.80 \times 10^{10}$ 回であるから，通過する電気量は，$Q = fe = 4.48 \times 10^{-9}\,\mathrm{C}$ である．よって，電流は $4.48 \times 10^{-9}\,\mathrm{A}$ である．

［**3**］ 長さは 1.01 倍，面積は 0.99 倍なので，電気抵抗は $\frac{1.01}{0.99} = 1.02$ 倍になる．すなわち 2%増加する．

［**4**］ $100\,\mathrm{V}$ で $500\,\mathrm{W}$ 消費するので，電流は $I = \frac{P}{V} = \frac{500\,\mathrm{W}}{100\,\mathrm{V}} = 5\,\mathrm{A}$ であり，電気抵抗は $R = \frac{V}{I} = \frac{100\,\mathrm{V}}{5\,\mathrm{A}} = 20\,\Omega$ である．したがって，直列につないだヒータ全体の電気抵抗は $40\,\Omega$ である．よって，$100\,\mathrm{V}$ の電源に接続したときの電流は $I = \frac{V}{R} = \frac{100\,\mathrm{V}}{40\,\Omega} = 2.5\,\mathrm{A}$ である．以上より，消費電力は $P = IV = 100\,\mathrm{V} \times 2.5\,\mathrm{A} = 250\,\mathrm{W}$ である．

［**5**］ (1) $P_{\text{損失}} = I^2 r$

(2) $P_{\text{電源}} = EI$

(3) 電流 I を小さくすれば，$P_{\text{損失}}$ は小さくなるので，E を大きくすればよい．

第 7 章の解答

練習問題

問題 7.1 閉ループ点 c → e → f → d → c に沿って電位を調べると，$-R_3I_3 + R_2I_2 = 0$ である．これと (7.3), (7.4) の 3 つの式を連立する．結果は例題と同じになる．

問題 7.2 閉ループ点 c → e → f → d → c に沿って電位を調べると，$-R_3I_3 + R_2I_2 = 0$ であるが，これは (7.4), (7.5) から得ることができる．すなわち，これら 3 式は独立ではなく従属である．これらと独立な式は，電流側から得られる (7.3) であるから，これを外すことはできない．

問題 7.3 電流 I_1 は電池から出る回路全体の電流 I_T に他ならない．ところでこの回路の全合成抵抗は

$$R_\mathrm{T} = R_1 + R_\mathrm{p} = \frac{R_1R_2 + R_2R_3 + R_3R_1}{R_2 + R_3} \qquad ①$$

であるから，

$$I_1 = \frac{E}{R_\mathrm{T}} = \frac{R_2 + R_3}{R_1R_2 + R_2R_3 + R_3R_1}E \qquad ②$$

である．

問題 7.4 分流の法則により，直ちに

$$I_2 = \frac{R_3}{R_2+R_3}I_1 = \frac{R_3}{R_1R_2+R_2R_3+R_3R_1}E \qquad ①$$

$$I_3 = \frac{R_2}{R_2+R_3}I_1 = \frac{R_2}{R_1R_2+R_2R_3+R_3R_1}E \qquad ②$$

を得る．

問題 7.5 点 A, B 間に電池をつないだ場合，点 C, D は互いに同電位であるから，CD 間の抵抗は取り去ってもよい（あるいは短絡してもよい）．その結果 AB 間の抵抗は $R_{\mathrm{AB}} = \frac{r}{2}$ と求まる．

問題 7.6 (1) 点 AG 間に電池をつなぐと，点 B, D, E は互いに同電位，C, H, F も互いに同電位である．よって，これらをそれぞれ短絡してもよい．すなわち，点 AG 間の抵抗は，AB, AD, AE の並列合成抵抗，BC, BF, DC, DH, EF, EH の並列合成抵抗，CG, HG, FG の並列合成抵抗の 3 つ合成抵抗の直接接続になるので，$R_{\mathrm{AG}} = \frac{1}{3}r + \frac{1}{6}r + \frac{1}{3}r = \frac{5}{6}r$.

(2) 点 A, C 間に電池をつなぐと，点 B, D, H, F の 4 点は互いに同電位である．よって BF 間，DH 間の抵抗を取り去って考えてもよい．その結果 $R_{\mathrm{AC}} = \frac{3}{4}r$.

(3) 点 A, B 間に電池をつなぐと，点 D, E は互いに同電位，点 C, F は互いに同電位である．よってこれらをそれぞれ短絡すると，図のようになる．よって，$R_{\mathrm{AB}} = \frac{7}{12}r$.

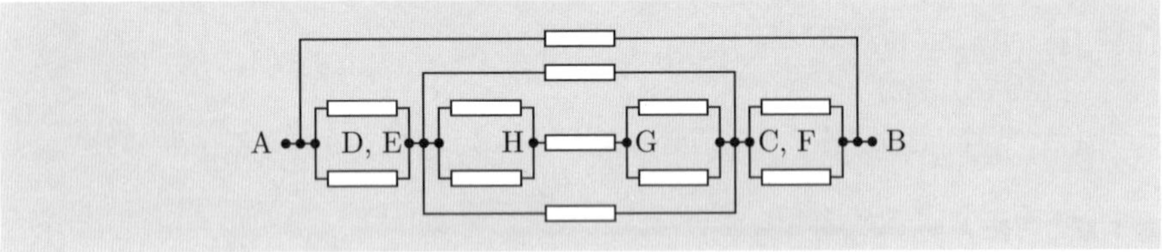

問題 7.7 例題の式 (7.32) の R_3 を $R_3 + \Delta R_3$ に変えて，平衡条件 $R_1R_4 = R_2R_3$ を用いると

$$\begin{aligned} I_5 &= \frac{R_2\Delta R_3 E}{R_1R_2((R_3+\Delta R_3)+R_4)+(R_3+\Delta R_3)R_4(R_1+R_2)} & ① \\ &= \frac{E}{(R_1+R_2+R_3+R_4)(1+\frac{R_1+R_3+R_4}{R_1+R_2+R_3+R_4}\frac{\Delta R_3}{R_3})}\frac{\Delta R_3}{R_3} & ② \\ &\simeq \frac{E}{R_1+R_2+R_3+R_4}\frac{\Delta R_3}{R_3}\left(1-\frac{R_1+R_3+R_4}{R_1+R_2+R_3+R_4}\frac{\Delta R_3}{R_3}\right) & ③ \\ &\simeq \frac{E}{R_1+R_2+R_3+R_4}\frac{\Delta R_3}{R_3} & ④ \end{aligned}$$

である．

問題 7.8 例題と同じように電流を仮定し，同じ経路についてキルヒホッフの法則を適用すると

$$I_1R_1 - I_3R_3 + I_5R_5 = 0 \qquad ①$$

$$(I_1 - I_5)R_2 - I_5R_5 - (I_3 + I_5)R_4 = 0 \qquad ②$$

$$E - I_1R_1 - (I_1 - I_5)R_2 = 0 \qquad ③$$

である．これから I_1, I_3 を消去して I_5 を求めると，

$$I_5 = \frac{(R_2R_3 - R_1R_4)E}{R_5(R_1+R_2)(R_3+R_4) + R_1R_2(R_3+R_4) + R_3R_4(R_1+R_2)} \qquad ④$$

を得る．

問題 7.9 抵抗 R_3 を取り去って，抵抗 R_2 の両端から見た回路を考えると，それは図 7.8(a) と同じであるから，その等価回路（図 7.8(b)）の起電力 E_{T} は (7.34)，抵抗 R_{T} は (7.35) で与えられる．したがって，この端子間に抵抗 R_3 を接続したときに流れる電流は，$I_3 = \frac{E_{\mathrm{T}}}{R_{\mathrm{T}}+R_3} = \frac{R_2E}{R_1R_2+R_2R_3+R_3R_1}$ である．これは，例題の結果と一致する．

演習問題

［**1**］ 抵抗 R_1, R_2, R_3 にそれぞれ電流を仮定し，それらを I_1, I_2, I_3 とおく．ただし，電流の向きはとりあえず，I_1 は →，I_2 は ↓，I_3 は ← とする（実は，向きは逆でもよく，もし実際の電流と逆なら，単に値が負になるだけである）．

ここで，キルヒホッフの第 1 法則（電流則）より $I_2 = I_1 + I_3$，$E_1 \to R_1 \to R_2 \to E_1$ のループについてのキルヒホッフの第 2 法則（電圧則）より $E_1 - R_1I_1 - R_2I_2 = 0$，$E_2 \to R_3 \to R_2 \to E_2$ のループについてのキルヒホッフの第 2 法則（電圧則）より $E_2 - R_3I_3 - R_2I_2 = 0$ であるから，この 3 式かならなる I_1, I_2, I_3 に関する連立方程式を解くと，$I_1 = \frac{(R_2+R_3)E_1 - R_2E_2}{R_1R_2+R_2R_3+R_3R_1}$，$I_2 = \frac{R_3E_1+R_1E_2}{R_1R_2+R_2R_3+R_3R_1}$，$I_3 = \frac{(R_1+R_2)E_2 - R_2E_1}{R_1R_2+R_2R_3+R_3R_1}$ を得る．

［**2**］ 500 mA の電流のうち，100 mA は電流計に，残りの 400 mA は並列につなげる抵抗に流れるようにすればよいのだから，並列接続する抵抗の抵抗値を $R\,[\Omega]$ とすれば，分流の法則（あるいは両抵抗にかかる電圧が等しいこと）より

$$\frac{R}{8} = \frac{100}{400} \qquad ①$$

である．よって $R = 2\,\Omega$．

［**3**］ 800 V の電圧のうち，200 V は電圧計に，残りの 600 V は直列につなげる抵抗にかかるようにすればよいのだから，直列接続する抵抗の抵抗値を $R\,[\mathrm{k}\Omega]$ とすれば，分圧の法則より

$$\frac{50}{R} = \frac{200}{600} \qquad ①$$

である．よって $R = 150\,\mathrm{k}\Omega$．

［**4**］ 電源の起電力を E とすると，抵抗 R に流れる電流は $I = \frac{E}{R+r}$，抵抗 R にかかる電圧は，分圧の法則により，$V = \frac{R}{R+r}E$ である．よって，抵抗 R の消費電力は，$P = IV = \frac{R}{(R+r)^2}E^2$ になる．これを最大にする R を求めるには，P を R の関数と考えて，その最大値を与える R を求めればよく，それは，$\frac{dP}{dR} = 0$ より求まる．ここで，

$$\frac{dP}{dR}=\frac{(R+r)^2-2R(R+r)}{(R+r)^4}E^2=\frac{r-R}{(R+r)^3}E^2$$

であるから，P は $R=r$ のとき極値をもち，$R<r$ で $\frac{dP}{dR}>0$, $R>r$ で $\frac{dP}{dR}<0$ なので，その極値は最大値である．よって，$R=r$ すなわち，外部抵抗 R が内部抵抗 r に等しいとき，R の消費電力 P は最大になる．また，その最大消費電力は，$P=\frac{E^2}{4R}$ である．

[**5**] 抵抗器で消費される電力は，$P=R_1I_1^2+R_2I_2^2$ である．これに電流 $I=I_1+I_2$ が一定という式を代入して I_2 を消去すると $P=R_1I_1^2+R_2(I-I_1)^2=(R_1+R_2)I_1^2-2R_2II_1+R_2I^2$ であり，これは，$I_1=\frac{R_2}{R_1+R_2}I$ で最小値をとる．この式は，キルヒホッフの法則により導かれる分流の法則に他ならないので，電流は，この式に従って流れる．すなわち，電流は，消費電力が最小になるように流れることが分かる．

[**6**] Δ 型から Y 型は

$$R_1=\frac{\Delta}{R_A},\quad R_2=\frac{\Delta}{R_B},\quad R_3=\frac{\Delta}{R_C},\quad ただし\quad \Delta=\frac{R_AR_BR_C}{R_A+R_B+R_C}$$

Y 型から Δ 型は

$$R_A=\frac{Y}{R_1},\quad R_B=\frac{Y}{R_2},\quad R_C=\frac{Y}{R_3},\quad ただし\quad Y=R_1R_2+R_2R_3+R_3R_1$$

[**7**] スイッチの両端を端子とするテブナンの等価回路を考えると，等価な起電力は題意より，$E_T=V_{AB}$ である．また，等価な抵抗は，

$$R_T=R_E+\frac{R_AR_B}{R_A+R_B}+\frac{R_CR_D}{R_C+R_D}$$

である．スイッチを閉じることは，この等価回路の端子を短絡することであり，求める電流は，そのときに等価回路に流れる電流に他ならないので，

$$I_E=\frac{V_T}{R_T}=\frac{(R_A+R_B)(R_C+R_D)V_{AB}}{R_E(R_A+R_B)(R_C+R_D)+R_AR_B(R_C+R_D)+R_CR_D(R_A+R_B)}$$

である．なお，$V_{AB}=\frac{R_B}{R_A+R_B}E-\frac{R_D}{R_C+R_D}E=\frac{R_BR_C-R_AR_D}{(R_AR_B)(R_CR_D)}E$ なので，これを代入すると問題 7.9 と一致する．

第 8 章の解答

練習問題

問題 8.1 直線電流 I が辺 AB に作る磁界の大きさは，$B_{AB}=\frac{\mu_0}{2\pi}\frac{I}{b}$ である．よって，辺 AB に働く力の大きさは $F_{AB}=IaB_{AB}=\frac{\mu_0I^2}{2\pi}\frac{a}{b}$ であり，電流の向きは同じなので，引力である．同様に辺 CD に働く力の大きさは $F_{CD}=IaB_{CD}=\frac{\mu_0I^2}{2\pi}\frac{a}{a+b}$ であり，電流の向きは逆なので，反発力である．また，辺 BC, DA にかかる磁界は互いに打ち消し合い，矩形電流を移動させる力ではない．よって，働く力は $F=F_{CD}-F_{AB}=-\frac{\mu_0I^2}{2\pi}\frac{a^2}{b(a+b)}$ であり，引力である．

問題 8.2 電流の間隔は全て等しいので，導線 B について考えると，両端の電流が互いに等しいとき，両端のそれぞれの電流から受ける力は，互いに逆向きで大きさは等しく，打ち消し合う．すなわち，$I_A=I_C$ である．また，電流 C に働く力を考えた場合，A からの距離

はBからの距離の2倍であり，力の向きは互いに逆向きなので，Aの電流がBの電流の2倍なら，互いに打ち消し合う．Aに働く力も同様である．したがって，$I_{\mathrm{A}} = 2I_{\mathrm{B}} = I_{\mathrm{C}}$ の関係があれば，全ての電流に力が働かない．

問題 8.3 (8.12) において $h = 0$ とすれば直ちに得られる．

問題 8.4 設問の図のように，導線の中点を原点にとり，電流の向きに x 軸をとる．ビオ–サバールの法則より，$B = \frac{\mu_0 I}{4\pi}\int_{-a}^{a}\frac{\sin(\frac{\pi}{2}+\theta)}{r^2}dx$ である．ここで，$r = \frac{a}{\cos\theta}$, $x = a\tan\theta$ であるから，$dx = \frac{a d\theta}{\cos^2\theta} = \frac{r d\theta}{\cos\theta}$ と書き換えることができる．したがって，導線からの距離 a の位置に生じる磁束密度の大きさ B は，$B = \frac{\mu_0 I}{4\pi a}\int_{-\pi/4}^{\pi/4}\cos\theta d\theta = \frac{\mu_0 I}{4\pi a}(\sin(\frac{\pi}{4}) - \sin(-\frac{\pi}{4})) = \frac{\sqrt{2}\mu_0}{4\pi}\frac{I}{a}$ となり，その向き導線に垂直で右ねじの法則に従う向きである．

問題 8.5 2つのコイルの中点を原点にとり，中心軸に沿って z 軸をとると，z 軸上の磁束密度 $\boldsymbol{B}$ は，$\boldsymbol{B}(z) = \frac{\mu_0 R^2 NI}{2}\left(\frac{1}{(R^2+(z+\frac{R}{2})^2)^{3/2}} + \frac{1}{(R^2+(z-\frac{R}{2})^2)^{3/2}}\right)\boldsymbol{k}$ となる．ここで，$\frac{d\boldsymbol{B}}{dz} = \frac{-3\mu_0 R^2 NI}{2}\left(\frac{(z+\frac{R}{2})}{(R^2+(z+\frac{R}{2})^2)^{5/2}} + \frac{(z-\frac{R}{2})}{(R^2+(z-\frac{R}{2})^2)^{5/2}}\right)\boldsymbol{k}$, $\frac{d^2\boldsymbol{B}}{dz^2} = \frac{-3\mu_0 R^2 NI}{2}\left(\frac{R^2-4(z+\frac{R}{2})^2}{(R^2+(z+\frac{R}{2})^2)^{7/2}} + \frac{R^2-4(z-\frac{R}{2})^2}{(R^2+(z-\frac{R}{2})^2)^{7/2}}\right)\boldsymbol{k}$ であるから，$\left.\frac{d^2\boldsymbol{B}}{dz^2}\right|_{z=0} = \boldsymbol{0}$ である．よって $\boldsymbol{B}$ を $z=0$ のまわりで展開すれば，対称性より z の奇数次の項は0となるので，$\boldsymbol{B} = \boldsymbol{B}|_{z=0} + \mathcal{O}(z^4) = (\frac{4}{5})^{3/2}\frac{\mu_0 NI}{R} + \mathcal{O}(z^4)$ となる．このようにホルムヘルツコイルの中心付近は z^4 の微小量程度のずれしか含まず，ほぼ一様な磁界が得られる．

問題 8.6 コイルの面積は ab であり，その面積ベクトルの向きは，例題の図 (b) の S の矢印の向きであるから，$\boldsymbol{N} = I\boldsymbol{S}\times\boldsymbol{B}$ の大きさは $N = ISB\sin\theta = IBab\sin\theta$ である．また，その向きは，外積の定義より，$\boldsymbol{S}$ から $\boldsymbol{B}$ にまわる回転の向きに対し右ねじの向きであり，それは図 (b) の紙面に対して手前から奥向きであり，それは時計回りの回転を意味する．これは例題の解答と一致する．

問題 8.7 力のモーメントが0になるのは $\theta = 0$ またはπ であり，これは，コイルが磁界に対して垂直なときである．このとき，辺ABやCDにかかる力は同一作用線上になり，回転力は生じない．

問題 8.8 $\boldsymbol{F} = -e\boldsymbol{v}\times\boldsymbol{B}$ であるから，向きは紙面に垂直で手前向き（右手系の z 軸の向き）である．大きさは，$F = evB\sin 60^\circ = \frac{\sqrt{3}}{2}evB$ である．

問題 8.9 $T_{\mathrm{c}} = \frac{2\pi}{\omega_0} = \frac{2\pi m}{qB}$ である．これは半径によらず一定である．

問題 8.10 $\frac{q}{m} = \frac{\omega}{B} = \frac{v}{rB} = \frac{1\times10^7}{5\times10^{-2}\times1\times10^{-3}} = 2\times10^{11}\,\mathrm{C\cdot kg^{-1}}$

演習問題

［**1**］ 荷電粒子の速度を $\boldsymbol{v} = v_x\boldsymbol{i} + v_y\boldsymbol{j} + v_z\boldsymbol{k}$ とすれば，この粒子に働くローレンツ力 $\boldsymbol{F}$ は，$\boldsymbol{F} = q(E_0 - v_z B_0)\boldsymbol{i} + qv_x B_0\boldsymbol{k}$ となる．一方で，等速直線運動している場合には荷電粒子に働く力は $\boldsymbol{0}$ であるから，$v_x = 0, v_z = \frac{B_0}{E_0}$ と求まる．したがって，荷電粒子の速度は，$\boldsymbol{v} = \frac{B_0}{E_0}\boldsymbol{k}$ である．

［**2**］ 荷電粒子を打ち込む位置を原点とし，電界と磁界の方向に x 軸，荷電粒子を打ち込む方向に y 軸をとり，それらに垂直に z 軸をとる．このとき，荷電粒子の速度を $v_x\boldsymbol{i}+v_y\boldsymbol{j}+v_z\boldsymbol{k}$

とすれば，荷電粒子に働くローレンツ力は，$\boldsymbol{F} = q(E\boldsymbol{i} + (v_x\boldsymbol{i} + v_y\boldsymbol{j} + v_z\boldsymbol{k}) \times B\boldsymbol{i}) = q(E\boldsymbol{i} + v_zB\boldsymbol{j} - v_yB\boldsymbol{k})$ となる．したがって，運動方程式は，$m\frac{d^2x}{dt^2} = qE$, $m\frac{d^2y}{dt^2} = qv_zB$, $m\frac{d^2z}{dt^2} = -qv_yB$ となる．これより，荷電粒子の運動は，x 方向の大きさ $\frac{qE}{m}$ の等加速度運動と，y, z 方向には，半径 $\frac{mv_0}{qB}$ の等速円運動の合成になる．スクリーンの位置を $y = L$ とすれば，荷電粒子がスクリーンに到達する時刻 t_1 は $L = \frac{mv_0}{qB}\sin\frac{qB}{m}t_1 \approx v_0t_1$ より求めることができる．ただし，$\omega t_1 \ll 1$ とした．これより，スクリーン上の xz 座標は，$x = \frac{qE}{2m}t_1^2, z = -\frac{v_0}{\omega}\cos\omega t_1 + \frac{v_0}{\omega} \sim \frac{qBL}{2m}t_1$ となる．この 2 式から t_1 を消去すれば，$x = \frac{2E}{B^2L^2}\left(\frac{m}{q}\right)z^2$ となり，粒子の描くスクリーン上の軌跡は，比電荷 $\frac{q}{m}$ で決まる放物線となる．

[**3**] 一様な磁界の磁束密度を $\boldsymbol{B}$ とし，磁界に平行に z 軸，直交するように x, y 軸をとると，速度 $\boldsymbol{v}$ で運動する電荷 q の荷電粒子に働くローレンツ力 $\boldsymbol{F} = q\boldsymbol{v} \times \boldsymbol{B}$ の向きは，$\boldsymbol{B}$ に常に直角であるから，xy 面内を向き，z 成分はない．したがって，z 方向の運動は等速直線運動である（速度は，入射速度 $\boldsymbol{v}$ の z 成分）．また，xy 平面内の運動は，サイクロトロン運動（入射速度 $\boldsymbol{v}$ の xy 面内成分の速さでの等速円運動）である．このような運動は，コイル状の螺旋運動であり，速さは入射した速さを保つので，等速運動である（等速度運動ではない）．

[**4**] $F = IBd$. フレミングの左手の法則より，向きは，レールに沿って図の電池から遠ざかる向き．

[**5**] 例題 8.1 の結果を 4 倍すればよいから，磁束密度の大きさ B は，$B = \frac{\sqrt{2}\mu_0}{\pi}\frac{I}{a}$ となり，その向きは紙面の裏面から表面の向きになる．

[**6**] 設問の図において，点 P を原点として中心軸に沿って x 軸をとり，位置 x における幅 dx のリング電流 $I_{リング} = nIdx$ が P に作る磁界 dB を考える．便宜上，点 P からそのリング上の 1 点までの距離を r，その向きと x 軸との角を θ とおくと，$x = a\cot\theta$, $\sin\theta = \frac{a}{\sqrt{a^2+x^2}}$ であり，$dx = -\frac{a\,d\theta}{\sin^2\theta}$ なので，このリングの電流 $I_{リング} = nIdx$ が点 P に作る磁界の大きさは，例題 8.2 の式 (8.12) より $dB = \frac{\mu_0 nIa^2dx}{2(a^2+x^2)^{3/2}} = -\frac{\mu_0 nI}{2}\sin\theta d\theta$ になる．よって，点 P から見たソレノイド両端の角度を θ_1, θ_2 とすれば，求める磁界は，$B = \int_{\theta_1}^{\theta_2} dB = \frac{\mu_0 nI}{2}(\cos\theta_2 - \cos\theta_1)$ である．

第 9 章の解答

練習問題

問題 9.1 内積の定義より，$\boldsymbol{m}\cdot\hat{\boldsymbol{r}} = |\boldsymbol{m}||\hat{\boldsymbol{r}}|\cos\theta = m\cos\theta$ から直ちに $\phi_\mathrm{m} = \frac{\mu_0}{4\pi}\frac{m}{r^2}\cos\theta$ が示される．磁気モーメントに直角な方向は $\theta = \frac{\pi}{2}$ であるから，$\phi_\mathrm{m} = 0$ である．

問題 9.2 磁束密度 $\boldsymbol{B}$ は，磁位 ϕ_m の勾配で与えられるが，磁位は第 2 章の演習問題 [1](1) で与えられる電気双極子と同様の形であるので，磁束密度は [1](2) と同様に計算することができる．すなわち，勾配の球座標における表式 (2.31) に $\phi_\mathrm{m} = \frac{\mu_0}{4\pi}\frac{m\cos\theta}{r^2}$ を代入すると，磁束密度 $\boldsymbol{B}$ の (r, θ, φ) 成分は，$B_r = -\frac{\partial\phi_\mathrm{m}}{\partial r} = \frac{2\mu_0 m\cos\theta}{4\pi r^3}$, $B_\theta = -\frac{1}{r}\frac{\partial\phi_\mathrm{m}}{\partial\theta} = \frac{\mu_0 m\sin\theta}{4\pi r^3}$, $B_\varphi = -\frac{1}{r\sin\theta}\frac{\partial\phi_\mathrm{m}}{\partial\varphi} = 0$ である．

別解　第 2 章の演習問題 [1](2) と別解と同様に，ベクトル解析の公式を使って，$\boldsymbol{B} = -\mathrm{grad}\,\phi_\mathrm{m} = -\frac{\mu_0}{4\pi}\,\mathrm{grad}\,\frac{\boldsymbol{m}\cdot\boldsymbol{r}}{r^3} = -\frac{\mu_0}{4\pi}((\boldsymbol{m}\cdot\boldsymbol{r})\,\mathrm{grad}\,\frac{1}{r^3} + \frac{1}{r^3}\,\mathrm{grad}(\boldsymbol{m}\cdot\boldsymbol{r})) = -\frac{\mu_0}{4\pi}((-\boldsymbol{m}\cdot\boldsymbol{r})\frac{3}{r^4}\hat{\boldsymbol{r}} + \frac{1}{r^3}\boldsymbol{m})) = \frac{\mu_0}{4\pi}\frac{3(\boldsymbol{m}\cdot\hat{\boldsymbol{r}})\hat{\boldsymbol{r}}-\boldsymbol{m}}{r^3}$.

問題 9.3　例題 9.2 の図のように半径 a の中心から半径 r の円周上の積分経路 C について，アンペールの法則を適用する．対称性より，経路 C 上では磁束密度の大きさ B は一定であり，また，向きはその経路 C に接するように，電流に対して右ねじの向きに向く．したがって，磁束密度を経路 C に沿って周回積分した値は，$\phi_\mathrm{m} = \oint_\mathrm{C} Bdl = 2\pi rB$ である．アンペールの法則により，この値が，（C で取り囲んだ電流）$\times\mu_0 = \mu_0 I$ に等しいので，$r > a$ の場合，磁束密度の大きさは $B = \frac{\mu_0 I}{2\pi r}$ である．一方，$r \leq a$ の場合，C で取り囲まれた電流は 0 であるから，円筒内部の磁束密度は 0 である．

問題 9.4　対称性より，磁界はコイルの軸に平行，軸方向に同じ大きさで右ねじの法則に従う向きになる．右図のように長さ a, b の長方形の閉経路 ABCD を考え，アンペールの法則を適用する．辺 BC, DA の部分は磁界に垂直であるから，アンペールの周回積分には寄与しない．b がソレノイドの長さよりも十分に大きい遠方を考えると，CD 上に電流の作る磁界は 0 になると考えられる．したがって，CD に沿った磁界の線積分は 0 である．この場合，ABCD を貫く電流はないので，AB に沿った線積分も 0 でなければならない．したがって，コイルの外部には磁界はなく，磁界はコイルの内部のみに生じる．次に，コイルの内外をまたぐ長方形の閉経路 EFGH（EF の長さ a）を考える．外部の磁界は 0 であり，また，辺 FG, HE の部分は磁界に垂直であるから，磁束密度の大きさを B とすれば，アンペールの法則は $aB = \mu_0 anI$ となり，$B = \mu_0 nI$ と求まる．

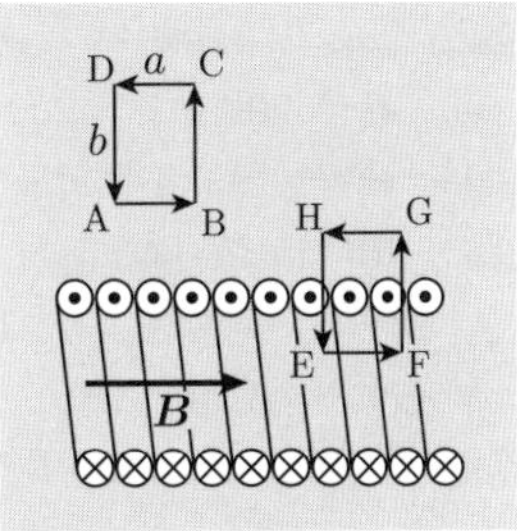

問題 9.5　$R \gg a$ の場合，巻き線の密度 n は円環の内側と外側でほぼ等しく，それは $n = \frac{N}{2\pi R}$ で与えられる．また，コイル内では $r \fallingdotseq R$ である．したがって，(9.17) よりコイル内の磁束密度の大きさは，ソレノイドコイルと同じく $B = \mu_0 nI$ で与えられる．

問題 9.6　$\mathrm{rot}\,\boldsymbol{E} = (\frac{\partial E_z}{\partial y} - \frac{\partial E_y}{\partial z}, \frac{\partial E_x}{\partial z} - \frac{\partial E_z}{\partial x}, \frac{\partial E_y}{\partial x} - \frac{\partial E_x}{\partial y}) = (-\frac{\partial kx}{\partial z}, \frac{\partial ky}{\partial z}, \frac{\partial kx}{\partial x} - \frac{\partial ky}{\partial y}) = (0, 0, 0)$

問題 9.7　円筒座標で考えると，$\mathrm{rot}\,\boldsymbol{E} = -\frac{\partial E(r)}{\partial z}\boldsymbol{e}_r + \frac{1}{r}\frac{\partial}{\partial r}(rE(r))\boldsymbol{e}_z = 0\boldsymbol{e}_r + \frac{1}{r}\frac{\partial}{\partial r}(kr^2)\boldsymbol{e}_z = 2k\boldsymbol{e}_z$ である．

問題 9.8　$\mu_0 I \log\frac{2l}{2\pi}$ を差し引いて $l \to \infty$ とすると，$A_z = \lim_{l\to\infty}\frac{\mu_0 I}{2\pi}(\log\frac{\sqrt{r^2+l^2}+l}{r} - \log 2l) = \lim_{l\to\infty}\frac{\mu_0 I}{2\pi}(\log\frac{1}{2r}(\sqrt{(\frac{r}{l})^2+1^2}+1)) = \frac{\mu_0 I}{2\pi}\log\frac{1}{r}$.

問題 9.9　円筒座標を考えると，$\boldsymbol{B} = \mathrm{rot}\,\boldsymbol{A} = -\frac{\partial A_z}{\partial r}\boldsymbol{e}_\theta = \frac{\mu_0 I}{2\pi r}\boldsymbol{e}_\theta$ となる．

演習問題

[**1**]　導線に垂直な面内に，導線を中心とした半径 r の仮想的な円を考える．対称性より，磁界の方向はこの円の接線の方向であり，向きは電流に対し右ねじの向きとなる．

また，その大きさ B は仮想的な円上のいたるところの点で同じ大きさになる．この円

に対してアンペールの法則を適用する．円に沿った磁束密度 $\boldsymbol{B}$ の接線線積分は，

$$\int_{\mathrm{C}} \boldsymbol{B}\cdot d\boldsymbol{l} = \int_{\mathrm{C}} Bdl = B\int_{\mathrm{C}} dl = 2\pi rB \qquad ①$$

となる．一方で，円を貫く全電流は I である．したがって，アンペールの法則より，

$$2\pi rB = \mu_0 I \qquad ②$$

となり，磁束密度の大きさ B は，

$$B = \frac{\mu_0 I}{2\pi r} \qquad ③$$

と求まる．

［**2**］ 例題 9.3 と同様に考えればよく，コイル内の磁束密度は中心軸からの距離 r によって決まり，$B=\frac{\mu_0 NI}{2\pi r}$ である．一方，コイル外部の磁束密度は 0 である．

［**3**］ $H = 200\times 1 = 200\,\mathrm{A\cdot m^{-1}}$

［**4**］ 練習問題 9.3 の結果を用いれば，$B=\frac{\mu_0 I_1}{2\pi(\frac{L}{2})^2}-\frac{\mu_0 I_2}{2\pi(\frac{L}{2})^2}=\frac{2\mu_0 I_1}{\pi L^2}(I_1-I_2)$.

［**5**］ 円筒軸に垂直な面内に，円筒軸を中心とした半径 r の円を考え，アンペールの法則を適用する．対称性より，磁界の方向はこの円の接線の方向であり，向きは電流の向きに対し右ねじの向きとなる．また磁束密度の大きさ B は半径 r の円上のいたるところで等しいので $\oint_{\mathrm{C}} Bdl = 2\pi rB$ である．一方，円を貫く電流は，

$$\begin{cases} I_2 + I_1 & (r>c) \\ I_2\frac{r^2-b^2}{c^2-b^2}+I_1 & (c\geq r>b) \\ I_1 & (b\geq r>a) \\ I_1\frac{r^2}{a^2} & (a\geq r) \end{cases} \qquad ①$$

である．したがって，アンペールの法則より

$$B=\begin{cases} \frac{\mu_0}{2\pi r}(I_2 + I_1) & (r>c) \\ \frac{\mu_0}{2\pi r}(I_2\frac{r^2-b^2}{c^2-b^2}+I_1) & (c\geq r>b) \\ \frac{\mu_0}{2\pi r}I_1 & (b\geq r>a) \\ \frac{\mu_0}{2\pi r}I_1\frac{r^2}{a^2} & (a\geq r) \end{cases} \qquad ②$$

［**6**］ 対称性より，磁界の方向は極板に平行，右図の矢印の向きになる．図のように長さ a, b の長方形の閉経路 ABCD を考え，アンペールの法則を適用する．辺 BC, DA の部分は磁界に垂直であるから，アンペールの周回積分には寄与しない．b が十分に大きい場合を考えると，無限遠方では，電流の作る磁界は 0 になると考えられる．よって，CD に沿った積分は 0 である．この場合，ABCD を貫く電流はないので，AB に沿った積分も 0 でなければならない．したがって，磁界は極板の間のみに生じる．次に，長方形の閉経路 EFGH を考える．外部の磁界は 0 であり，また，辺 FG, HE の部分は磁界に垂直であるから，磁

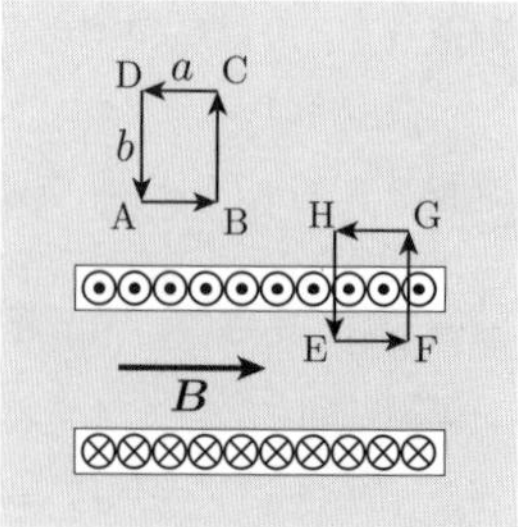

束密度の大きさを B とすれば，アンペールの法則は $aB = \mu_0 aJ$ となり，$B = \mu_0 J$ と求まる．

[**7**] 磁界に関するガウスの法則の微分形より，$\mathrm{div}\,\boldsymbol{B} = -a\sin(ax) + b\sin(ax) = 0$ である．したがって，$a = b$ であることが分かる．

[**8**] アンペールの法則の微分形より，$\mathrm{rot}\,\boldsymbol{B} = \frac{1}{r}\frac{\partial}{\partial\theta}B_0 e^{-\lambda r}\sin\theta\boldsymbol{e}_r - \frac{\partial}{\partial r}B_0 e^{-\lambda r}\sin\theta\boldsymbol{e}_\theta = \frac{1}{r}B_0 e^{-\lambda r}\cos\theta\boldsymbol{e}_r + \lambda B_0 e^{-\lambda r}\sin\theta\boldsymbol{e}_\theta$．よって求める電流密度は，$\boldsymbol{j} = \frac{1}{\mu_0}\mathrm{rot}\,\boldsymbol{B} = \frac{B_0}{\mu_0}e^{-\lambda r}(\frac{\cos\theta}{r}\boldsymbol{e}_r + \lambda\sin\theta\boldsymbol{e}_\theta)$.

[**9**] (1) 電流密度 $\boldsymbol{j}$ のベクトルポテンシャルは電流密度の向きを向くので，対称性より，ソレノイドの電流によるベクトルポテンシャルは，ソレノイドの中心軸を中心とし，その軸に垂直な円の接線方向に向くと考えられる．ところで，式 (9.43) より，ベクトルポテンシャルの周回積分は，それが囲んだ磁束に等しいので，ソレノイドの中心軸から半径 r の円周に沿って周回積分を行うと，ベクトルポテンシャルの大きさは一定と考えられるので，ソレノイドの外側では，$2\pi rA = \mu_0 nI\pi a^2$ ソレノイドの内側では，$2\pi rA = \mu_0 nI\pi r^2$ である．したがって，求めるベクトルポテンシャルは，中心軸を中心とする円周方向で電流と同じ向きを向き，中心からの距離を r としたとき，その大きさは，コイルの内側（$r \le a$）では $A = \frac{\mu_0 nIr}{2}$，コイルの外側（$r > a$）では $A = \frac{\mu_0 nIa^2}{2r}$ になる．

(2) $\boldsymbol{B} = \mathrm{rot}\,\boldsymbol{A}$ であるが，円筒座標で考えると，$\boldsymbol{A}$ は θ 成分のみをもち，さらに r のみの関数であるから，$\boldsymbol{B}$ は z 成分のみになり，コイル内部では $B_z = \frac{1}{r}\frac{\partial}{\partial r}(rA_\theta) = \mu_0 nI$，コイル外部では $B_z = \frac{1}{r}\frac{\partial}{\partial r}(rA_\theta) = 0$ になる．

[**10**] (1) x 成分は $(\mathrm{rot\,grad}\,\phi)_x = \frac{\partial}{\partial y}\frac{\partial\phi}{\partial z} - \frac{\partial}{\partial z}\frac{\partial\phi}{\partial y} = \frac{\partial^2\phi}{\partial y\partial z} - \frac{\partial^2\phi}{\partial z\partial y} = 0$ である．他の成分も同様に 0 になる（$x \to y \to z \to x$ の輪環）.

(2) $\mathrm{div\ rot}\,\boldsymbol{A} = \frac{\partial}{\partial x}(\frac{\partial A_z}{\partial y} - \frac{\partial A_y}{\partial z}) + \frac{\partial}{\partial y}(\frac{\partial A_x}{\partial z} - \frac{\partial A_z}{\partial x}) + \frac{\partial}{\partial z}(\frac{\partial A_y}{\partial x} - \frac{\partial A_x}{\partial y}) = \frac{\partial^2 A_x}{\partial y\partial z} - \frac{\partial^2 A_x}{\partial z\partial y} + \frac{\partial^2 A_y}{\partial z\partial x} - \frac{\partial^2 A_y}{\partial x\partial z} + \frac{\partial^2 A_z}{\partial x\partial y} - \frac{\partial^2 A_z}{\partial y\partial x} = 0$

(3) x 成分は $(\mathrm{rot\,rot}\,\boldsymbol{A})_x = \frac{\partial}{\partial y}(\frac{\partial A_y}{\partial x} - \frac{\partial A_x}{\partial y}) - \frac{\partial}{\partial z}(\frac{\partial A_x}{\partial z} - \frac{\partial A_z}{\partial x}) = \frac{\partial^2 A_y}{\partial y\partial x} - \frac{\partial^2 A_x}{\partial y^2} - \frac{\partial^2 A_x}{\partial z^2} + \frac{\partial^2 A_z}{\partial z\partial x} = \frac{\partial^2 A_y}{\partial y\partial x} - \frac{\partial^2 A_x}{\partial y^2} - \frac{\partial^2 A_x}{\partial z^2} + \frac{\partial^2 A_z}{\partial z\partial x} + \frac{\partial^2 A_x}{\partial x^2} - \frac{\partial^2 A_x}{\partial x^2} = \frac{\partial}{\partial x}(\frac{\partial A_x}{\partial x} + \frac{\partial A_y}{\partial y} + \frac{\partial A_z}{\partial z}) - (\frac{\partial^2 A_x}{\partial x^2} + \frac{\partial^2 A_x}{\partial y^2} + \frac{\partial^2 A_x}{\partial z^2}) = \frac{\partial}{\partial x}\mathrm{div}\,\boldsymbol{A} - \nabla^2 A_x$ である．他の成分も輪環で同様に求めてまとめると，$\mathrm{rot\,rot}\,\boldsymbol{A} = \mathrm{grad\,div}\,\boldsymbol{A} - \nabla^2\boldsymbol{A}$ が得られる．

(4) $\{\mathrm{rot}(\phi\boldsymbol{A})\}_x = \frac{\partial\phi A_z}{\partial y} - \frac{\partial\phi A_y}{\partial z} = \frac{\partial\phi}{\partial y}A_z + \phi\frac{\partial A_z}{\partial y} - \frac{\partial\phi}{\partial z}A_y - \phi\frac{\partial A_y}{\partial z} = \{(\mathrm{grad}\,\phi)_y A_z - (\mathrm{grad}\,\phi)_z A_y\} + \phi(\frac{\partial A_z}{\partial y} - \frac{\partial A_y}{\partial z})$ である．他の成分も輪環で同様に求めてまとめると，$\mathrm{rot}(\phi\boldsymbol{A}) = \mathrm{grad}\,\phi \times \boldsymbol{A} + \phi\,\mathrm{rot}\,\boldsymbol{A}$.

[**11**] (1) x 成分は $(\mathrm{rot}\,\boldsymbol{r})_x = \frac{\partial z}{\partial y} - \frac{\partial y}{\partial z} = 0$ である．他の成分も輪環で同様に 0 になるので，$\mathrm{rot}\,\boldsymbol{r} = 0$.

(2) x 成分は $\{\mathrm{rot}(\boldsymbol{J} \times \boldsymbol{r})\}_x = \frac{\partial}{\partial y}(J_x y - J_y x) - \frac{\partial}{\partial z}(J_z x - J_x z) = J_x + J_x = 2J_x$ である．他の成分も輪環で同様に求めてまとめると，$\mathrm{rot}(\boldsymbol{J} \times \boldsymbol{r}) = 2\boldsymbol{J}$.

第10章の解答

練習問題

問題 10.1 例題と同様に，側面のみに，電流密度 $J = M$ の一様な磁化電流が円周方向に流れる．全電流は $I = Md$ である．この場合，電流自体は円板の半径 a には依存しない．円板の厚さが薄いとき，これは円電流と同様に考えることができるが，その場合，中心の磁束密度の大きさは半径 a が大きくなるにつれて小さくなる．

問題 10.2 磁化は一様なので，磁化電流は内部には現れず，表面のみに現れる．磁化の向きから角度 θ の点の磁化電流密度は，$J_M = M \times n = M \sin\theta$ であり，向きは，磁化方向の球の直径を中心とする円周に沿って，磁化の向きに右ねじを進める回転と同じ向きである．球の半径 a には依存しない．

問題 10.3 全電流は，$I = \int_0^\pi J_M a d\theta = \int_0^\pi M \sin\theta a d\theta = 2Ma$ である．

問題 10.4 対称性より，磁界 H もリングに沿った方向に一様に生じると考えられるが，その方向に沿った閉ループ C が囲む電流を考えると，ループが磁性体の外側にある場合は，電流は 0，磁性体の内側にある場合は，磁化電流が存在するが，何れの場合でも，ループ内に真電流は存在しない．したがって，アンペールの法則より，ループに沿った磁界 H は 0 である（すなわち反磁界は存在しない）．なお，磁束密度は存在し，$B = \mu_0 M$ である．

問題 10.5 この問題の場合，磁化電流でなく，球表面に等価な磁荷密度を考えると，分極 P で一様に分極した誘電体球における反電界と同じように考えることができ，その反電界は $E = -\frac{1}{3}P$ であった．したがって，磁性体球の場合，反磁界は $H = -\frac{1}{3}M$ となると考えられる．よって，反磁界係数は $A = \frac{1}{3}$ である．

別解 透磁率 μ，半径 a の球状磁性体に外部磁界 H を加えた場合を考える．このとき，球の内部は一様な磁界 H_i であると仮定する．磁性体の外部の磁界は，外部磁界と，中心に強さ m の磁気モーメントの作る磁界との和で書くことができる．磁界の方向を x 軸として極座標を考えれば，磁界の方向となす角 θ の球面上の点における球の外部の磁界の極座標成分は

$$H_r = H\cos\theta + \frac{2m\cos\theta}{4\pi a^3}, \qquad H_\theta = -H\sin\theta + \frac{m\sin\theta}{4\pi a^3} \tag{①}$$

一方で，その点での，球の内部の磁界 H_i の極座標成分は，

$$H_r = H_\mathrm{i}\cos\theta, \qquad H_\theta = -H_\mathrm{i}\sin\theta \tag{②}$$

である．境界条件より，

$$\mu_0 H\cos\theta + \frac{2\mu_0 m\cos\theta}{4\pi a^3} = \mu H_\mathrm{i}\cos\theta, \qquad -H\sin\theta + \frac{m\sin\theta}{4\pi a^3} = -H_\mathrm{i} \tag{③}$$

となる．これを解けば，

$$m = 4\pi a^3 \frac{\mu - \mu_0}{2\mu_0 + \mu} H, \qquad H_\mathrm{i} = \frac{3\mu_0}{2\mu_0 + \mu} H \tag{④}$$

磁気モーメントと磁化の関係は，

$$m = \frac{4}{3}\pi a^3 M \qquad ⑤$$

と書けるので，

$$M = 3\frac{\mu - \mu_0}{2\mu_0 + \mu}H \qquad ⑥$$

反磁界は，

$$H_{\mathrm{d}} = H_{\mathrm{i}} - H = -\frac{\mu - \mu_0}{2\mu_0 + \mu}H \qquad ⑦$$

したがって，反磁界係数は $-\frac{H_{\mathrm{d}}}{M} = \frac{1}{3}$ と求まる．

問題 10.6 磁極の面積を S，磁極間の間隔を d とすると，空隙の体積は $V = Sd$ である．よってこの空隙に蓄えられる磁気エネルギーは $U = \frac{B^2}{2\mu_0}Sd$ である．ここで空間の間隔を Δx だけ広げると，磁気エネルギーは $\Delta U = \frac{B^2}{2\mu_0}S\Delta x$ だけ増加する．したがって，磁極間に働く力は，$F = -\frac{\Delta U}{\Delta x} = -\frac{B^2}{2\mu_0}S$ である．すなわち，単位面積あたり，$f = -\frac{B^2}{2\mu_0}$ の力（引力）が働く．

問題 10.7 磁極の磁荷の大きさを q_{m} とすれば，棒磁石同士に働く力は $F = (\frac{\mu_0}{4\pi}\frac{q_{\mathrm{m}}^2}{L^2} - \frac{\mu_0}{4\pi}\frac{q_{\mathrm{m}}^2}{(\sqrt{2}L)^2} \times \frac{1}{\sqrt{2}}) \times 2 = \frac{\mu_0}{4\pi}\frac{q_{\mathrm{m}}^2}{L^2}(2 - \frac{\sqrt{2}}{2})$ である．これは，例題における力の符号違いであるから，働く磁力は 1 mN の斥力である．

問題 10.8 磁極の磁荷の大きさを q_{m} とすれば，棒磁石同士に働く力は $F = (-\frac{\mu_0}{4\pi}\frac{q_{\mathrm{m}}^2}{L^2} + \frac{\mu_0}{4\pi}\frac{q_{\mathrm{m}}^2}{(2L)^2} \times 2 - \frac{\mu_0}{4\pi}\frac{q_{\mathrm{m}}^2}{(3L)^2}) = -\frac{\mu_0}{4\pi}\frac{q_{\mathrm{m}}^2}{L^2} \times \frac{11}{18}$ である．よって，$\frac{1}{2-\frac{\sqrt{2}}{2}}$ mN の $\frac{11}{18}$，すなわち約 0.47 mN の引力になる．

演習問題

［**1**］ 電子の速さを v とすると，1 秒間に $\frac{v}{2\pi r}$ 回だけ定点を通過するので，電子の円運動を電流と見なせば，電流の大きさ I は，$I = \frac{ev}{2\pi r}$ である．環状電流 I の磁気モーメントの大きさ μ は，$\mu = I\pi r^2$ であるから，これに上記の I を代入すれば，$\mu = \frac{ev}{2\pi r}\pi r^2 = \frac{evr}{2}$ となる．ところで，電子の軌道角運動量の大きさは，$L = m_e vr$ で与えられるので，軌道磁気モーメントは，$\mu = \frac{e}{2m_e}L$ と書くことができる．

［**2**］ 磁気双極子は，微小電流ループと考えることができるから，原点 O に置かれた，微小ループ上の線素 $d\boldsymbol{l}$ の受けるローレンツ力 $d\boldsymbol{F}$ は，$d\boldsymbol{F} = Id\boldsymbol{l} \times \boldsymbol{B}$ と与えられる．ここで I は微小ループを流れる電流の大きさである．これより，微小電流ループの線素の受ける力のモーメント $d\boldsymbol{N}$ は，

$$d\boldsymbol{N} = \boldsymbol{r} \times (Id\boldsymbol{l} \times \boldsymbol{B}) = Id\boldsymbol{l}(\boldsymbol{r} \cdot \boldsymbol{B}) - I\boldsymbol{B}(\boldsymbol{r} \cdot d\boldsymbol{l}) \qquad ①$$

となる．$\boldsymbol{r} \perp d\boldsymbol{l}$ であるから，第 2 項は 0 になる．したがって，

$$d\boldsymbol{N} = Id\boldsymbol{l}(\boldsymbol{r} \cdot \boldsymbol{B}) \qquad ②$$

となり，これを，電流ループ全体で積分すれば，電流ループ全体の受ける力のモーメント $\boldsymbol{N}$ が，

$$\boldsymbol{N} = \boldsymbol{\mu} \times \boldsymbol{B} \qquad ③$$

と求まる．一方で，角運動量 $\boldsymbol{L}$ は，上問より $\boldsymbol{\mu}$ に比例し

$$\boldsymbol{\mu} = \gamma \boldsymbol{L} \qquad ④$$

であるから，磁気双極子モーメントは，トルクの方程式，

$$\frac{d\boldsymbol{\mu}}{dt} = \gamma \boldsymbol{\mu} \times \boldsymbol{B} \qquad ⑤$$

に従うことが分かる．ここで γ は比例定数である．いま，磁界の方向を z 軸にとれば，トルクの方程式は，

$$\frac{d\mu_x}{dt} = \gamma \mu_y B_z, \qquad \frac{\mu_y}{dt} = -\gamma \mu_x B_z, \qquad \frac{d\mu_z}{dt} = 0 \qquad ⑥$$

となり，この運動方程式の解として，

$$\mu_x = \mu_{0\perp} \cos(\omega t), \qquad \mu_y = \mu_{0\perp} \sin(\omega t), \qquad \mu_z = \mu_{0z} \qquad ⑦$$

を得る．ただし，$\omega = \gamma B_z$ であり，また，$t = 0$ で磁気双極子モーメントは，xz 面内にあったとした．このことから，磁気双極子モーメントに一様磁界を加えると，磁界に比例した角振動数で歳差運動することが分かる．これをラーモアの歳差運動という．

[**3**] 棒磁石や馬蹄状磁石を保管する際にこのようにするのは，この状態にすることで，磁力線が近くの磁極同士で閉じるため，磁石から生じる磁界による磁石内部の反磁界が小さくなり，磁石の磁力を弱めるのを防ぐからである．

[**4**] 第 8 章の演習問題 [6] において nI は表面電流密度に相当し，本問では，$\frac{I}{h}$ に相当する．また，底面中心から見た場合，$\cos\theta_1 = 0, \cos\theta_2 = \frac{1}{\sqrt{5}}$ であるから，底面中心の磁束密度は $B = \frac{\frac{\mu_0 I}{h}}{2}(\cos\theta_2 - \cos\theta_1) = \frac{\mu_0 I}{2\sqrt{5}h}$ である．これより，$I = \frac{2\sqrt{5}hB}{\mu_0} = 356\,\mathrm{A}$ を得る．

[**5**] ヒステリシス曲線に囲まれる面積は，1 サイクルの磁化過程での熱損失に対応している（ヒステリシス損）．したがって，その面積を小さくするには，保持力，残留磁化が小さい方がよい．また，大きく磁化するものの方が，同じ磁場に対してより多くの磁束密度を得ることができるので，磁化率は大きい方がよい．さらに飽和磁化が大きければ，それだけ多くの磁束密度を得ることができるので，飽和磁化も大きい方がよい．

[**6**] (1) 対称性により，境界面近傍での各磁性体における磁力線の方向は，境界面に垂直な同一の面内にあるが，その平面上に，図 (a) のような，境界面をまたぐ長方形の閉曲線 ABCD を考え，この長方形にアンペールの法則を適用する．ここで辺 AB, BC の長さをそれぞれ dl_1, dl_2，長方形 A から B の方向の単位ベクトルを $\boldsymbol{t}$ とする．いまは境界面近傍を考えるので，dl_2 は十分に小さいとすれば，AB の部分の磁界の線積分は無視できる．したがって，境界面に真電流がなければ，アンペールの法則により，

$$\boldsymbol{H}_1 \cdot \boldsymbol{t} dl_1 - \boldsymbol{H}_2 \cdot \boldsymbol{t} dl_1 = 0 \qquad ①$$

が成り立つ．これを法線ベクトルで表現すれば，

$$(\boldsymbol{H}_1 - \boldsymbol{H}_2) \times \boldsymbol{n} = \boldsymbol{0} \qquad ②$$

を得る．

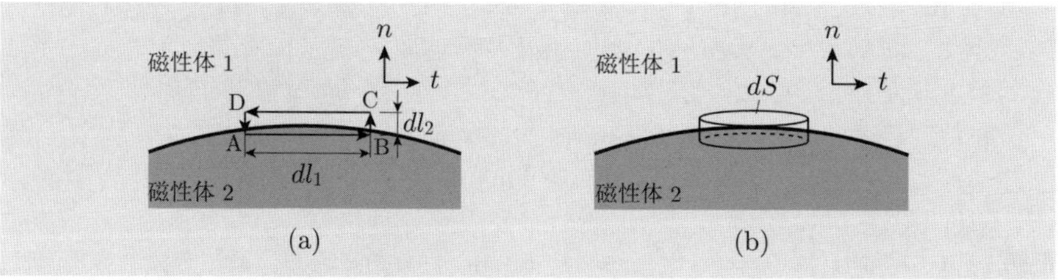

(2)　図 (b) のように，上底面が境界面に平行な底面積 dS の円筒を考え，この円筒面に磁界に関するガウスの法則を適用する．いまは境界面近傍を考えるので，円筒は十分に薄いとすれば，その側面に関する磁束密度の面積分は無視できる．したがって，磁束密度に関するガウスの法則より，$\boldsymbol{B}\cdot\boldsymbol{n}dS - \boldsymbol{B}\cdot\boldsymbol{n}dS = 0$ が成り立つ．すなわち $(\boldsymbol{B}_1 - \boldsymbol{B}_2)\cdot\boldsymbol{n} = 0$ を得る．

［**7**］ 磁性体表面で磁束密度の法線成分は連続なので，磁束密度に垂直な境界での磁束密度は連続である．よって，磁束密度に垂直な薄い空洞内の磁束密度は，磁性体内の磁束密度に等しい．また，磁性体表面で磁界 H の接線成分は連続なので，磁界 H に接する境界での磁界 H は連続である．よって，磁界 H に平行な細い空洞内の磁界 H は，磁性体内の磁界 H に等しい．

第 11 章の解答

練習問題

問題 11.1　円環が磁束密度 $\boldsymbol{B}$ に垂直になった瞬間を時刻 t の原点とし，また，円環に沿った回転の正の向きを，磁束密度の向きに対して右ねじ回りと定義すると，t [s] 後の円環内を通過する磁束は，$\Phi_{\mathrm{m}} = B\pi a^2 \cos\omega t$ になる．よって，電磁誘導の法則により，円環に生じる誘導起電力は $V = -\frac{d\Phi_{\mathrm{m}}}{dt} = \omega B\pi a^2 \sin\omega t$ である．これより，起電力が最も大きくなるのは，円環の面が磁束密度と平行になったときであることが分かる．

問題 11.2　トロイダルコイル内部の中心から r の位置の磁束密度の大きさは，$B = \frac{\mu NI}{2\pi r}$ であるから，1 巻のコイルを貫く磁束は，$\Phi_{\mathrm{m}} = h\int_a^b B dr = \frac{\mu NIh}{2\pi}\log\frac{b}{a}$ したがって，コイルに生じる誘導起電力は，$V = -\frac{d\Phi_{\mathrm{m}}}{dt} = -\frac{\mu NI_0 h\omega}{2\pi}\log_e\frac{b}{a}\cos\omega t$ である．

トロイダルコイルの場合，外部の磁束密度は 0 であるから，1 巻コイル付近の磁界は常に 0 にも関わらず，コイルには誘導起電力が生じるのは奇妙に思えるが，実はベクトルポテンシャルの大きさ A はトロイダルコイルの外でも 0 でなく，それにより，1 巻コイルに誘導起電力が生じる．

問題 11.3 $t = 0$ から $\Delta t = 1\,\mathrm{s}$ の間に磁束密度は $\Delta B = 0.2\,\mathrm{T}$ だけ変化する．コイルの面積は $S = 0.01^2\,\mathrm{m}^2$ であるから，正方形コイルの磁束変化は $\Delta\Phi_\mathrm{m} = S\Delta B = 2 \times 10^{-5}\,\mathrm{Wb}$ である．巻数は $n = 100$ なので，起電力は $V = -n\frac{\Delta\Phi_\mathrm{m}}{\Delta t} = -2\,\mathrm{mV}$ である．向きは，レンツの法則により，磁束の増加を打ち消す向きであり，この問題の場合，それは左回りなので，起電力は負で表されている．同様に，$t = 1$〜$3\,\mathrm{s}$ で $V = 0\,\mathrm{mV}$，$t = 3$〜$5\,\mathrm{s}$ で $V = 1\,\mathrm{mV}$ になる（右図）．

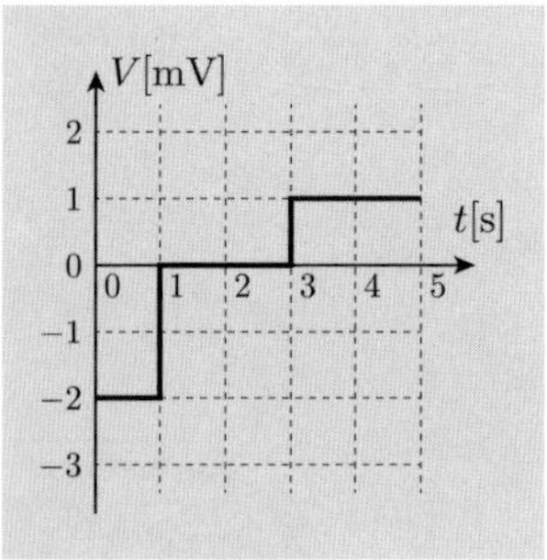

問題 11.4 起電力は $V = -\frac{d\Phi_\mathrm{m}}{dt} = Bab\omega\sin\omega t$ であるから，抵抗を流れる電流は，$I = \frac{V}{R} = \frac{Bab\omega}{R}\sin\omega t$ である．また，コイルに電流 I が流れているときに，コイルが磁場から受ける力のモーメントは，例題 8.3 より，$N = IBab\sin\theta$ である．ここで θ はコイルが磁束密度に垂直な状態からの回転角であるから，いまの場合 $\theta = \omega t$ である．よって，求める力のモーメントは，$N = \frac{B^2a^2b^2\omega}{R}\sin^2\omega t$ である．

問題 11.5 抵抗で消費される電力は，$P_E = IV = \frac{(Bab\omega)^2}{R}\sin^2\omega t$ である．一方，コイルを回転させるための仕事率は，$P_M = N\omega = \frac{(Bab\omega)^2}{R}\sin^2\omega t$ である．これは，抵抗で消費される電力にに等しい．

問題 11.6 $\boldsymbol{B} = \mathrm{rot}\,\boldsymbol{A}$ であるが，ベクトルポテンシャルを $\boldsymbol{A} = (A_x, A_y, A_z)$ とおくと，対称性より $\boldsymbol{A}$ は y, z 方向には一様であり，また，クーロンゲージ採用すれば，

$$\frac{\partial A_x}{\partial x} = 0, \quad -\frac{\partial A_z}{\partial x} = 0, \quad \frac{\partial A_y}{\partial x} = B_0\cos(k_x x - \omega t) \qquad ①$$

である．よってこれを積分して

$$A_x = 一定, \quad A_z = 一定, \quad A_y = \frac{B_0}{k_x}\sin(k_x x - \omega t) \qquad ②$$

を得る．ここで A_x, A_z は定数であり，時間 t をあらわに含まないので，求める電界は

$$E_x = -\frac{\partial A_x}{\partial t} = 0, \quad E_y = -\frac{\partial A_y}{\partial t} = cB_0\cos(k_x x - \omega t), \quad E_z = -\frac{\partial A_z}{\partial t} = 0 \qquad ③$$

になる．ただし，$c = \frac{\omega}{k_x}$ である．

問題 11.7 ソレノイド A に電流 I_A を流したときに生じる磁束密度は，コイル A の内側は，$B_\mathrm{A} = \frac{\mu_0 I_1 N_\mathrm{A}}{l}$ であり，コイル A の外側では 0 である．また，ソレノイド B に電流 I_B を流したときに生じる磁束密度は，コイル B の内側は，$B_\mathrm{B} = \frac{\mu_0 I_2 N_\mathrm{B}}{l}$ であり，コイル B の外側では 0 である．

したがって，コイル A とコイル B にそれぞれ電流 $I_\mathrm{A}, I_\mathrm{B}$ を流したときに，それぞれのコイルと交差する磁束 $\Phi_\mathrm{A}, \Phi_\mathrm{B}$ は，

$$\Phi_\mathrm{A} = B_\mathrm{A}\pi a^2 N_\mathrm{A} + B_\mathrm{B}\pi a^2 N_\mathrm{A} = \frac{\pi a^2\mu_0 N_\mathrm{A}^2}{l}I_\mathrm{A} + \frac{\pi a^2\mu_0 N_\mathrm{A}N_\mathrm{B}}{l}I_\mathrm{B} \qquad ①$$

$$\Phi_\mathrm{B} = B_\mathrm{A}\pi a^2 N_\mathrm{B} + B_\mathrm{B}\pi b^2 N_\mathrm{B} = \frac{\pi a^2\mu_0 N_\mathrm{A}N_\mathrm{B}}{l}I_\mathrm{A} + \frac{\pi b^2\mu_0 N_\mathrm{B}^2}{l}I_\mathrm{B} \qquad ②$$

となるから，自己インダクタンス L_A, L_B，相互インダクタンス M は，それぞれ，

$$L_\mathrm{A} = \frac{\pi a^2 \mu_0 N_\mathrm{A}^2}{l}, \quad L_\mathrm{B} = \frac{\pi b^2 \mu_0 N_\mathrm{B}^2}{l}, \quad M = \frac{\pi a^2 \mu_0 N_\mathrm{A} N_\mathrm{B}}{l} \qquad ③$$

となる．

問題 11.8　トロイダルコイルの内部の中心から r の位置の磁束密度の大きさは，$B = \frac{\mu NI}{2\pi r}$ であるから，鎖交する磁束は，$\Phi_\mathrm{m} = Nh\int_a^b B dr = \frac{\mu N^2 Ih}{2\pi} \ln \frac{b}{a}$．したがって，自己インダクタンスは，$L = \frac{\mu N^2 h}{2\pi} \log \frac{b}{a}$ となる．

問題 11.9　理想トランスでは，磁束の漏れがないため，$\Phi_{11} = \Phi_{21}$, $\Phi_{22} = \Phi_{12}$ である．したがって，$\frac{L_1}{n_1} = \frac{M}{n_2}$, $\frac{L_2}{n_2} = \frac{M}{n_1}$ であり，$L_1 L_2 = M^2$ が成り立つ．

問題 11.10　$M^2 = 3.0 \times 12$ より，$M = 6\,\mathrm{mH}$.

問題 11.11　1 次および 2 次側のコイルの巻き数をそれぞれ N_1, N_2 とする．ファラデーの法則によれば，1 次側の電圧は $V_1 = -N_1 \frac{d\Phi_\mathrm{m}}{dt}$，2 次側の電圧は $V_2 = -N_2 \frac{d\Phi_\mathrm{m}}{dt}$ である．理想トランスでは磁束の漏れがないので，1 次側と 2 次側とで $\frac{d\Phi_\mathrm{m}}{dt}$ が等しい．したがって，2 次側の電圧の振幅は $V_2 = \frac{N_2}{N_1} V_1 = 10 \times 10\,\mathrm{V} = 100\,\mathrm{V}$ となる．

問題 11.12　コイル内部の磁界は，$H = nI$ であるから，エネルギー密度は，$u = \frac{1}{2}\mu_0 n^2 I^2 = \frac{1}{2}\mu_0 H^2$ となる．

問題 11.13　側面からの磁束の漏れがない場合，磁性体内の磁束密度の大きさは，リングに沿って一定であり，それを B とすると，磁界 H に関するアンペールの法則を磁性体内のリングに沿った円周に適用すると

$$\frac{B}{\mu}(l-d) + \frac{B}{\mu_0}\delta = NI \qquad ①$$

である．したがって，コイルの鎖交磁束は，

$$\Phi_\mathrm{m} = NSB = \frac{SN^2}{\frac{l-d}{\mu} + \frac{d}{\mu_0}} I \qquad ②$$

である．よって，自己インピーダンス L は，

$$L = \frac{\Phi_\mathrm{m}}{I} = \frac{SN^2}{\frac{l-d}{\mu} + \frac{d}{\mu_0}} \qquad ③$$

であり，磁気エネルギーは

$$U = \frac{1}{2}LI^2 = \frac{1}{2}\frac{SN^2 I^2}{\frac{l-d}{\mu} + \frac{d}{\mu_0}} \qquad ④$$

演習問題

[**1**]　速さ $v\,[\mathrm{m \cdot s^{-1}}]$ で移動する電荷 $q\,[\mathrm{C}]$ が磁束密度 $B\,[\mathrm{T}]$ より受けるローレンツ力は $F = qvB\,[\mathrm{N}]$ であるから，$\mathrm{N} = \mathrm{C \cdot m \cdot s^{-1} \cdot T}$ である．一方，電荷 $q\,[\mathrm{C}]$ が電界 $E\,[\mathrm{V \cdot m^{-1}}]$ から受けるクーロン力は $F = qE\,[\mathrm{N}]$ であるから，$\mathrm{N} = \mathrm{C \cdot V \cdot m^{-1}}$ である．この両者を比較すると，$\mathrm{T \cdot m^2} = \mathrm{V \cdot s}$ であることが分かる．すなわち，$\mathrm{Wb} = \mathrm{V \cdot s}$ が導かれる．

[**2**]　時刻 t においてソレノイドに流れている電流は $I(t) = \alpha t$，このときソレノイド内部の

磁束密度は，

$$B = \mu_0 nI \quad ①$$

であるから，コイルを貫く磁束は，

$$\Phi_{\mathrm{m}} = \pi a^2 \mu_0 nI = \pi a^2 \mu_0 n\alpha t \quad ②$$

である．したがって，コイルに発生する誘導起電力は，

$$V = -N\frac{d\Phi_{\mathrm{m}}}{dt} = -\pi a^2 \mu_0 nN\alpha \quad ③$$

となる．負号は，コイルに発生する起電力が，ソレノイドによって増加したコイル内の磁束を打ち消す電流の向きであることを表す．

［**3**］ 電磁場とポテンシャルとの関係式，

$$\boldsymbol{E} = -\operatorname{grad}\phi - \frac{\partial}{\partial t}\boldsymbol{A}, \qquad \boldsymbol{B} = \operatorname{rot}\boldsymbol{A} \quad ①$$

の ϕ, $\boldsymbol{A}$ を

$$\phi \to \phi - \frac{\partial \chi}{\partial t}, \qquad \boldsymbol{A} \to \boldsymbol{A} + \operatorname{grad}\chi \quad ②$$

と置き換えると，

$$\boldsymbol{E} = -\operatorname{grad}\left(\phi - \frac{\partial \chi}{\partial t}\right) - \frac{\partial}{\partial t}(\boldsymbol{A} + \operatorname{grad}\chi)$$

$$= -\operatorname{grad}\phi - \frac{\partial}{\partial t}\boldsymbol{A} \quad ③$$

$$\boldsymbol{B} = \operatorname{rot}(\boldsymbol{A} + \operatorname{grad}\chi) = \operatorname{rot}\boldsymbol{A} + \operatorname{rot}\operatorname{grad}\chi$$

$$= \operatorname{rot}\boldsymbol{A} \quad ④$$

となる．したがって，ゲージ変換に対して電磁界は不変であることが分かる．

［**4**］ ローレンツゲージの条件

$$\operatorname{div}\boldsymbol{A}' + \frac{1}{c^2}\frac{\partial \phi'}{\partial t} = 0 \quad ①$$

にゲージ変換の式，

$$\phi' = \phi - \frac{\partial \chi}{\partial t}, \qquad \boldsymbol{A}' = \boldsymbol{A} + \operatorname{grad}\chi \quad ②$$

を代入して整理すると，

$$\nabla^2\chi - \frac{1}{c^2}\frac{\partial \chi}{\partial t^2} = -\operatorname{div}\boldsymbol{A} - \frac{1}{c^2}\frac{\partial \phi}{\partial t} \quad ③$$

を得る．これが χ の条件である．

［**5**］ 円板の中心から r の位置に厚さ dr の微小円環を考えると，その部分の速度は $v = r\omega$ である．したがって誘導電界は $E = vB$ であり，その部分の誘導起電力 dV は，

$$dV = vBdr = r\omega Bdr \quad ①$$

であるから，円板の中心軸と外周との間に生じる起電力 U は，これを r について 0 から

a まで積分して,

$$V = \int_0^a vBdr = \frac{1}{2}\omega Ba^2 \qquad ②$$

となる．この起電力は鉄などの導体でできた磁石を磁化軸のまわりに回転させても生じ，これを単極誘導という．

[6]　誘導電界は円の軌道に沿って生じ，その値 E は，ファラデーの法則より

$$2\pi aE = -\pi a^2\frac{dB}{dt} \qquad ①$$

で与えられる．この電場によって電子の速度は，力積の計算より

$$\Delta v = -\frac{e}{m}\int Edt = \frac{ea}{2m}\int\frac{dB}{dt}dt = \frac{ea}{2m}B \qquad ②$$

だけ変化する．したがって，この電子の円運動を電流と考え，磁界を印加したことによる電流の変化 Δi は,

$$\Delta i = -\frac{e\Delta v}{2\pi a} \qquad ③$$

磁気モーメントの変化は,

$$\Delta\mu_m = \mu_0\Delta i\pi a^2 = -\frac{\mu_0 e^2a^2}{4m}B \qquad ④$$

となる．このように磁界と逆向きの磁気モーメントが生じる．これが反磁性である．

[7]　$I_1V_1 = I_2V_2$ より，$I_1 = \frac{V_2}{V_1}I_2$ である．一方で，$I_2 = \frac{V_2}{R}$ であるから，$I_1 = \frac{V_2^2}{V_1R} = \frac{100^2}{5000\times10} = \frac{1}{5} = 0.2\,\mathrm{A}$ となる．

[8]　半径 R の円に沿って生じる誘導電界の大きさ E は円周上で等しいので，円周に生じる誘導起電力は $2\pi RE$ である．したがって，ファラデーの法則より $2\pi RE = -\frac{d}{dt}\Phi_{\mathrm{m}}$ である．電子の電荷を $-e$ とすれば運動方程式は,

$$m\frac{dv}{dt} = -eE = e\frac{1}{2\pi R}\frac{d}{dt}\Phi_{\mathrm{m}} \qquad ①$$

より，$\Delta v = e\frac{1}{2\pi Rm}\Delta\Phi_{\mathrm{m}}$ となる．一方で，電子はローレンツ力を受けて円運動しているから，$m\frac{v^2}{R} = evB$ より，$v = \frac{eBR}{m}$ である．半径 R を一定にしたまま，B を変化させて加速するには，$\Delta v = \frac{eR}{m}\Delta B$ である．したがって,

$$\Delta\Phi_{\mathrm{m}} = 2\pi R^2\Delta B \qquad ②$$

を得る．

第 12 章の解答

練習問題

問題 12.1　式 (12.20) より直ちに，全体のインピーダンスは，$Z = \sqrt{R^2 + (\omega L - \frac{1}{\omega C})^2}$.

問題 12.2　$I_0 = \frac{V_0}{2\pi fL} = \frac{100}{2\times3.14\times50\times10} = 0.032\,\mathrm{A}$ であり，電流の位相は電圧よりも $\frac{\pi}{2}$ だけ遅れる．

問題 12.3　$I_0 = 2\pi fCV_0 = 0.031\,\mathrm{A}$ であり，電流の位相は電圧よりも $\frac{\pi}{2}$ だけ進む．

問題 12.4 抵抗，コイルの複素インピーダンスはそれぞれ $Z_R = R$, $Z_L = i\omega L$ である．よって複素合成インピーダンスは $Z = Z_R + Z_L = R + i\omega L$ であり，求める電流は，

$$I = \frac{E_0}{Z} = \frac{E_0}{R + i\omega L} = \frac{E_0}{R^2 + \omega^2 L^2}(R - i\omega L)$$

である．したがって，電流の振幅 I_0 および位相の進みを α とすると

$$I_0 = \frac{E_0}{R^2 + \omega^2 L^2}\sqrt{R^2 + \omega^2 L^2} = \frac{E_0}{\sqrt{R^2 + \omega^2 L^2}}, \qquad \tan\alpha = -\frac{\omega L}{R}$$

である．

問題 12.5 合成インピーダンスは，$\sqrt{R^2 + (-\frac{1}{\omega C})^2} = \sqrt{100^2 + \frac{1}{50.0 \times 64.0 \times 10^{-6}}} = 328\,\Omega$ である．したがって，流れる電流の最大値は，$I_0 = \frac{100}{328} = 0.305\,\mathrm{A}$．また電流に対する電圧の位相の進み α は，$\tan\alpha = -\frac{\frac{1}{50.0 \times 64.0}}{100} = 3.13$ となる．

問題 12.6 コイルのインピーダンスは，$Z_L = 2 \times \pi \times 50 \times 0.32 = 1.0 \times 100\,\Omega$ となる．したがって，合成インピーダンスの大きさは，$|Z| = \sqrt{100^2 + 100^2} = 141\,\Omega$ であり，回路に流れる電流の振幅は，$I = \frac{E}{|Z|} = \frac{100}{141} = 0.709\,\mathrm{A}$ となる．電流は電圧に比べて $\frac{\pi}{4}$ だけ遅れることが分かる．

問題 12.7 合成インピーダンス Z は，

$$\frac{1}{Z} = \sqrt{\frac{1}{R^2} + \left(\omega C - \frac{1}{\omega L}\right)^2} \qquad ①$$

であるから，電圧振幅 V_0，電流振幅を I_0 とすれば，

$$V_0 = \frac{I_0}{\sqrt{\frac{1}{R^2} + \left(\omega C - \frac{1}{\omega L}\right)}} \qquad ②$$

共振条件は，$\omega C - \frac{1}{\omega L} = 0$ より，$\omega_0 = \frac{1}{\sqrt{LC}}$ 共振のときの電圧振幅は，$V_0 = RI_0$ であるから，電圧振幅が $\frac{RI_0}{\sqrt{2}}$ になる周波数は，

$$\frac{I_0}{\sqrt{\frac{1}{R^2} + \left(\omega C - \frac{1}{\omega L}\right)}} = \frac{RI_0}{\sqrt{2}} \qquad ③$$

より求めることができる．これを整理すると，

$$\omega^2 \pm \frac{1}{RC}\omega - \frac{1}{LC} = 0 \qquad ④$$

となる．これを解けば，

$$\omega = \pm\frac{1}{2RC} + \frac{1}{2}\sqrt{\left(\frac{1}{RC}\right)^2 + \frac{2}{LC}} \qquad ⑤$$

となる．この 2 根の差は $\varDelta\omega = \frac{1}{RC}$ であるから，Q 値は

$$Q = \frac{1}{\sqrt{LC}} \times RC = R\sqrt{\frac{C}{L}} \qquad ⑥$$

となる．

問題 12.8　抵抗，コイル，コンデンサの複素インピーダンスを Z_R, Z_L, Z_C とすると，この回路の複素合成インピーダンスは，

$$Z = \frac{1}{\frac{1}{Z_R+Z_L} + \frac{1}{Z_C}} = \frac{(Z_R + Z_L)Z_C}{Z_R + Z_L + Z_C} = \frac{R + i\omega L}{1 - \omega^2 LC + i\omega CR}$$

であるから，合成インピーダンスの大きさは

$$Z = \sqrt{\frac{R^2 + \omega^2 L^2}{(1-\omega^2 LC)^2 + \omega^2 C^2 R^2}}$$

である．この式より，Z が極大になる ω は $\omega_0 = \frac{1}{\sqrt{LC}}$ でなく R にも依存するが，R が小さい場合，ほぼ $\omega = \omega_0$ で極大になる．

問題 12.9　抵抗値を R，リアクタンスの値を X とすれば，$\sqrt{R^2 + X^2} = \frac{200}{5} = 40$，$\tan 45° = \frac{X}{R}$ より，$R = X = 6\sqrt{5}\,\Omega$ と求まる．

演習問題

［**1**］ 抵抗とコンデンサの合成インピーダンスは，

$$Z_{\rm p} = \frac{1}{\frac{1}{R} + i\omega C}$$

であるから，この回路の複素合成インピーダンスは，

$$Z = i\omega L + \frac{1}{\frac{1}{R} + i\omega C} = \frac{R - \omega^2 LCR + i\omega L}{1 + i\omega CR}$$

となる．よって，インピーダンスの大きさは

$$Z = \sqrt{\frac{R^2(1-\omega^2 LC)^2 + \omega^2 L^2}{1 + \omega^2 C^2 R^2}}$$

になる．

［**2**］ $V_{\rm e} = \sqrt{V_{R{\rm e}}^2 + (V_{L{\rm e}} - V_{C{\rm e}})^2} = \sqrt{40^2 + (30-60)^2} = 50\,{\rm V}$

［**3**］ (1)　合成インピーダンスは，$Z = \sqrt{40^2 + (30-60)^2} = 50\,\Omega$，したがって，回路に流れる電流の最大値は，$I = \frac{V}{Z} = \frac{100}{50} = 2\,{\rm A}$ であり，電圧と電流との間の位相角 ϕ は，$\tan\phi = \frac{30-60}{40} = -\frac{3}{4}$ である．

(2)　コンデンサの両端にかかる電圧の最大値は，$2 \times 60 = 120\,{\rm V}$ となる．

(3)　周波数を 2 倍にすると，コイルのインピーダンスは $2 \times 30 = 60\,\Omega$ に，コンデンサのインピーダンスは $\frac{60}{2} = 30\,\Omega$ になる．合成インピーダンスは，$Z = \sqrt{40^2 + (60-30)^2} = 50\,\Omega$ であるので，回路に流れる電流の最大値は，$I = \frac{V}{Z} = \frac{100}{50} = 2\,{\rm A}$ と変わらないが，電圧と電流との間の位相角 ϕ は，$\tan\phi = \frac{60-30}{40} = \frac{3}{4}$ である．

［**4**］ (1)　$I_2 = \frac{V_2}{R} = \frac{n_2}{n_1}\frac{E}{R}$

(2)　$I_1 = \frac{V_2}{V_1} I_2 = \frac{n_2}{n_1} I_2 = \left(\frac{n_2}{n_1}\right)^2 \frac{E}{R}$

(3)　$R_1 = \frac{E}{I_1} = \left(\frac{n_1}{n_2}\right)^2 R$

［**5**］ (1)　電源電圧を E とすると，回路に流れる電流は $I = \frac{E}{Z+Z_0}$ である．また負荷回

路にかかる電圧は $V = ZI = \frac{EZ}{Z+Z_0}$ である．これより，負荷回路での消費電力は，$P = IV = \frac{E^2 Z}{(Z+Z_0)^2}$ と求まる．P が最大になるのは，

$$\frac{dP}{dZ} = \frac{d}{dZ}\frac{E^2 Z}{(Z+Z_0)^2} = -\frac{E^2(Z-Z_0)}{(Z+Z_0)^3} = 0 \qquad ①$$

のときであり，したがって $Z = Z_0$ のときに負荷回路での消費電力が最大になる．またその最大電力は $P = \frac{E^2}{4Z_0}$ である．

(2) 第 12 章の演習問題 [4] より 1 次回路から見た負荷抵抗は，$(\frac{n_1}{n_2})^2 R$ と与えられた．これが内部抵抗に等しいとき電力が最大になるのだから，

$$\frac{n_1}{n_2} = \sqrt{\frac{1000}{10}} = 10 \qquad ②$$

とすればよいことが分かる．

[**6**]

$$\begin{aligned} P &= \frac{1}{T}\int_0^T I_0 V_0 \cos(\omega t)\cos(\omega t + \alpha)dt \\ &= \frac{1}{T}\int_0^T I_0 V_0 \left(\cos^2 \omega t \cos\alpha - \cos\omega t \sin\omega t \sin\alpha\right) dt \\ &= \frac{I_0 V_0}{2}\cos\alpha = I_{\mathrm{e}} V_{\mathrm{e}} \cos\alpha \qquad ① \end{aligned}$$

第 13 章の解答

練習問題

問題 13.1

$$\begin{aligned} \mathrm{div}(\mathrm{rot}\,\boldsymbol{A}) &= \frac{\partial}{\partial x}\left(\frac{\partial A_z}{\partial y} - \frac{\partial A_y}{\partial z}\right) + \frac{\partial}{\partial y}\left(\frac{\partial A_x}{\partial z} - \frac{\partial A_z}{\partial x}\right) + \frac{\partial}{\partial z}\left(\frac{\partial A_y}{\partial x} - \frac{\partial A_x}{\partial y}\right) \\ &= \frac{\partial^2 A_z}{\partial x \partial y} - \frac{\partial^2 A_y}{\partial x \partial z} + \frac{\partial^2 A_x}{\partial y \partial z} - \frac{\partial^2 A_z}{\partial y \partial x} + \frac{\partial^2 A_y}{\partial z \partial x} - \frac{\partial^2 A_x}{\partial z \partial y} = 0 \qquad ① \end{aligned}$$

問題 13.2 微分形の式を領域 V で積分を行えば，

$$\int_{\mathrm{V}} \mathrm{div}\,\boldsymbol{j} dV + \int_{\mathrm{V}} \frac{\partial \rho}{\partial t} dV = 0 \qquad ①$$

左辺第 1 項はガウスの発散定理を使い表面積分にして，さらに第 2 項の微分と積分の順序を入れ替えると，

$$\int_{\mathrm{S}} \boldsymbol{j} \cdot d\boldsymbol{S} + \frac{\partial}{\partial t}\int_{\mathrm{V}} \rho dV = 0 \qquad ②$$

ここで，$Q = \int_{\mathrm{V}} \rho dV$ を用いれば積分型が導かれる．

問題 13.3 $+y$ 方向

問題 13.4 導線の両端の電圧は RI であるから，導線内の電界は，$R = \frac{RI}{l}$ である．また，導線の表面の磁界は，$B = \frac{\mu_0 I}{2\pi r}$ である．電界と磁界は垂直であるから，ポインティングベクトルは，$S = EB = \frac{I^2 R}{2\pi r l}$ となる．

演習問題

［**1**］ 電束密度 $\boldsymbol{D}$ の次元は，ITL^{-2} であるから，変位電流の次元は $\frac{\mathrm{ITL}^{-2}}{\mathrm{T}} = \mathrm{IL}^{-2}$ となり，電流密度の次元と一致する．

［**2**］ 荷電粒子の運動方向を x 軸とし，$t = 0$ で点電荷が原点にあったとする．荷電粒子の位置ベクトルは $vt\boldsymbol{i}$ と表される．位置 $\boldsymbol{r} = (x, y, z)$ の点での電束密度 $\boldsymbol{D}$ は，

$$\boldsymbol{D} = \frac{q}{4\pi|\boldsymbol{r} - vt\boldsymbol{i}|}\frac{\boldsymbol{r} - vt\boldsymbol{i}}{|\boldsymbol{r} - vt\boldsymbol{i}|} \qquad ①$$

と表される．したがって，変位電流は，

$$\frac{d\boldsymbol{D}}{dt} = \frac{qv}{4\pi|\boldsymbol{r} - v\boldsymbol{i}|^5}\left((2(x - vt)^2 - y^2 - z^2)\boldsymbol{i} + 3(x - vt)y\boldsymbol{i} + 3(x - vt)z\boldsymbol{k}\right) \qquad ②$$

となる．

［**3**］ スカラーポテンシャルとベクトルポテンシャルを用いれば，

$$\begin{aligned}\operatorname{div} \boldsymbol{E}(\boldsymbol{r}, t) &= -\operatorname{div}\left(\frac{\partial \boldsymbol{A}(\boldsymbol{r}, t)}{\partial t} + \operatorname{grad}\phi(\boldsymbol{r}, t)\right) \\ &= -\frac{\partial}{\partial t}(\operatorname{div} \boldsymbol{A}(\boldsymbol{r}, t)) + \triangle\phi(\boldsymbol{r}, t) \qquad ①\end{aligned}$$

であるから，電場に関するガウスの法則は，

$$-\frac{\partial}{\partial t}(\operatorname{div} \boldsymbol{A}(\boldsymbol{r}, t)) + \triangle\phi(\boldsymbol{r}, t) = \frac{\rho(\boldsymbol{r}, t)}{\varepsilon_0} \qquad ②$$

と書くことができる．また，マクスウェル–アンペールの法則は，

$$\operatorname{rot}\operatorname{rot} \boldsymbol{A}(\boldsymbol{r}, t) - \frac{1}{c^2}\frac{\partial}{\partial t}\left(-\frac{\partial \boldsymbol{A}(\boldsymbol{r}, t)}{\partial t} - \operatorname{grad}\phi(\boldsymbol{r}, t)\right) = \mu_0\boldsymbol{i}(\boldsymbol{r}, t) \qquad ③$$

となるが，ベクトル解析の公式 $\operatorname{rot}\operatorname{rot}\boldsymbol{A} = \operatorname{grad}\operatorname{div}\boldsymbol{A} - \triangle\boldsymbol{A}$ を用いれば，

$$\operatorname{grad}\left(\operatorname{div} \boldsymbol{A}(\boldsymbol{r}, t) + \frac{1}{c^2}\frac{\partial}{\partial t}\phi(\boldsymbol{r}, t)\right) + \frac{1}{c^2}\frac{\partial \boldsymbol{A}(\boldsymbol{r}, t)}{\partial t} - \triangle\boldsymbol{A}(\boldsymbol{r}, t) = \mu_0\boldsymbol{i}(\boldsymbol{r}, t) \qquad ④$$

と書くことができる．ここで，ポテンシャルを，

$$\operatorname{div}\boldsymbol{A} = -\varepsilon_0\mu_0\frac{\partial\phi}{\partial t} = 0 \qquad ⑤$$

を満足するよう選ぶと式①および式④は，それぞれ，次のように書くことができる．

$$\left(\triangle - \frac{1}{c^2}\frac{\partial^2}{\partial t^2}\right)\boldsymbol{A} = -\mu\boldsymbol{i} \qquad ⑥$$

$$\left(\triangle - \frac{1}{c^2}\frac{\partial^2}{\partial t^2}\right)\phi = -\frac{\rho}{\varepsilon_0} \qquad ⑦$$

［**4**］ (1) $E_y = \frac{E_{0y}}{E_{0x}}E_x$ の直線上で振動する（直線偏光）．

(2) $E_y = -\frac{E_{0y}}{E_{0x}}E_x$ の直線上で振動する（直線偏光）．

(3) $E_x^2 + E_y^2 = E_{0x}^2$ の円上で右回りに回転する（右回り円偏光）．

(4) $E_x^2 + E_y^2 = E_{0x}^2$ の円上で左回りに回転する（左回り円偏光）．

[**5**] 回路に流れる電流を I，コンデンサに蓄えられている電荷を Q とすれば，$\frac{Q}{C} + L\frac{dI}{dt} = 0$ に，$I = \frac{dQ}{dt}$ を代入して変形すると，$\frac{d^2Q}{dt^2} = -\frac{L}{C}Q$ である．したがって，コンデンサに蓄えられる電荷は周波数 $f = \frac{1}{2\pi}\sqrt{\frac{L}{C}}$ で振動する．それにより，コンデンサの間の電界が同じ振動数で振動し，電磁波が発生する．したがって，発生する電磁波の波長は $\lambda = \frac{c}{f} = 2\pi c\sqrt{\frac{C}{L}}$ となる．

索　引

あ 行

か 行

さ 行

た 行

な　行

は　行

ま 行

や 行

ら 行

わ 行

欧 字

著者略歴

永田一清（ながたかずきよ）

1962年　大阪大学大学院理学研究科
　　　　修士課程修了
1972年　理学博士（大阪大学）
2012年　逝去
　　　　東京工業大学名誉教授
　　　　神奈川大学名誉教授

主要著書

電磁気学（朝倉書店，1981）
静電気（培風館，1987）
基礎物理学 上，下（学術図書，1987，共著）
基礎物理学演習 I，II
（サイエンス社，1991，1993，編）
物性物理学（裳華房，2009）

佐野元昭（さのもとあき）

1988年　東京工業大学大学院理工学研究科
　　　　博士課程修了　理学博士（東京工業大学）
現　在　桐蔭横浜大学医用工学部教授

主要著書

基礎物理学演習 I，II
（サイエンス社，1991，1993，共著）
電磁気学を理解する（朝倉書店，2014，共著）
電磁気学を学ぶためのベクトル解析
（コロナ社，1996，共著）
Windows ですぐにできる C 言語グラフィックス
（昭晃堂，2009，共著）

轟木義一（とどろきのりかず）

2004年　東京大学大学院工学系研究科物理工学
　　　　専攻博士課程修了　博士（工学）
　　　　神奈川大学工学部特別助手を経て，
現　在　千葉工業大学創造工学部准教授

主要著書

演習形式で学ぶ相転移・臨界現象
（サイエンス社，2011，共著）

ライブラリ新・基礎物理学＝別巻 2
新・基礎 電磁気学演習

2016年6月10日 ©　　初 版 発 行

著　者　永田一清　　発行者　森平敏孝
　　　　佐野元昭　　印刷者　小宮山恒敏
　　　　轟木義一

発行所　**株式会社 サイエンス社**

〒151–0051　東京都渋谷区千駄ヶ谷1丁目3番25号
営 業　☎(03)5474–8500(代)　振替 00170–7–2387
編 集　☎(03)5474–8600(代)
FAX　☎(03)5474–8900

印刷・製本　小宮山印刷工業（株）
《検印省略》

ISBN 978–4–7819–1382–7

PRINTED IN JAPAN